AutoCAD

2019

龙马高新教育

◎ 编著

从入门到精通

U0246847

北京大学出版社

PEKING UNIVERSITY PRESS

内 容 提 要

本书通过精选案例系统地介绍 AutoCAD 2019 的相关知识和应用方法，引导读者深入学习。

全书分为 5 篇，共 15 章。第 1 篇为基础入门篇，主要介绍 AutoCAD 2019 简介、AutoCAD 的命令调用与基本设置及图层等；第 2 篇为二维绘图篇，主要介绍绘制二维图形、编辑二维图形、绘制和编辑复杂对象、文字与表格、尺寸标注等；第 3 篇为高效绘图篇，主要介绍图块与外部参照及图形文件管理操作等；第 4 篇为三维绘图篇，主要介绍绘制三维图及渲染等；第 5 篇为行业应用篇，主要介绍机械设计案例——绘制铸造箱体三视图和城市广场总平面图设计。

在本书附赠的资源中，包含了 17 小时与图书内容同步的教学视频及所有案例的配套素材文件和结果文件。此外，还赠送了大量相关学习内容的教学视频及扩展学习电子书等。

本书既适合 AutoCAD 2019 初、中级用户学习，也可以作为各类院校相关专业学生和计算机培训班学员的教材或辅导用书。

图书在版编目（ＣＩＰ）数据

AutoCAD 2019 从入门到精通 / 龙马高新教育编著 . —— 北京：北京大学出版社，2019.1
ISBN 978-7-301-30064-0

Ⅰ.①A… Ⅱ.①龙… Ⅲ.① AutoCAD 软件 Ⅳ.① TP391.72

中国版本图书馆 CIP 数据核字 (2018) 第 261006 号

书　　　名	**AutoCAD 2019 从入门到精通**
	AutoCAD 2019 CONG RUMEN DAO JINGTONG
著作责任者	龙马高新教育 编著
责 任 编 辑	尹 毅
标 准 书 号	ISBN 978-7-301-30064-0
出 版 发 行	北京大学出版社
地　　　址	北京市海淀区成府路 205 号　100871
网　　　址	http://www.pup.cn　新浪微博：@ 北京大学出版社
电 子 信 箱	pup7@ pup.cn
电　　　话	邮购部 010-62752015　发行部 010-62750672　编辑部 010-62570390
印 刷 者	北京大学印刷厂
经 销 者	新华书店
	787 毫米 ×1092 毫米　16 开本　27.5 印张　685 千字
	2019 年 1 月第 1 版　2019 年 1 月第 1 次印刷
印　　　数	1—4000 册
定　　　价	69.00 元

AutoCAD 2019 很神秘吗？

不神秘！

学习 AutoCAD 2019 难吗？

不难！

阅读本书能掌握 AutoCAD 2019 的使用方法吗？

能！

为什么要阅读本书

AutoCAD 是由美国 Autodesk 公司开发的通用 CAD（Computer Aided Design，计算机辅助设计）软件。随着计算机技术的迅速发展，计算机绘图技术被广泛应用在机械、建筑、家居、纺织和地理信息等行业，并发挥着越来越大的作用。本书从实用的角度出发，结合实际应用案例，模拟了真实的工作环境，介绍 AutoCAD 2019 的使用方法与技巧，旨在帮助读者全面、系统地掌握 AutoCAD 的应用。

本书内容导读

本书分为 5 篇，共 15 章，其具体内容如下。

第 0 章 共 5 段教学录像，介绍 AutoCAD 2019 的应用领域与学习思路。

第 1 篇（第 1～3 章）为基础入门篇，共 19 段教学录像，主要介绍 AutoCAD 2019 中的各种操作。通过对该篇内容的学习，读者可以掌握如何安装 AutoCAD 2019，了解 AutoCAD 2019 的工作界面及图层的运用等操作。

第 2 篇（第 4～8 章）为二维绘图篇，共 24 段教学录像，主要介绍 CAD 二维绘图的操作。通过对该篇内容的学习，读者可以掌握绘制二维图形、编辑二维图形、绘制和编辑复杂对象、文字与表格及尺寸标注等。

第 3 篇（第 9～10 章）为高效绘图篇，共 12 段教学录像，主要介绍 CAD 高效绘图操作。通过对该篇内容的学习，读者可以掌握图块的创建与插入及图形文件的管理操作。

第 4 篇（第 11～12 章）为三维绘图篇，共 11 段教学录像，主要介绍 AutoCAD 2019 的三维绘图功能。通过对该篇内容的学习，读者可以掌握绘制基本三维图及渲染等。

第 5 篇（第 13～14 章）为行业应用篇，共 12 段教学录像，主要介绍机械设计案例——绘制铸造箱体三视图和城市广场总平面图设计。

选择本书的 N 个理由

❶ 简单易学，案例为主

以案例为主线，贯穿知识点，实操性强，与读者需求紧密吻合，模拟真实的工作学习环境，帮助读者解决在工作中遇到的问题。

❷ 高手支招，高效实用

本书的"高手支招"板块提供了大量的实用技巧，不仅能满足读者的阅读需求，也能解决在工作学习中一些常见的问题。

❸ 举一反三，巩固提高

本书的"举一反三"板块提供了与该章知识点有关或类型相似的综合案例，帮助读者巩固和提高所学内容。

❹ 海量资源，实用至上

赠送大量实用的模板、实用技巧及学习辅助资料等，便于读者结合赠送资料学习。另外，本书赠送《高效能人士效率倍增手册》，在强化读者学习的同时也可以在工作中提供便利。

配套资源

❶ 17 小时名师视频教程

教学视频涵盖本书所有知识点，详细讲解每个实例及实战案例的操作过程和关键点。读者可更轻松地掌握 AutoCAD 2019 软件的使用方法和技巧，而且扩展性讲解部分可使读者获得更多的知识。

❷ 超多、超值资源大奉送

随书奉送 AutoCAD 2019 常用命令速查手册、AutoCAD 2019 快捷键查询手册、通过互联网获取学习资源和解题方法、AutoCAD 行业图纸模板、AutoCAD 设计源文件、AutoCAD 图块集模板、电子书 AutoCAD 2019 软件安装教学视频、15 小时 Photoshop CC 教学视频、《手机办公 10 招就够》电子书、《微信高手技巧随身查》电子书、《QQ 高手技巧随身查》电子书及《高效能人士效率倍增手册》电子书等超值资源，以方便读者扩展学习。

配套资源下载

为了方便读者学习，本书配备了多种学习方式，供读者选择。

❶ 下载地址

扫描下方二维码或在浏览器中输入下载链接：http://v.51pcbook.cn/download/30064.html，即可下载本书配套资源。

提示：如果下载链接失效，请加入"办公之家"QQ群（218192911），联系管理员获取最新下载链接。

❷ 使用方法

下载配套资源到电脑端，单击相应的文件夹可查看对应的资源。每一章所用到的素材文件均在"本书实例的素材文件、结果文件＼素材＼ch*"文件夹中。读者在操作时可随时取用。

❸ 扫描二维码观看同步视频

使用微信"扫一扫"功能，扫描每节中对应的二维码，根据提示进行操作，关注"千聊"公众号，点击"购买系列课￥0"按钮，支付成功后返回视频页面，即可观看相应的教学视频。

❹ 手机 APP，让学习更有趣

用户可以扫描下方二维码下载龙马高新教育手机 APP，用户可以直接安装到手机中，随时随地问同学、问专家，尽享海量资源。同时，我们也会不定期向读者手机中推送学习中的常见难点、使用技巧、行业应用等精彩内容，让学习更加简单高效。

本书读者对象

1．没有任何 AutoCAD 应用基础的初学者。

2．有一定应用基础，想精通 AutoCAD 2019 的人员。

3．有一定应用基础，没有实战经验的人员。

4．大专院校及培训学校的教师和学生。

后续服务：QQ群（218192911）答疑

本书为了更好地服务读者，专门设置了QQ群为读者答疑解惑，读者在阅读和学习本书过程中，可以把遇到的疑难问题整理出来，在"办公之家"QQ群里探讨学习。另外，本书还会不定期在QQ群文件中上传一些办公小技巧，帮助读者更方便、快捷地操作办公软件。"办公之家"的QQ群号是218192911，读者也可直接扫描下方二维码加入本群。

注意：如加入群时，提示"办公之家"群已满，请根据提示加入新群。

创作者说

本书由龙马高新教育编著，其中，左琨任主编，李震、赵源源任副主编。读者读完本书后，会惊奇地发现"我已经是AutoCAD 2019达人了"，这也是让编者最欣慰的结果。

在本书编写过程中，我们竭尽所能地为您呈现最好、最全的实用功能，但仍难免有疏漏和不妥之处，敬请广大读者指正。若在学习过程中产生疑问或有任何建议，可以通过E-mail与我们联系。

读者邮箱：2751801073@qq.com

投稿邮箱：pup7@pup.cn

C目 录 ONTENTS

第 0 章　AutoCAD 最佳学习方法

本章 5 段教学录像

第 1 篇　基础入门篇

第 1 章　AutoCAD 2019 简介

本章 6 段教学录像

　　AutoCAD 2019 是 Autodesk 公司推出的计算机辅助设计软件，该软件经过不断的完善，现已成为国际上广为流行的绘图工具。本章将介绍 AutoCAD 2019 软件的安装、工作界面、文件管理、新增功能等基本知识。

高手支招

第 2 章　AutoCAD 的命令调用与基本设置

本章 7 段教学录像

　　命令调用、坐标的输入方法及 AutoCAD 的基本设置都是在绘图前需要了解清楚的。在 AutoCAD 中辅助绘图设置主要包括草图设置、选项设置和打印设置等，用户通过这些设置可以比较精确地绘制图形。

第3章 图层

📽 本章 6 段教学录像

图层相当于重叠的透明图纸，每张图纸上面的图形都具备自己的颜色、线宽、线型等特性，将所有图纸上面的图形绘制完成后，根据需要对其进行相应的隐藏或显示，即可得到最终的图形需求结果。为方便对 AutoCAD 对象进行统一的管理和修改，用户可以把类型相同或相似的对象指定给同一图层。

第 2 篇 二维绘图篇

第 4 章 绘制二维图形

📽 本章 4 段教学录像

二维图形是 AutoCAD 的核心功能，任何复杂的图形，都是由点、线等基本的二维图形组合而成的。本章通过对液压系统和洗手池绘制过程的详细讲解来介绍二维绘图命令的应用。

第 5 章 　编辑二维图形

本章 4 段教学录像

编辑就是对图形的修改，实际上编辑过程也是绘图过程的一部分。单纯地使用【绘图】命令，只能创建一些基本的图形对象。如果要绘制复杂的图形，在很多情况下必须借助【图形编辑】命令。AutoCAD 2019 提供了强大的图形编辑功能，可以帮助用户合理地构造和组织图形，既保证绘图的精确性，又简化了绘图操作，从而极大地提高了绘图效率。

第 6 章 　绘制和编辑复杂对象

本章 5 段教学录像

AutoCAD 可以满足用户的多种绘图需要，一种图形可以通过多种绘制方式来绘制，如平行线可以用两条直线来绘制，但是用多线绘制会更为快捷准确。本章将介绍如何绘制和编辑复杂的二维图形。

第 7 章 　文字与表格

本章 5 段教学录像

在制图中，文字是不可或缺的组成部分，经常用文字来书写图纸的技术要求。除了技术要求外，对于装配图还要创建图纸明细栏来说明装配图的组成，而在 AutoCAD 中创建明细栏是利用【表格】命令来创建的。

第 8 章　尺寸标注

本章 6 段教学录像

没有尺寸标注的图形被称为哑图，现在的各大行业中已经极少采用了。另外需要注意的是，零件的大小取决于图纸所标注的尺寸，并不是以实际绘图尺寸作为依据的。因此，图纸中的尺寸标注可以被看作是数字化信息的表达。

高手支招

第 3 篇　高效绘图篇

第 9 章　图块与外部参照

本章 5 段教学录像

图块是一组图形实体的总称，在应用过程中，CAD 图块将作为一个独立的、完整的对象来操作，用户可以根据需要按指定比例和角度将图块插入指定位置。

高手支招

第 10 章　图形文件管理操作

本章 7 段教学录像

AutoCAD 软件中包含许多辅助绘图功能供用户进行调用，其中查询和参数化是应用较广的辅助功能，本章将对相关工具的使用进行详细介绍。

第 4 篇 三维绘图篇

第 11 章 绘制三维图形

本章 5 段教学录像

　　AutoCAD 不仅可以绘制二维平面图，还可以创建三维实体模型，相对于二维 XY 平面视图，三维视图多了一个维度，不仅有 XY 平面，还有 ZX 平面和 YZ 平面，因此，三维实体模型具有真实直观的特点。创建三维实体模型可以通过已有的二维草图来进行创建，也可以直接通过三维建模功能来完成。

第 12 章 渲染

本章 6 段教学录像

　　AutoCAD 提供了强大的三维图形的效果显示功能，可以帮助用户将三维图形消隐、着色和渲染，从而生成具有真实感的物体。使用 AutoCAD 提供的【渲染】命令可以渲染场景中的三维模型，并且在渲染前可以为其赋予材质、设置灯光、添加场景和背景，从而生成具有真实感的物体。另外，还可以将渲染结果保存成位图格式，以便在 Photoshop 或者 ACDSee 等软件中编辑或查看。

第 5 篇　行业应用篇

第 13 章　机械设计案例——绘制铸造箱体三视图

　本章 6 段教学录像

　在机械制图中，箱体结构所采用的视图较多，除基本视图外，还常使用辅助视图、剖面图和局部视图等。在绘制箱体类零件时，应考虑合理的作图步骤，使整个绘制工作有序进行，从而提高作图效率。

第 14 章　城市广场总平面图设计

　本章 6 段教学录像

　城市广场正在成为城市居民生活的一部分，它的出现被越来越多的人接受，为人们的生活空间提供了更多的物质支持。城市广场作为一种城市艺术建设类型，它既承袭了传统和历史，也传递着美的韵律和节奏；它既是一种公共艺术形态，也是一种城市构成的重要元素。在日益走向开放、多元、现代的今天，城市广场这一载体所蕴含的诸多信息，成为一个规划设计深入研究的课题。

第 0 章
AutoCAD 最佳学习方法

本章导读

AutoCAD 是美国 Autodesk 公司开发的自动计算机辅助设计软件，用于二维绘图、详细绘制、设计文档和基本三维设计，现已经成为广泛流行的绘图工具。AutoCAD 具有良好的用户界面，通过交互菜单或命令行方式便可以进行各种操作，让用户在不断实践的过程中更好地掌握它的各种应用和开发技巧，从而不断提高工作效率。本章向读者介绍学习 AutoCAD 的最佳学习方法。

思维导图

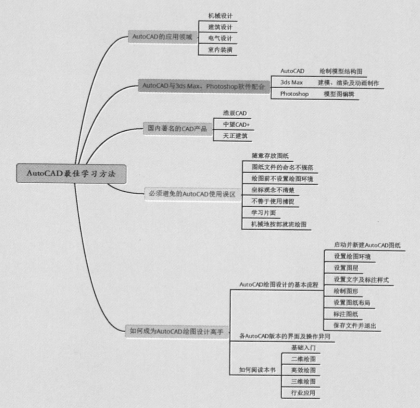

0.1 AutoCAD 的应用领域

AutoCAD 由最早的 V1.0 版本到目前的 2019 版本已经更新了几十次，CAD 软件在工程中的应用层次也在不断提高，越来越集成和智能化。通过 AutoCAD 无须懂得编程，即可自动制图。因此，在全球被广泛使用，可以用于机械设计、建筑设计、电子电路、室内装潢、城市规划、园林设计、服装鞋帽、航空航天、轻工化工等诸多领域。

1. 机械设计

AutoCAD 在机械制造行业的应用是最早的，也是最为广泛的。采用 CAD 技术进行产品的设计，不但可以使设计人员放弃烦琐的手工绘制方法、更新传统的设计思想、实现设计自动化、降低产品的成本，还可以提高企业及其产品在市场上的竞争能力、缩短产品的开发周期、提高劳动生产率。机械设计的样图如下图所示。

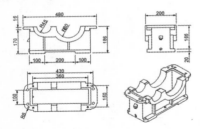

2. 建筑设计

计算机辅助建筑设计（Computer Aided Architecture Design，CAAD）是 CAD 在建筑方面的应用，它为建筑设计带来了一场真正的革命。随着 CAAD 软件从最初的二维通用绘图软件发展到如今的三维建筑模型软件，CAAD 技术已被广为采用。它不但可以提高设计质量，缩短工程周期，还可以节约建筑投资。建筑设计的样图如下图所示。

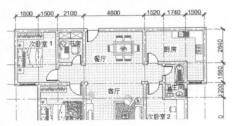

3. 电气设计

AutoCAD 在电子电气领域的应用被称为电子电气 CAD，它主要包括电气原理图的编辑、电路功能仿真、工作环境模拟、印制板设计与检测等。使用电子电气 CAD 软件还能迅速生成各种各样的报表文件（如元件清单报表），方便元件的采购及工程预算和决算。电气设计的样图如下图所示。

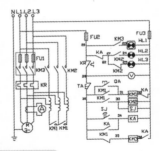

4. 室内装潢

近年来，随着室内装潢市场的迅猛发展，从而拉动了相关产业的高速发展，消费者的室内装潢需求也在不断增加，发展空间巨大。AutoCAD 在室内装潢领域的应用主要表现在家具家电设计、平面布置，以及地面、顶棚、空间立面及公共办公空间的设计方面。此外，使用 AutoCAD 搭配 3ds Max、Photoshop 等软件，可以制作出更加专业的室内装潢设计图。室内装潢的样图如下图所示。

0.2 AutoCAD 与 3ds Max、Photoshop 软件配合

　　一幅完美的设计效果图是由多个设计软件协同完成的，根据软件自身优势的不同，所承担的绘制环节也不相同。例如，AutoCAD 与 3ds Max、Photoshop 软件的配合使用，因绘制所需的环节不同，从而在绘制顺序方面也存在着先后的差异。

　　AutoCAD 具有强大的二维及三维绘图和编辑功能，能够方便地绘制出模型结构图。3ds Max 的优化及增强功能可以更好地进行建模、渲染及动画制作。此外，用户还可以将 AutoCAD 中创建的结构图导入 3ds Max 进行效果图模型的修改。而 Photoshop 是非常强大的图像处理软件，可以更有效地进行模型图的编辑工作，如图像编辑、图像合成、校色调色及特效制作等。

　　例如，在建筑行业中，如果需要绘制"校门"效果图，既可以根据所需建造的规格及结构等信息在 AutoCAD 中进行相关二维平面图的绘制，还可以利用 AutoCAD 的图案填充功能对"校门"二维线框图进行相应填充，如下图所示。

　　利用 AutoCAD 绘制完成"校门"二维线框图之后，可以将其调入 3ds Max 中进行建模。3ds Max 拥有强大的建模及渲染功能。

　　在 3ds Max 中调用 AutoCAD 创建的二维线框图建模的优点是：结构明确，易于绘制、编辑，而且绘制出来的模型将更加精确。利用 3ds Max 软件将模型创建完成之后，还可以为其添加材质、灯光及摄影机，并进行相应的渲染操作，查看渲染效果。

　　对建筑模型进行渲染之后，可以将其以图片的形式保存，然后利用 Photoshop 对其进行后期编辑制作，既可以为其添加背景，以及人、车、树等辅助场景，也可以为其改变颜色、对比度等操作。最终效果如下图所示。

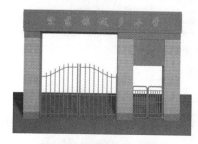

0.3 国内著名的 CAD 产品

　　除 AutoCAD 系列产品之外，国内也有几款著名的 CAD 产品，如浩辰 CAD、中望 CAD+、天正建筑、开目 CAD、天河 CAD 及 CAXA 等。

1. 浩辰 CAD

浩辰 CAD 平台软件广泛应用于工程建设、制造业等设计领域，已拥有十几种语言版本。其优点是保持主流软件操作模式，符合用户设计习惯，完美兼容 AutoCAD，因此在 100 多个国家和地区得到广泛应用。基于浩辰 CAD 平台的专业软件包含应用在工程建设行业的建筑、结构、给排水、暖通、电气、电力、架空线路、协同管理软件和应用在机械行业的机械、浩辰 CAD 燕秀模具，以及图档管理、钢格板、石材等。下图所示为浩辰 CAD 2019 标准版的界面。

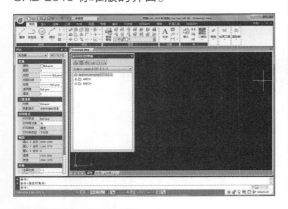

2. 中望 CAD

中望 CAD 是中望数字化设计软件有限责任公司自主研发的新一代二维 CAD 平台软件，运行速度更快，功能更稳定且持续进步，更兼容最新 DWG 文件格式。中望 CAD 通过独创的内存管理机制和高效的运算逻辑技术，软件在长时间的设计工作中快速稳定运行；

动态块、光栅图像、关联标注、最大化视口、CUI 定制 Ribbon 界面系列实用功能，手势精灵、智能语音、Google 地球等独创智能功能，最大限度地提升了生产设计效率；强大的 API 接口为 CAD 应用带来无限可能，满足了不同专业应用的二次开发需求。下图所示为中望 CAD 2019 版本的主界面。

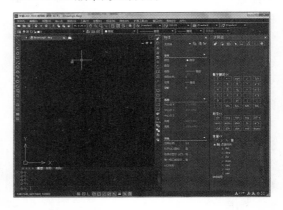

3. 天正建筑

天正建筑在 AutoCAD 图形平台的基础上开发了一系列建筑、暖通、电气等专业软件，通过界面集成、数据集成、标准集成及天正系列软件内部联通和天正系列软件与 Revit 等外部软件联通，打造了真正有效的 BIM 应用模式，具有植入数据信息、承载信息、扩展信息等特点。同时，天正建筑对象创建的建筑模型已成为天正日照、节能、给排水、暖通、电气等系列软件的数据来源，很多三维渲染图也是基于天正三维模型制作而成。

0.4 必须避免的 AutoCAD 使用误区

在使用 AutoCAD 绘图时必须避免以下几个使用误区。

（1）没有固定的图纸文件存放文件夹，随意存放图纸位置，容易导致需要时找不到文件。

（2）图纸文件的命名不规范。尤其在一家公司内如果有数十位设计者，没有标准的图纸命名格式，将会很难管理好图纸。

（3）绘图前不设置绘图环境，尤其是初学者。在绘图前制定出自己的专属 AutoCAD 环境，将达到事半功倍的效果。

（4）坐标观念不清楚。用自动方向定位法和各种追踪技巧时，如果不清楚绝对坐标和相对坐标，对图纸大小也不能清晰知晓，那么就不可能绘制出高质量的图纸。

（5）不善于使用捕捉功能，而是凭感觉作图。如果养成这样的习惯，绘制图纸后局部放大图纸，将会看到位置相差甚多。

（6）学习片面，如学习机械的只绘制机械图，学习建筑的只绘制建筑图。机械设计、建筑设计、电子电路、室内装潢、城市规划、园林设计、服装鞋帽等都是平面绘图，在专注一个方面的同时，还需要兼顾其他方面，做到专一通百。这样才能更好地掌握 AutoCAD 技术。

（7）机械地按部就班绘图。初学者通常按部就班地在纸上绘制草图、构思图层，然后在 CAD 中设置图层，并在图层上绘制图形。操作熟练之后，就可以利用 AutoCAD 编辑图纸的优势，可以先在 AutoCAD 上绘制草图，然后根据需要将图线置于不同图层上。

 0.5 如何成为 AutoCAD 绘图设计高手

通过本书的介绍并结合恰当的学习方法，就能成为 AutoCAD 绘图设计高手。

1. AutoCAD 绘图设计的基本流程

使用 AutoCAD 进行设计时，前期需要和客户建立良好的沟通，了解客户的需求和目的，并绘制出平面效果图，然后通过与客户的讨论、修改，制作出完整的平面效果图，最后根据需要绘制具体的施工图，如布置图、材料图、水电图、立面图、剖面图、节点图及大样图等。

使用 AutoCAD 绘制图形的基本流程如下图所示。

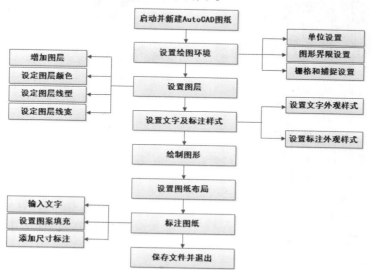

2. 各 AutoCAD 版本的界面及操作异同

AutoCAD 已经更新到 2019 版本，功能更加强大，界面更加美观且更易于用户的操作。在操作方面，命令的调用方法相同，AutoCAD 2009 及以后的版本将菜单栏更改为功能区，其中包含多个选项卡，将命令以按钮形式显示在选项卡中，需要在选项卡下单击按钮执行命令，同时也保留了菜单栏功能，可以将菜单栏显示在功能区上方。

（1）AutoCAD 2004 和以前的版本。

AutoCAD 2004 及以前的版本为 C 语言编写，安装包体积小，打开快速，功能相对比较全面。AutoCAD 2004 及以前版本最经典的界面是 R14 界面和 AutoCAD 2004 界面，如下图所示。

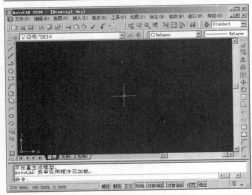

（2）2005~2009 版本。

2005~2009 版本安装体积很大，相同计算机配置，启动速度比 AutoCAD 2004 及以前版本慢很多，其中从 2008 版本开始，就有了 64 位系统专用版本（但只有英文版的）。2005~2009 版本增强了三维绘图功能，二维绘图版本功能没有质的变化。

2005~2008 版本和以前的界面没有本质变化，但 AutoCAD 2009 的界面变化较大，由原来工具条和菜单栏的结构变成了菜单栏和选项卡的结构，如下图所示。

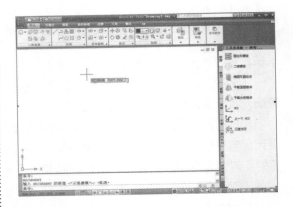

（3）2010~2019 版本。

从 2010 版本开始，AutoCAD 加入了参数化功能。2013 版本增加了 Autodesk 360 和 BIM 360 功能，2014 版本增加了从三维图转换为二维图的功能。2010~2019 版本的界面变化不大，与 AutoCAD 2009 的界面相似，AutoCAD 2019 的界面如下图所示。

3. 如何阅读本书

本书以学习 AutoCAD 2019 的最佳结构来分配章节，第 0 章可以使读者了解 AutoCAD 的应用领域及如何学习 AutoCAD。第 1 篇可使读者掌握 AutoCAD 2019 的使用方法，包括安装与配置软件、图层。第 2 篇可使读者掌握 AutoCAD 绘制和编辑二维图的操作，包括绘制二维图、编辑二维图、绘制和编辑复杂对象、文字与表格及尺寸标注等。第 3 篇可使读者掌握高效绘图的操作，包括图块的创建与插入、图形文件的管理操作等。第 4 篇可使读者掌握三维绘图的操作，包括绘制三维图、三维图转换二维图及渲染等。第 5 篇通过绘制东南亚风格装潢设计平面图介绍 AutoCAD 2019 在建筑行业的应用。

第1篇

基础入门篇

本篇主要介绍 AutoCAD 2019 的入门操作。通过对本篇内容的学习，读者可以掌握安装与配置 AutoCAD 2019 及图层等的操作方法。

第1章
AutoCAD 2019 简介

本章导读

AutoCAD 2019 是 Autodesk 公司推出的计算机辅助设计软件，该软件经过不断的完善，现已成为国际上广为流行的绘图工具。本章将介绍 AutoCAD 2019 软件的安装、工作界面、文件管理、新增功能等基本知识。

思维导图

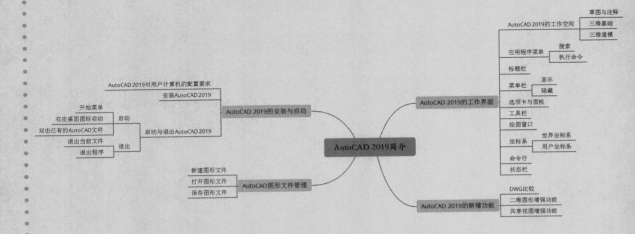

1.1 AutoCAD 2019 的安装与启动

用户要在计算机上应用 AutoCAD 2019 软件，首先要在计算机上正确地安装该应用软件，本节介绍如何安装、启动及退出 AutoCAD 2019。

1.1.1 AutoCAD 2019 对用户计算机的配置要求

AutoCAD 2019 对用户（非网络用户）计算机的最低配置要求如表 1-1 所示。

表 1-1　AutoCAD 2019 安装要求

操作系统	Microsoft Windows 7 SP1
	Windows 8/8.1（含更新 KB2919355）
	Microsoft Windows 10
处理器	1 GHz 或更高频率的 32 位 (x86) 或 64 位 (x64) 处理器
内存容量	32 位 (x86)：2 GB RAM（建议使用 4 GB） 64 位 (x64)：4 GB RAM（建议使用 8 GB）
显示分辨率	1360 像素 × 768 像素（建议使用 1600 像素 x 1050 像素或更高）真彩色 125% 桌面缩放 (120 DPI) 或更少（建议）
硬盘	6GB 以上
其他设备	鼠标、键盘及 DVD-ROM
浏览器	Microsoft Internet Explorer 9.0 或更高版本
.NET Framework	.NET Framework 版本 4.60
三维建模的其他要求	8 GB RAM 或更大 6 GB 可用硬盘空间（不包括安装需要的空间） 1600 像素 x 1050 像素或更高的真彩色视频显示适配器，128 MB VRAM 或更高， Pixel Shader 3.0 或更高版本，支持 Direct3D 的工作站及图形卡

1.1.2 安装 AutoCAD 2019

安装 AutoCAD 2019 软件的具体操作步骤如下。

第1步 将 AutoCAD 2019 安装光盘放入光驱中，系统会自动弹出安装初始化进度窗口，如下图所示。如果没有自动弹出，双击【计算机】中的光盘图标即可，或者双击安装光盘内的【setup.exe】文件。

第2步 安装初始化完成后，系统会弹出安装

向导主界面，选择安装语言后单击【安装在此计算机上安装】按钮，如下图所示。

第3步 确定安装要求后，会弹出许可协议界面，选中【我接受】单选按钮后，单击【下一步】按钮，如下图所示。

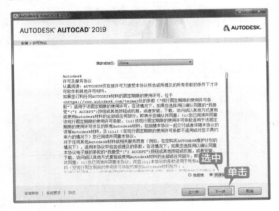

第4步 在配置安装界面中，选择要安装的组件及安装软件的目标位置后，单击【安装】按钮，如下图所示。

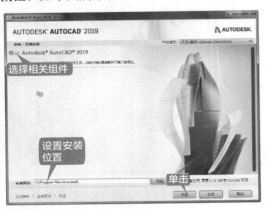

第5步 在安装进度界面中，显示各个组件的安装进度，如下图所示。

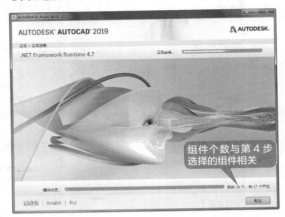

第6步 AutoCAD 2019软件安装完成后，在安装完成界面中单击【完成】按钮，退出安装向导界面，如下图所示。

┃提示┃

对于初学者，安装时如果安装盘的空间足够，可以选择全部组件进行安装。

成功安装 AutoCAD 2019 软件后，还应进行产品注册。

1.1.3 启动与退出 AutoCAD 2019

AutoCAD 2019 的启动方法有两种：一种是通过开始菜单的应用程序或双击桌面图标启动，另一种是通过双击已有的 AutoCAD 文件启动。

退出 AutoCAD 2019 分为退出当前文件和退出 AutoCAD 应用程序，前者只关闭当前的 AutoCAD 文件，后者则是退出整个 AutoCAD 应用程序。

1. 通过开始菜单的应用程序或双击桌面图标启动

在【开始】菜单中选择【所有程序】→【Autodesk】→【AutoCAD 2019- 简体中文（Simplified Chinese）】选项，或者双击桌面上的快捷图标，均可启动 AutoCAD 2019 软件。

第 1 步　在启动 AutoCAD 2019 时会弹出【开始】选项卡，如下图所示。

第 2 步　单击第 1 步界面中的【开始绘制】按钮，即可进入 AutoCAD 2019 工作界面，如下图所示。

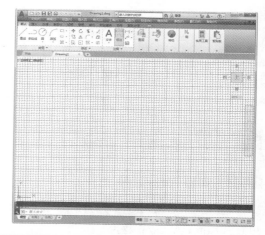

2. 通过双击已有的 AutoCAD 文件启动

第 1 步　找到已有的 AutoCAD 文件，如下图所示。

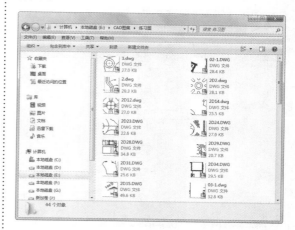

第2步 双击任何文件即可进入 AutoCAD 2019 工作界面，如下图所示。

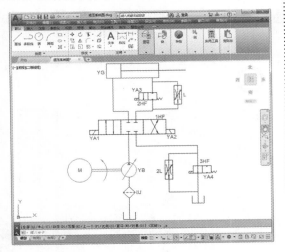

3. 退出 AutoCAD 2019

退出 AutoCAD 2019 分为退出当前文件和退出 AutoCAD 应用程序。

（1）退出当前文件。

单击标题栏中的【关闭】按钮，如下图所示。

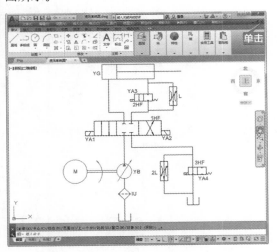

在命令行中输入"CLOSE"命令，按【Enter】键确定。

（2）退出 AutoCAD 程序。

单击标题栏中的【关闭】按钮，如下图所示。

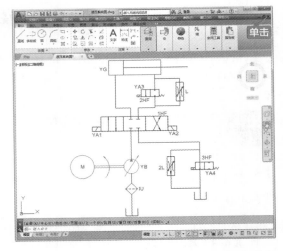

或者在标题栏空白位置处右击，在弹出的快捷菜单中选择【关闭】选项，如下图所示。

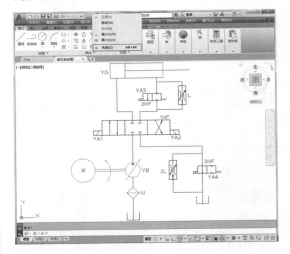

按【Alt+F4】组合键也可以退出 AutoCAD 2019。

在命令行中输入"QUIT"命令，按【Enter】键确定。

另外，单击【应用程序菜单】按钮，在弹出的下拉菜单中单击【退出 Autodesk AutoCAD 2019】按钮也可以退出 AutoCAD 2019，如下图所示。

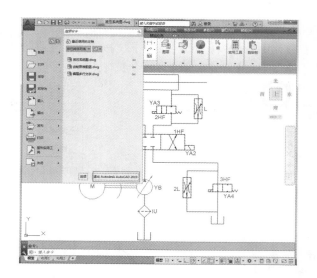

1.2 AutoCAD 2019 的工作界面

AutoCAD 2019 的工作界面由应用程序菜单、标题栏、快速访问工具栏、菜单栏、命令窗口、绘图窗口和状态栏组成，如下图所示。

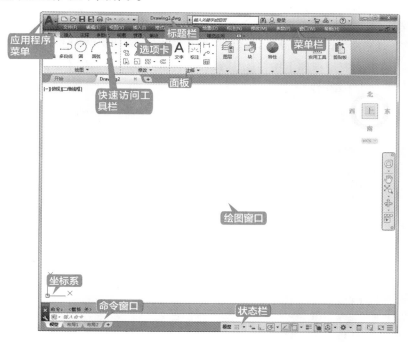

1.2.1 AutoCAD 2019 的工作空间

AutoCAD 2019 提供了【草图与注释】【三维基础】和【三维建模】3 种工作空间模式。

其中【草图与注释】工作空间模式中有【默认】【插入】【注释】【参数化】【视图】【管理】【输出】【附加模块】【协作】和【精选应用】等选项卡，方便绘制和编辑二维图形。

AutoCAD中切换工作空间的方法有两种。

方法1 单击状态栏中的【切换工作空间】按钮，在弹出的菜单中选择相应的命令即可，如下图所示。

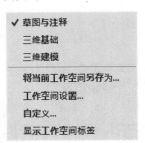

方法2 单击标题栏中的【切换工作空间】下拉按钮，在弹出的菜单中选择相应的命令即可，如下图所示。

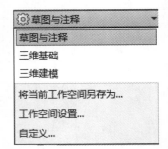

| 提示 |

切换工作空间后程序会默认隐藏菜单栏，如果要重新显示菜单栏，请参见1.2.4小节相关内容。

1.2.2 应用程序菜单

在应用程序菜单中，可以搜索命令、访问常用工具并浏览文件。在 AutoCAD 2019 界面左上方，单击【应用程序】按钮，弹出应用程序菜单，如下图所示。

在应用程序菜单上方的搜索框中，输入搜索命令，按【Enter】键确认，下方将显示搜索到的命令，如下图所示。

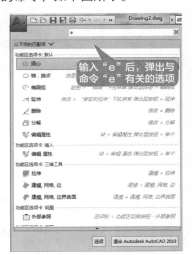

可以在应用程序菜单中快速新建、打开、保存、核查、修复和清除文件，以及打印或发布图形，还可以单击右下方的【选项】按钮打开【选项】对话框或退出 AutoCAD 程序。

使用【最近使用的文档】窗口不仅可以查看最近使用的文件，也可以按照已排序列表、访问日期、大小、类型来排列最近使用的文档，还可以查看图形文件的缩略图，如下图所示。

1.2.3 标题栏

标题栏位于应用程序界面的最上面，用于显示当前正在运行的程序名及文件名等信息，如下图所示。如果是 AutoCAD 默认的图形文件，其名称为 DrawingN.dwg（N 为 1、2、3……）。

标题栏中的信息中心提供了多种信息来源。

单击快速访问工具栏上相应的按钮 ，可以快速进行新建、打开、保存 AutoCAD 文件等操作。

单击草图与注释右侧的下拉按钮 ，可以切换工作空间。

单击快速访问工具栏右侧的下拉按钮 ，可以控制图层状态或切换图层。

在文本框中输入需要帮助的问题，然后单击【搜索】按钮 ，就可以获取相关的帮助。

单击【保持链接】按钮 ，可以查看并下载更新的软件；单击【帮助】按钮 ，可以查看帮助信息。

单击标题栏右侧的 按钮，分别可以最小化、最大化或关闭应用程序窗口。

> **提示**
>
> 可以通过【自定义快速访问工具栏】对新建、打开、保存、切换工作空间及图层等是否在标题栏显示进行设置，具体设置方法参见本书 1.2.4 小节。

1.2.4 菜单栏

单击快速访问工具栏右侧的下拉按钮，在弹出的下拉列表中选择【显示菜单栏】选项，即可在快速访问工具栏下方显示菜单栏，重复执行此操作并选择【隐藏菜单栏】选项则可以隐藏菜单栏，如下图所示。

单击可以在标题栏取消或显示这些快速访问图标

显示或隐藏菜单栏

| 文件(F) | 编辑(E) | 视图(V) | 插入(I) | 格式(O) | 工具(T) | 绘图(D) | 标注(N) | 修改(M) | 参数(P) | 窗口(W) | 帮助(H) |

AutoCAD 2019 的菜单栏主要由【文件】【编辑】【视图】和【插入】等菜单项组成，它们几乎包括了 AutoCAD 中全部的功能和命令。单击某一菜单项可打开对应的下拉菜单。下图所示为 AutoCAD 2019 的【绘图】下拉菜单，该菜单主要用于绘制各种图形，如直线、圆等。

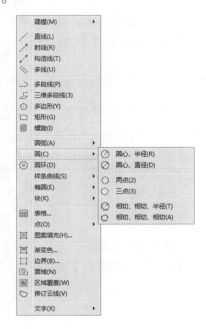

| 提示 |

下拉菜单具有以下特点。

（1）右侧有"▶"的菜单项，表示它还有子菜单。

（2）右侧有"…"的菜单项，单击后将弹出一个对话框。例如，单击【格式】菜单中的【点样式】选项，会弹出如下图所示的【点样式】对话框，通过该对话框可以进行点样式设置。

（3）单击右侧没有任何标识的菜单项，会执行对应的 AutoCAD 命令。

1.2.5 选项卡与面板

AutoCAD 2019 根据任务标记,将许多面板组织集中到某个选项卡中,面板包含的很多工具和控件与工具栏和对话框中的相同,如【默认】选项卡中的【绘图】面板,如下图所示。

在面板的空白区域右击,然后将鼠标指针放到【显示选项卡】选项上,在弹出的下拉菜单上单击,可以将该选项添加或删除,如下图所示。

以添加或删除面板选项的内容,如下图所示。

将鼠标指针放置到【显示面板】选项上,将弹出该选项卡下面板的显示内容,单击可

> **┃提示┃**
>
> 在选项卡中的任一面板上按住鼠标左键,然后将其拖曳到绘图区域中,则该面板将在放置的区域浮动。浮动面板一直处于打开状态,直到被放回选项卡中。

1.2.6 工具栏

工具栏是应用程序调用命令的另一种方式,它包含许多由图标表示的命令按钮。在 AutoCAD 2019 中,系统提供了多个已命名的工具栏,每一个工具栏上都有一些按钮,将鼠标指针放到工具栏按钮上停留一下,AutoCAD 会弹出一个文字提示标签,说明该按钮的功能,如下图所示。单击工具栏上的某一按钮可以启动对应的 AutoCAD 命令。

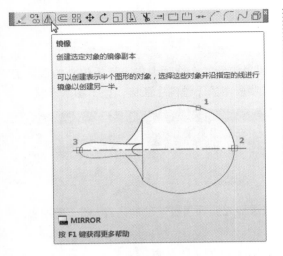

工具栏是 AutoCAD 经典工作界面下的重要内容，从 AutoCAD 2015 开始，AutoCAD 取消了经典界面，对于那些习惯用工具栏操作的用户可以通过【工具】→【工具栏】→【AutoCAD】功能选择符合自己需要的工具栏显示，如下图所示。菜单中，前面有"√"的菜单项表示已打开对应的工具栏。

AutoCAD 的工具栏是浮动的，用户可以将各工具栏拖曳到工作界面的任意位置。由于用计算机绘图时的绘图区域有限，所以在绘图时，应根据需要只打开那些当前使用或常用的工具栏，并将其放入绘图窗口的适当位置。

1.2.7 绘图窗口

在 AutoCAD 中，绘图窗口是绘图的工作区域，所有的绘图结果都反映在这个窗口中。可以根据需要关闭其周围和里面的各个工具栏，以增大绘图空间。如果图纸比较大，需要查看未显示部分时，可以单击窗口右边与下边滚动条两侧的箭头，或者拖动滚动条上的滑块来移动图纸，如下图所示。

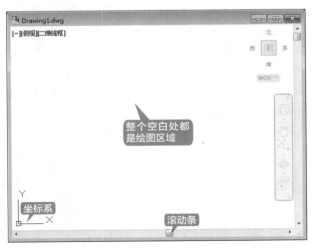

在绘图窗口中，除了显示当前的绘图结果外，还显示了当前使用的坐标系类型和坐标原点，以及 X 轴、Y 轴、Z 轴的方向等。默认情况下，坐标系模式为世界坐标系。

1.2.8 坐标系

在 AutoCAD 中有两种坐标系，一种是 WCS（World Coordinate System），即世界坐标系，另一种是 UCS（User Coordinate System），即用户坐标系。掌握这两种坐标系的使用方法对于精确绘图是十分重要的。

1. 世界坐标系

启动 AutoCAD 2019 后，在绘图窗口的左下角会看到一个坐标，即默认的世界坐标系（WCS），包含 X 轴和 Y 轴。如果是在三维空间中则还有一个 Z 轴，并且规定沿 X 轴、Y 轴、Z 轴的方向为正方向。

通常在二维视图中，世界坐标系（WCS）的 X 轴水平，Y 轴垂直，原点为 X 轴和 Y 轴的交点（0，0），如下图所示。

2. 用户坐标系

有时为了更方便地使用 AutoCAD 进行辅助设计，需要对坐标系的原点和方向进行相关设置和修改，即将世界坐标系更改为用户坐标系。用户坐标系的 X 轴、Y 轴、Z 轴仍然互相垂直，但是其方向和位置可以任意指定，有了很大的灵活性。

单击【视图】选项卡下【坐标】面板中的【UCS】按钮↳，在命令行中输入"3"，命令行提示如下。

> 指定 UCS 的原点或 [面 (F)/ 命名 (NA)/ 对象 (OB)/ 上一个 (P)/ 视图 (V)/ 世界 (W)/X/Y/Z/Z 轴 (ZA)]
> ＜世界＞: 3 ↙

提示：启用 UCS 各选项的含义如下。

【指定 UCS 的原点】：重新指定 UCS 的原点以确定新的 UCS。

【面】：将 UCS 与三维实体的选定面对齐。

【命名】：按名称保存、恢复或删除常用的 UCS 方向。

【对象】：指定一个实体以定义新的坐标系。

【上一个】：恢复上一个 UCS。

【视图】：将新的 UCS 的 XY 平面设置在与当前视图平行的平面上。

【世界】：将当前的 UCS 设置成 WCS。

【X/Y/Z】：确定当前的 UCS 绕 X 轴、Y 轴和 Z 轴中的某一轴旋转一定的角度以形成新的 UCS。

【Z 轴】：将当前 UCS 沿 Z 轴的正方向移动一定的距离。

按【Enter】键后根据命令行提示进行操作。

指定新原点 <0,0,0>: ↙

1.2.9 命令行

【命令行】窗口位于绘图窗口的底部，用于接收输入的命令，并显示 AutoCAD 提供的信息。在 AutoCAD 2019 中，【命令行】窗口可以拖放为浮动窗口，如下图所示。处于浮动状态的【命令行】窗口随拖放位置的不同，其标题显示的方向也不同。

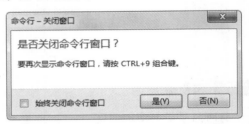

AutoCAD 文本窗口是记录 AutoCAD 命令的窗口，是放大的【命令行】窗口，它记录了已执行的命令，也可以用来输入新命令，如下图所示。在 AutoCAD 2019 中，可以通过执行【视图】→【显示】→【文本窗口】命令，打开文本窗口。

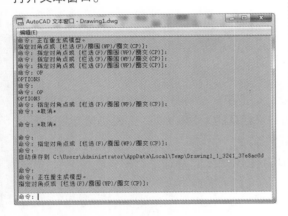

| 提示 |

在命令行中输入 "Textscr" 命令，或者按【F2】键，也可以打开 AutoCAD 文本窗口。

在 AutoCAD 2019 中，用户可以根据需要隐藏命令窗口。隐藏的方法为单击【命令行】的关闭按钮 或选择【工具】→【命令行】命令，AutoCAD 会弹出【命令行 – 关闭窗口】对话框，如下图所示。

单击对话框中的【是】按钮，即可隐藏命令窗口。隐藏命令窗口后，可以通过选择【工具】→【命令行】命令再次显示命令窗口。

| 提示 |

按【Ctrl+9】组合键，可以快速实现隐藏或显示命令窗口的切换。

1.2.10 状态栏

状态栏用来显示 AutoCAD 当前的状态，如当前十字光标的坐标、命令和按钮的说明等，其位于 AutoCAD 界面的底部，如下图所示。

单击状态栏最右侧的【自定义】按钮 ，如下图所示，可以选择显示或关闭状态栏的选项，显示的选项前面有 "√"。

1.3 AutoCAD 图形文件管理

在 AutoCAD 中，图形文件管理一般包括创建新文件、打开图形文件、保存文件及关闭图形文件等。以下分别介绍各种图形文件管理操作。

1.3.1 新建图形文件

AutoCAD 2019 中的新建功能用于创建新的图形文件。

【新建】命令的几种常用调用方法如下。

（1）选择【文件】→【新建】命令。

（2）单击快速访问工具栏中的【新建】按钮 。

（3）在命令行中输入"NEW"命令并按【Space】键或【Enter】键确认。

（4）单击【应用程序菜单】按钮 ▲，然后选择【新建】→【图形】命令。

（5）按【Ctrl+N】组合键。

在【菜单栏】中选择【文件】→【新建】命令，弹出【选择样板】对话框。

选择对应的样板后（初学者一般选择样板文件 acadiso.dwt 即可），单击【打开】按钮，如下图所示，就会以对应的样板为模板建立新图形。

1.3.2 打开图形文件

AutoCAD 2019 中的打开功能用于打开现有的图形文件。

【打开】命令的几种常用调用方法如下。

（1）选择【文件】→【打开】命令。

（2）单击快速访问工具栏中的【打开】按钮📂。

（3）在命令行中输入"OPEN"命令并按【Space】键或【Enter】键确认。

（4）单击【应用程序菜单】按钮🔺，然后选择【打开】→【图形】命令。

（5）按【Ctrl+O】组合键。

在【菜单栏】中选择【文件】→【打开】命令，弹出【选择文件】对话框，如下图所示。

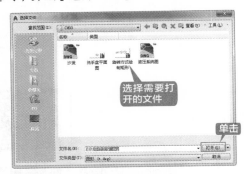

选择要打开的图形文件，单击【打开】按钮即可打开该图形文件。

> **提示**
>
> 利用【打开】命令可以打开和加载局部图形，包括特定视图或图层中的几何图形。在【选择文件】对话框中单击【打开】右侧的下拉按钮，然后选择【局部打开】或【以只读方式局部打开】选项，将弹出【局部打开】对话框，如下图所示。

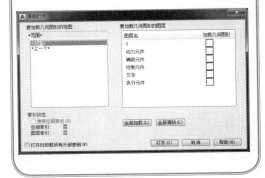

1.3.3 保存图形文件

AutoCAD 2019 中的保存功能用于使用指定的默认文件格式保存当前图形。

【保存】命令的几种常用调用方法如下。

（1）选择【文件】→【保存】命令。

（2）单击快速访问工具栏中的【保存】按钮💾。

（3）在命令行中输入"QSAVE"命令并按【Space】键或【Enter】键确认。

（4）单击【应用程序菜单】按钮🔺，然后选择【保存】命令。

（5）按【Ctrl+S】组合键。

在【菜单栏】中选择【文件】→【保存】命令，在图形第一次被保存时会弹出【图形另存为】对话框，如下图所示，需要用户确

定文件的保存位置及文件名。如果图形已经保存过，就只是在原有图形基础上重新对图形进行保存，则直接保存而不弹出对话框。

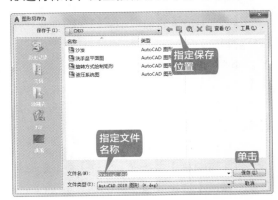

| 提示 |

如果需要将已经命名的图形以新名称或新位置进行保存时，可以执行【另存为】命令，系统会弹出【图形另存为】对话框，可以根据需要进行保存。

另外，可以在【选项】对话框的【打开和保存】选项卡中指定默认文件格式，然后单击【确定】按钮，如下图所示。

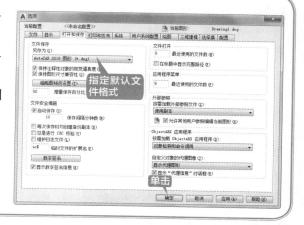

1.4 新功能：AutoCAD 2019 的新增功能

AutoCAD 2019 在原有版本的基础上增加了许多功能并进行了改进，如 DWG 比较、二维图形增强功能和共享视图增强功能等。

1. DWG 比较

图形比较功能可以重叠两个图形，并突出显示二者的不同之处，既方便查看又能了解两个图形之间的异同。单击 ⬚⬚ 按钮，系统会弹出【DWG 比较】对话框，如下图所示。

选择需要比较的两个 DWG 图形之后，系统会在两个图形不同之处的四周自动生成修订云线，方便将用户导航至高亮显示的变化处。图形 1 的不同之处以绿色突出显示，

图形 2 的不同之处以红色突出显示，图形 1 和图形 2 的共同之处以灰色显示，如下图所示。

2. 二维图形增强功能

可以更快速地缩放、平移及更改绘图次序和图层特性。通过右击状态栏中的按钮，可以在【图形性能】对话框中轻松配置二维图形的性能，如下图所示。

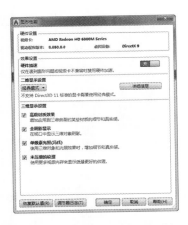

实际的 DWG 文件即可发布视图，并收集来自客户和利益相关方的反馈，订购客户登录后即可访问共享视图。用户可以控制在视图中共享的内容，视图利用后台线程于本地生成，既可以大幅提升速度，也可以让用户在等待的同时继续工作。对于新用户而言，需要创建 Autodesk 账户并进行登录，如下图所示。

设置完成后，在绘图时即可对闭合多边形的中心点进行捕捉，如下图所示。

3. 共享视图增强功能

借助共享视图功能，订购用户无须共享

同时打开多个图形文件

在绘图过程中，有时可能根据需要将所涉及的多个图纸同时打开，以便于进行图形的绘制及编辑。同时打开多个图形文件的具体操作步骤如表 1-2 所示。

表 1-2　同时打开多个图形文件的具体操作步骤

步骤	创建方法	结　　果	备　注
1	启动 AutoCAD 2019，选择【文件】→【打开】命令，在弹出的对话框中选择"素材 \CH01"文件，然后按住【Ctrl】键分别单击"齿轮 .dwg" "棘轮 .dwg" "凸轮 .dwg" 文件	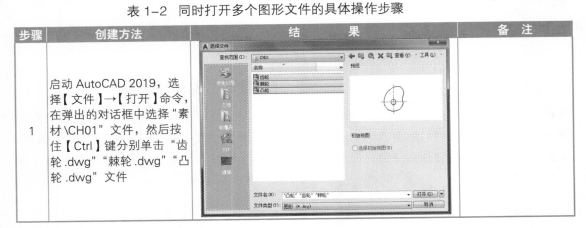	

续表

步骤	创建方法	结　果	备　注
2	单击【打开】按钮，3 个文件将同时打开	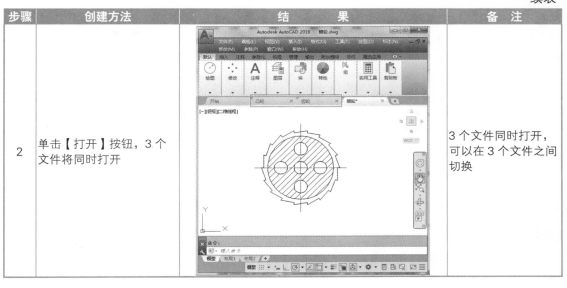	3 个文件同时打开，可以在 3 个文件之间切换

◇ 为什么命令行不能浮动

AutoCAD 的命令行、选项卡、面板是可以浮动的，如果不小心选择了【固定窗口】【固定工具栏】选项，那么命令行、选项卡、面板将不能浮动。

第 1 步　启动 AutoCAD 2019 并新建一个 "dwg" 文件，如下图所示。

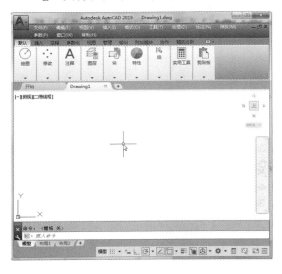

第 2 步　按住鼠标左键对命令窗口进行拖曳，如下图所示。

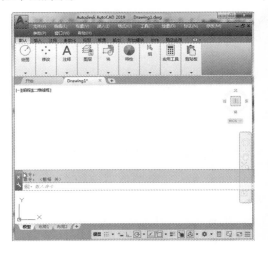

第3步 命令窗口拖曳至合适位置后松开鼠标，然后单击【窗口】菜单项，在弹出的下拉菜单中选择【锁定位置】→【固定窗口】选项，如下图所示。

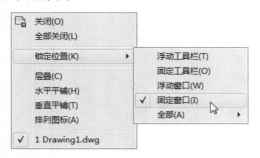

第4步 再次按住鼠标左键拖曳命令窗口时，发现鼠标指针变成了 形状，无法拖曳命令窗口，如下图所示。

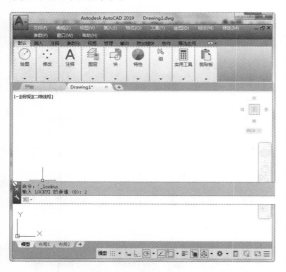

┃ 提示 ┃

　　取消【固定窗口】后，命令窗口又可以重新浮动了。

◇ 如何控制选项卡和面板的显示

　　AutoCAD 2019 的选项卡和面板可以根据自己的习惯控制，哪些选项卡和面板需要显示，哪些选项卡和面板不需要显示等。例如，

设置不显示【附加模块】【协作】【精选应用】选项卡和【应用程序】面板的具体操作步骤如下。

第1步 启动 AutoCAD 2019 并新建一个"dwg"文件，如下图所示。

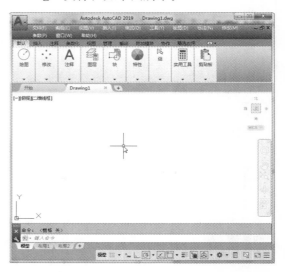

第2步 在选项卡或面板的空白处右击，在弹出的快捷菜单中选择【显示选项卡】选项，在其下拉列表中选择【附加模块】【协作】和【精选应用】选项卡，并将其前面的"√"去掉，如下图所示。

第3步 将【附加模块】【协作】和【精选应用】前面的"√"去掉后，选项卡栏将不再显示这些选项卡，如下图所示。

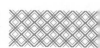

第4步 选择【管理】选项卡，其面板显示如下图所示。

第5步 在选项卡或面板的空白处右击，在弹出的快捷菜单中选择【显示面板】选项，在其下拉列表框中选择【应用程序】选项，并将其前面的"√"去掉，如下图所示。

第6步 【应用程序】前面的"√"去掉后，【管理】选项区域将不再显示该面板，如下图所示。

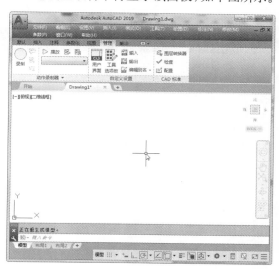

◇ AutoCAD 版本与 CAD 保存格式之间的关系

AutoCAD 有多种保存格式，在保存文件时单击文件类型的下拉列表，即可看到各种保存格式，如下图所示。

　　并不是每个版本都只对应一个保存格式，AutoCAD 保存格式与版本之间的对应关系如表 1-3 所示。

表 1-3　AutoCAD 保存格式与版本之间的对应关系

保存格式	适用版本
AutoCAD 2000	AutoCAD 2000—2002
AutoCAD 2004	AutoCAD 2004—2006
AutoCAD 2007	AutoCAD 2007—2009
AutoCAD 2010	AutoCAD 2010—2012
AutoCAD 2013	AutoCAD 2013—2017
AutoCAD 2018	AutoCAD 2018—2019

第2章
AutoCAD 的命令调用与基本设置

本章导读

命令调用、坐标的输入方法及 AutoCAD 的基本设置都是在绘图前需要了解清楚的。在 AutoCAD 中辅助绘图设置主要包括草图设置、选项设置和打印设置等，用户通过这些设置可以比较精确地绘制图形。

思维导图

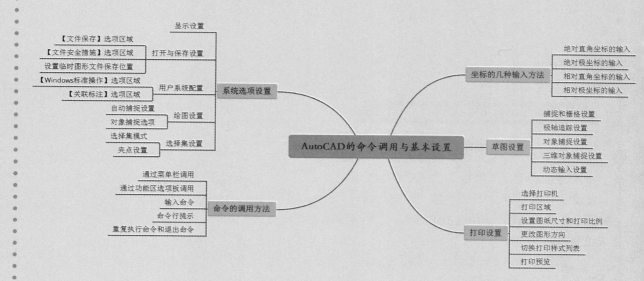

2.1 重点：命令的调用方法

通常，命令的基本调用方法可分为 3 种，即通过菜单栏调用、通过功能区选项板调用、通过命令行调用。前两种的调用方法基本相同，找到相应按钮或选项后进行单击或选择即可。而利用命令行调用命令则需要在命令行输入相应指令，并配合【Space】（或【Enter】）键执行。本节具体介绍 AutoCAD 中命令的调用、退出、重复执行及透明命令的使用方法。

2.1.1 通过菜单栏调用

菜单栏几乎包含了 AutoCAD 所有的命令，在菜单栏调用命令是最常见的命令调用方法，它适用于 AutoCAD 的所有版本。例如，通过菜单栏调用【起点、圆心、端点】绘制圆弧的方法如下。

选择【绘图】→【圆弧】→【起点、圆心、端点】命令，如下图所示。

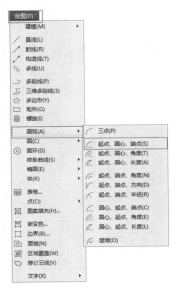

2.1.2 通过功能区选项板调用

对于 AutoCAD 2009 以后的版本，可以采用通过功能区选项板来调用命令，并且功能区选项板调用命令更直接、快捷。例如，通过功能区选项板调用【相切、相切、半径】绘制圆的方法如下。

选择【默认】→【圆】→【相切、相切、半径】命令，如下图所示。

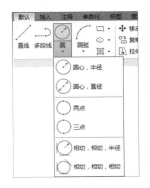

2.1.3 输入命令

在命令行中输入命令，即输入相关图形的指令，如直线的指令为"LINE（或 L）"，圆弧的指令为"ARC（或 A）"等。输完相应指令后，按【Enter】键或【Space】键，即可对指令进行相应的操作。表 2-1 提供了部分较为常用的图形命令及其缩写，供用户参考。

表 2-1　常用的图形命令及其缩写

命令全名	简写	对应操作	命令全名	简写	对应操作
POINT	PO	绘制点	LINE	L	绘制直线
XLINE	XL	绘制射线	PLINE	PL	绘制多段线
MLINE	ML	绘制多线	SPLINE	SPL	绘制样条曲线
POLYGON	POL	绘制正多边形	RECTANGLE	REC	绘制矩形
CIRCLE	C	绘制圆	ARC	A	绘制圆弧
DONUT	DO	绘制圆环	ELLIPSE	EL	绘制椭圆
REGION	REG	面域	MTEXT	MT/T	多行文本
BLOCK	B	块定义	INSERT	I	插入块
WBLOCK	W	定义块文件	DIVIDE	DIV	定数等分
BHATCH	H	填充	COPY	CO/CP	复制
MIRROR	MI	镜像	ARRAY	AR	阵列
OFFSET	O	偏移	ROTATE	RO	旋转
MOVE	M	移动	EXPLODE	X	分解
TRIM	TR	修剪	EXTEND	EX	延伸
STRETCH	S	拉伸	SCALE	SC	比例缩放
BREAK	BR	打断	CHAMFER	CHA	倒角
PEDIT	PE	编辑多段线	DDEDIT	ED	修改文本
PAN	P	平移	ZOOM	Z	视图缩放

2.1.4 命令行提示

无论采用哪一种方法调用 CAD 命令，调用后的结果都是相同的。执行相关指令后命令行都会自动出现相关提示及选项供用户操作。下面以执行【多线】命令为例进行详细的介绍。

第1步　在命令行输入"ml（多线）"命令后按【Space】键确认，命令行提示如下。

> 命令：ml
>
> **MLINE**
>
> 当前设置：对正 = 上，比例 = 20.00，样式 = STANDARD
>
> 指定起点或 [对正 (J)/ 比例 (S)/ 样式 (ST)]:

第2步　命令行提示指定多线起点，并附有相应选项"对正（J）、比例（S）、样式（ST）"。指定相应坐标点即可指定多线起点。在命令行中输入相应选项代码（如"对正"选项代码"J"）后按【Enter】键确认，即可执行对正设置。

2.1.5 重复执行命令和退出命令

对于刚结束的命令可以重复执行，直接按【Enter】键或【Space】键即可完成此操作。另外，还有一种经常会用到的方法是通过右击，在弹出的快捷菜单中选择【重复】或【最近的输入】选项来实现，如下图所示。

退出命令通常分为两种情况：一种情况是命令执行完成后退出命令，另一种情况是调用命令后不执行，即直接退出命令。第一种情况可通过按【Space】【Enter】或【Esc】键来完成退出命令操作，第二种情况通常通过按【Esc】键来完成。用户须根据实际情况选择命令的退出方式。

2.2 重点：坐标的几种输入方法

在 AutoCAD 中，坐标有多种输入方式，如绝对直角坐标、绝对极坐标、相对直角坐标和相对极坐标等。下面以实例形式说明坐标的各种输入方式。

2.2.1 绝对直角坐标的输入

绝对直角坐标是从原点出发的位移，表示方式为（X，Y），其中 X、Y 分别对应坐标轴上的数值，具体操作步骤如下。

第1步 新建一个图形文件，然后在命令行输入"L"并按【Space】键调用【直线】命令，在命令行输入"−500，300"，命令行提示如下。

命令：_line
指定第一个点：−500,300

第2步 按【Space】键确认，如下图所示。

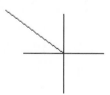

第3步 在命令行输入"700，−500"，命令行提示如下。

指定下一点或 [放弃 (U)]: 700,−500

第4步 连续按两次【Space】键确认后，结果如下图所示。

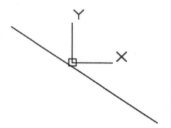

2.2.2 绝对极坐标的输入

绝对极坐标也是从原点出发的位移，但绝对极坐标的参数是距离和角度，其中距离和角度之间用"<"分开，而角度值是和 X 轴正方向之间的夹角，具体操作步骤如下。

第1步 新建一个图形文件，在命令行输入"L"并按【Space】键调用【直线】命令，在命令行输入"0,0"，即原点位置。命令行提示如下。

命令：_line
指定第一个点：0, 0

第2步 按【Space】键确认，如下图所示。

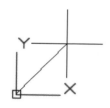

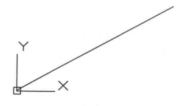

指定下一点或 [放弃 (U)]: 1000<30

第4步 连续按两次【Space】键确认后，结果如下图所示。

第3步 在命令行输入"1000<30"，其中 1000 确定直线的长度，30 确定直线和 X 轴正方向的角度。命令行提示如下。

2.2.3 相对直角坐标的输入

相对直角坐标是指相对于某一点的 X 轴和 Y 轴的距离。具体表示方式是在绝对坐标表达式的前面加上"@"符号，具体操作步骤如下。

第1步 新建一个图形文件，在命令行输入"L"并按【Space】键调用【直线】命令，在绘图窗口任意一点单击作为直线的起点，如下图所示。

示如下。

指定下一点或 [放弃 (U)]: @0,300

第3步 连续按两次【Space】键确认后，结果如图下图所示。

第2步 在命令行输入"@0,300"，命令行提

2.2.4 相对极坐标的输入

相对极坐标是指相对于某一点的距离和角度。具体表示方式是在绝对极坐标表达式的前面加上"@"符号，具体操作步骤如下。

第1步 新建一个图形文件，在命令行输入"L"并按【Space】键调用【直线】命令，在绘图窗口任意一点单击作为直线的起点，如下图所示。

第2步 在命令行输入"@400<120"，命令行提示如下。

指定下一点或 [放弃 (U)]: @400<120

第3步 连续按两次【Space】键确认后，结果如下图所示。

2.3 草图设置

在 AutoCAD 中绘制图形时，可以使用系统提供的极轴追踪、对象捕捉和正交等功能来进行精确定位。使用用户在不知道坐标的情况下也可以精确定位和绘制图形。这些设置都是在【草图设置】对话框中进行的。

AutoCAD 2019 中调用【草图设置】对话框的方法有以下两种。

（1）选择【工具】→【绘图设置】命令。

（2）在命令行中输入"DSETTINGS/DS/SE/OS"命令。

2.3.1 捕捉和栅格设置

在命令行输入"SE"，按【Space】键弹出【草图设置】对话框。选择【捕捉和栅格】选项卡，可以设置捕捉模式和栅格模式，如下图所示。

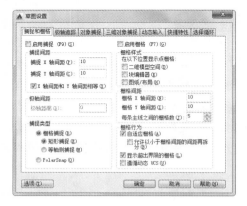

（1）启用捕捉各选项的含义如下。

【启用捕捉】：打开或关闭捕捉模式。也可以通过单击状态栏上的【捕捉】按钮或按【F9】键，打开或关闭捕捉模式。

【捕捉间距】：控制捕捉位置的不可见矩形栅格，以限制鼠标指针仅在指定的 X 轴和 Y 轴间隔内移动。

【捕捉 X 轴间距】：指定 X 轴方向的捕捉间距。间距值必须为正实数。

【捕捉 Y 轴间距】：指定 Y 轴方向的捕捉间距。间距值必须为正实数。

【X 轴间距和 Y 轴间距相等】：为捕捉间距和栅格间距强制使用相同的 X 轴和 Y 轴间距值。捕捉间距可以与栅格间距不同。

【极轴间距】：控制极轴捕捉增量距离。

【极轴距离】：选定【捕捉类型和样式】下的【PolarSnap】类型时，设置捕捉增量距离。如果该值为 0，则 PolarSnap 的距离采用【捕捉 X 轴间距】的值。【极轴距离】设置与极坐标追踪和（或）对象捕捉追踪结合使用。如果两个追踪功能都未启用，则【极轴距离】设置无效。

【矩形捕捉】：将捕捉类型设置为标准【矩形】捕捉模式。当捕捉类型设置为【栅格】并且打开【捕捉】模式时，鼠标指针将捕捉矩形捕捉栅格。

【等轴测捕捉】：将捕捉类型设置为【等轴测】捕捉模式。当捕捉类型设置为【栅格】并且打开【捕捉】模式时，鼠标指针将捕捉等轴测捕捉栅格。

【PolarSnap】：将捕捉类型设置为【PolarSnap】。如果启用了【捕捉】模式并在极轴追踪打开的情况下指定点，鼠标指针将沿在【极轴追踪】选项卡上相对于极轴追踪起点设置的极轴对齐角度进行捕捉。

（2）启用栅格各选项的含义如下。

【启用栅格】：打开或关闭栅格。也可以通过单击状态栏上的【栅格】按钮或按【F7】键，或者使用 GRIDMODE 系统变量，打开或关闭栅格模式。

【二维模型空间】：将二维模型空间的栅格样式设置为点栅格。

【块编辑器】：将块编辑器的栅格样式设置为点栅格。

【图纸 / 布局】：将图纸和布局的栅格样式设置为点栅格。

【栅格间距】：控制栅格的显示，有助于形象化显示距离。

【栅格 X 轴间距】：指定 X 轴方向上的栅格间距。如果该值为 0，则栅格采用【捕捉 X 轴间距】的值。

【栅格 Y 轴间距】：指定 Y 轴方向上的栅格间距。如果该值为 0，则栅格采用【捕捉 Y 轴间距】的值。

【每条主线之间的栅格数】：指定主栅格线相对于次栅格线的频率。VSCURRENT 设置为除二维线框之外的任何视觉样式时，将显示栅格线而不是栅格点。

【栅格行为】：控制当 VSCURRENT 设置为除二维线框之外的任何视觉样式时，所显示栅格线的外观。

【自适应栅格】：缩小时，限制栅格密度。允许以小于栅格间距的间距再拆分。放大时，生成更多间距更小的栅格线。主栅格线的频率确定这些栅格线的频率。

【显示超出界线的栅格】：显示超出 LIMITS 命令指定区域的栅格。

【遵循动态 UCS】：更改栅格平面以跟随动态 UCS 的 XY 平面。

| 提示 | :::::::::

选中【启用捕捉】复选框后，鼠标指针在绘图窗口上按指定的步距移动，隐含的栅格点对鼠标指针有吸附作用，即能够捕捉鼠标指针，使鼠标指针只能落在由这些点确定的位置上。因此，使鼠标指针只能按指定的步距移动，而使得鼠标指针不受控制，选不到其他任务中想要的点或线，这时只要按【F9】键将【启用捕捉】功能关闭，或者打开【工具】→【选项】→【绘图】→【自动捕捉】功能，取消选中【磁性】复选框即可，这样就可以自由准确地捕捉任何对象。

2.3.2 重点：极轴追踪设置

选择【极轴追踪】选项卡，可以设置极轴追踪的角度，如下图所示。

【草图设置】对话框的【极轴追踪】选项卡中，各选项的含义如下。

【启用极轴追踪】：只有选中该复选框，下面的设置才起作用。

【增量角】下拉列表框：用于设置极轴追踪对齐路径的极轴角度增量，可以直接输入角度值，也可以从中选择 90°、45°、30° 或 22.5° 等常用角度。当启用极轴追踪功能之后，系统将自动追踪该角度整数倍的方向。

【附加角】复选框：选中此复选框，然后单击【新建】按钮，可以在左侧窗口中设置增量角之外的附加角度。附加的角度系统只追踪该角度，而不追踪该角度的整数倍角度。

【极轴角测量】：用于选择极轴追踪对齐角度的测量基准，若选中【绝对】单选按钮，将以当前用户坐标系（UCS）的 X 轴正方向为基准确定极轴追踪的角度；若选中【相对上一段】单选按钮，将以上一次绘制线段的方向为基准确定极轴追踪的角度。

> **｜提示｜** ::::::
>
> 反复按【F10】键，可以使极轴追踪在启用和关闭之间切换。

极轴追踪和正交模式不能同时启用，当启用极轴追踪后系统将自动关闭正交模式；同理，当启用正交模式后系统将自动关闭极轴追踪。在绘制水平或竖直直线时常将【正交】功能打开，在绘制其他直线时常将【极轴追踪】功能打开。

2.3.3 重点：对象捕捉设置

在绘图过程中，经常要指定一些已有对象上的点，如端点、圆心和两个对象的交点等。通过对象捕捉功能可以迅速、准确地捕捉到某些特殊点，从而精确地绘制图形。

选择【对象捕捉】选项卡，如下图所示，各选项的含义如下。

【端点】：捕捉到圆弧、椭圆弧、直线、多线、多段线、样条曲线等的最近点。

【中点】：捕捉到圆弧、椭圆、椭圆弧、直线、多线、多段线、面域、实体、样条曲线或参照线的中点。

【圆心】：捕捉到圆心。

【几何中心】：选中该捕捉模式后，在绘图时即可对闭合多边形的中心点进行捕捉。

【节点】：捕捉到点对象、标注定义点或标注文字起点。

【象限点】：捕捉到圆弧、圆、椭圆或椭圆弧的象限点。

【交点】：捕捉到圆弧、圆、椭圆、椭圆弧、直线、多线、多段线、射线、面域、样条曲线或参照线的交点。

【延长线】：当鼠标指针经过对象的端点时，显示临时延长线或圆弧，以便用户在延长线

或圆弧上指定点。

【插入点】：捕捉到属性、块、形或文字的插入点。

【垂足】：捕捉到圆弧、圆、椭圆、椭圆弧、直线、多线、多段线、射线、面域、实体、样条曲线或参照线的垂足。

【切点】：捕捉到圆弧、圆、椭圆、椭圆弧或样条曲线的切点。

【最近点】：捕捉到圆弧、圆、椭圆、椭圆弧、直线、多线、点、多段线、射线、样条曲线或参照线的最近点。

【外观交点】：捕捉不在同一平面但可能看起来在当前视图中相交的两个对象的外观交点。

【平行线】：将直线、多段线、射线或构造线限制为与其他线性对象平行。

| 提示 | ::::::::

如果多个对象捕捉都处于活动状态，则使用距离靶框中心最近的选定对象捕捉。如果有多个对象捕捉可用，则可以按【Tab】键在它们之间循环。

2.3.4 三维对象捕捉设置

使用三维对象捕捉功能可以控制三维对象的执行对象捕捉设置，选择【三维对象捕捉】选项卡，如下图所示。

（1）对象捕捉模式各选项的含义如下。

【顶点】：捕捉到三维对象的最近顶点。

【边中点】：捕捉到边的中点。

【面中心】：捕捉到面的中心。

【节点】：捕捉到样条曲线上的节点。

【垂足】：捕捉到垂直于面的点。

【最靠近面】：捕捉到最靠近三维对象面的点。

（2）点云各选项的含义如下。

【节点】：无论点云上的点是否包含来自 ReCap 处理期间的分段数据，都可以捕捉到。

【交点】：捕捉到使用截面平面对象剖切的点云的推断截面的交点，放大可增加交点的精度。

【边】：捕捉到两个平面线段之间的边上的点。当检测到边时，AutoCAD 沿该边进行追踪，而不会查找新的边，直到用户将鼠标指针从该边移开。如果在检测到边时长按【Ctrl】键，则 AutoCAD 将沿该边进行追踪，即使将鼠标指针从该边移开也是如此。

【角点】：捕捉到检测到的3条平面线段之间的交点（角点）。

【最靠近平面】捕捉到平面线段上最近的点。如果线段亮显处于启用状态,在用户获取点时,将显示平面线段。

【垂直于平面】捕捉到垂直于平面线段的点。如果线段亮显处于启用状态,在用户获取点时,将显示平面线段。

【垂直于边】：捕捉到垂直于两条平面线段之间的相交线的点。

【中心线】：捕捉到点云中检测到的圆柱段的中心线。

2.3.5 重点：动态输入设置

按【F12】键可以打开或关闭动态输入功能。打开动态输入功能,在输入文字时就能看到鼠标指针附近的动态输入提示框。动态输入适用于输入命令、对提示进行响应及输入坐标值。

1. 动态输入的设置

在【草图设置】对话框中选择【动态输入】选项卡,如下图所示。

单击【指针输入】选项区域中的【设置】按钮,打开【指针输入设置】对话框,如下图所示,在这里可以设置第二个点或后续点默认格式。

2. 改变动态输入设置

默认的动态输入设置能确保把工具栏提示中的输入解释为相对极轴坐标。但是,有时需要为单个坐标改变此设置。在输入时可以在X轴坐标前加上一个符号来改变此设置。

AutoCAD提供了以下3种方法来改变此设置。

绝对坐标：输入"#",可以将默认的相对坐标改变为绝对坐标。例如,输入"#10,10",那么所指定的就是绝对坐标点（10,10）。

相对坐标：输入"@",可以将事先设置的绝对坐标改变为相对坐标,如输入"@4,5"。

世界坐标系：如果在创建一个自定义坐标系之后,又想输入一个世界坐标系的坐标值,可以在X轴坐标值之前加入一个"*"。

> **提示**
>
> 在【草图设置】对话框的【动态输入】选项卡中选中【动态提示】选项区域中的【在十字光标附近显示命令提示和命令输入】复选框,可以在鼠标指针附近显示命令提示。
>
> 对于【标注输入】,在输入字段中输入值并按【Tab】键后,该字段将显示一个锁定图标,并且鼠标指针会受输入值的约束。

2.4 系统选项设置

　　系统选项用于对系统的优化设置，包括文件设置、显示设置、打开和保存设置、打印和发布设置、系统设置、用户系统配置设置、绘图设置、三维建模设置、选择集设置和配置设置。

　　AutoCAD 2019 中调用【选项设置】对话框的方法有以下 3 种。

　　（1）选择【工具】→【选项】命令。

　　（2）在命令行中输入"OPTIONS/OP"命令。

　　（3）单击【应用程序菜单】按钮（窗口左上角），在其下拉列表中选择【选项】选项。

　　在命令行输入"OP"，按【Space】键弹出【选项】对话框，如下图所示。

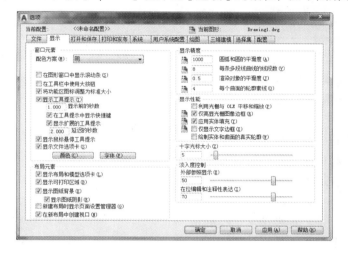

2.4.1 重点：显示设置

　　显示设置用于设置窗口的明暗、背景颜色、字体样式和颜色，以及显示的精确度、显示性能及十字鼠标指针的大小等。在【选项】对话框中的【显示】选项卡下可以进行显示设置。

1. 窗口元素

　　窗口元素包括【在图形窗口中显示滚动条】【在工具栏中使用大按钮】【将功能区图标调整为标准大小】【显示工具提示】【显示鼠标悬停工具提示】等复选框，以及【颜色】和【字体】等按钮，如下图所示。

　　【窗口元素】选项区域中各选项的含义如下。

　　【配色方案】：用于设置窗口（如状态栏、

标题栏、功能区和应用程序菜单边框）的明亮程度，在【显示】选项卡下单击【配色方案】下拉按钮，在下拉列表框中可以将【配色方案】设置为【明】或【暗】。

【在图形窗口中显示滚动条】：选中该复选框，将在绘图区域的底部和右侧显示滚动条，如下图所示。

【在工具栏中使用大按钮】：默认情况下的图标是以 16 像素 ×16 像素显示的，选中该复选框将以 32 像素 ×32 像素的更大格式显示按钮。

【将功能区图标调整为标准大小】：当它们不符合标准图标的大小时，将功能区小图标缩放为 16 像素 ×16 像素，将功能区大图标缩放为 32 像素 ×32 像素。

【显示工具提示】：选中该复选框后将鼠标指针移动到功能区、菜单栏、功能面板和其他用户界面上，将出现提示信息，默认显示时间为 1 秒，用户可以通过输入框增加或减少提示时间，如下图所示。

【在工具提示中显示快捷键】：在工具提示中显示快捷键（【Alt】+ 按键）或（【Ctrl】+ 按键）。

【显示扩展的工具提示】：控制扩展工具提示的显示。

【延迟的秒数】：设置显示基本工具提示与显示扩展工具提示之间的延迟时间。

【显示鼠标悬停工具提示】：控制当鼠标指针悬停在对象上时鼠标悬停工具提示的显示，如下图所示。

【颜色】单击该按钮，弹出【图形窗口颜色】对话框，在该对话框中可以设置窗口的背景颜色、鼠标指针颜色、栅格颜色等。下图所示为将二维模型空间的统一背景色设置为白色。

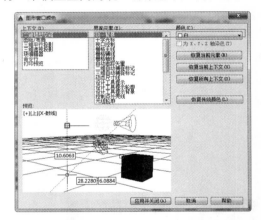

【字体】：单击该按钮，弹出【命令行窗口字体】对话框。在此对话框中可以指定命令行窗口文字的字体，如下图所示。

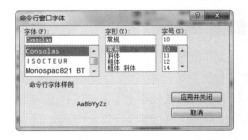

2. 十字鼠标指针大小显示

在【十字鼠标指针大小】选项区域中可以对十字鼠标指针的大小进行设置。下图所示为"十字鼠标指针"分别为 5% 和 20% 的显示对比。

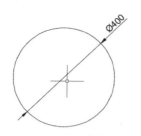
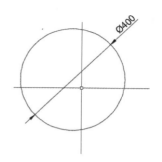

2.4.2 重点：打开与保存设置

选择【打开和保存】选项卡，在这里用户可以设置文件另存的格式，如下图所示。

1. 【文件保存】选项区域

【文件保存】选项区域中各选项的含义如下。

【另存为】：该选项可以设置文件保存的格式和版本，关于各保存格式与版本之间的关系请参见第 1 章高手支招中的相关内容。这里的另存格式一旦设定将被作为默认保存格式一直沿用下去，直到下次修改为止。

【缩略图预览设置】：单击该按钮，弹出【缩略图预览设置】对话框，在此对话框中可以设置保存图形时是否更新缩略图预览。

【增量保存百分比】：设置图形文件中潜在浪费空间的百分比。完全保存将消除浪费的空间，增量保存虽快，但会增加图形的大小。如果将【增量保存百分比】设置为 0，则每次保存都是完全保存。如果要优化性能，可将此值设置为 50；如果硬盘空间不足，可将此值设置为 25；如果将此值设置为 20 或更小，则 SAVE 和 SAVEAS 命令的执行速度将明显变慢。

2. 【文件安全措施】选项区域

【文件安全措施】选项区域中各选项的含义如下。

【自动保存】：选中该复选框可以设置保存文件的间隔分钟数，以避免因为意外造成数据丢失。

【每次保存时均创建备份副本】：提高增量保存的速度，特别是对于比较大的图形。当保存的源文件出现错误时，可以通过备份文件来恢复，关于如何打开备份文件请参见第1章高手支招中的相关内容。

3. 设置临时图形文件保存位置

如果因为突然断电或计算机死机造成文件没有保存，可以在【选项】对话框中打开【文件】选项卡，单击【临时图形文件位置】

前面的展开按钮⊞，即可看到系统自动保存的临时文件路径，如下图所示。

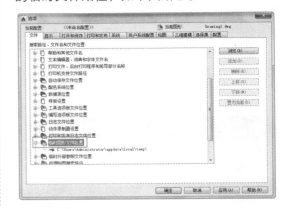

2.4.3 用户系统配置

在【用户系统配置】选项卡中可以设置 Windows 标准操作、插入比例、坐标数据输入的优先级、关联标注、块编辑器设置、线宽设置、默认比例列表等，如下图所示。

1. 【Windows 标准操作】选项区域

【Windows 标准操作】选项区域中各选项的含义如下。

【双击进行编辑】：选中该复选框后直接双击图形，弹出相应的图形编辑对话框，即可对图形进行编辑操作，如编辑文字。

【绘图区域中使用快捷菜单】：选中该复选框后在绘图区域右击，即可弹出相应的快捷

菜单。如果取消选中该复选框，则下面的【自定义右键单击】按钮将不可用，AutoCAD 直接默认右击相当于重复上一次命令。

【自定义右键单击】：该按钮可控制在绘图区域中右击是显示快捷菜单还是与按【Enter】键的效果相同。单击【自定义右键单击】按钮，弹出【自定义右键单击】对话框，如下图所示。

【自定义右键单击】选项区域中各选项的含义如下。

【打开计时右键单击】：控制右击操作。快速单击与按【Enter】键的效果相同，慢速单击将显示快捷菜单。可以用毫秒来设置慢

速单击的持续时间。

【默认模式】：确定未选中对象且没有命令在运行时，在绘图区域中右击所产生的结果。

【重复上一个命令】：当没有选择任何对象且没有任何命令运行时，在绘图区域中与按【Enter】键的效果相同，即重复上一次使用的命令。

【快捷菜单】：启用默认快捷菜单。

【编辑模式】：确定当选中了一个或多个对象且没有命令在运行时，在绘图区域中右击所产生的结果。

【重复上一个命令】：当选择了一个或多个对象且没有任何命令运行时，在绘图区域右击与按【Enter】键的效果相同，即重复上一次使用的命令。

【快捷菜单】：启用编辑快捷菜单。

【命令模式】：确定当命令正在运行时，在绘图区域右击所产生的结果。

【确认】：当某个命令正在运行时，在绘图区域中右击与按【Enter】键的效果相同。

【快捷菜单：总是启用】：启用命令快捷菜单。

【快捷菜单：命令选项存在时可用】：只有在命令提示下【命令】选项为可用状态时，才启用命令快捷菜单。如果没有可用的选项，则右击与按【Enter】键的效果一样。

2. 【关联标注】选项区域

选中【使新标注可关联】复选框后，当图形生变化时，标注尺寸也随着图形的变化而变化。当取消选中该复选框后再进行标注的尺寸，当图形修改后尺寸不再随着图形的变化而变化，如下图所示。

> **│ 提示 │** ::::::::
>
> 除了通过系统选项来设置尺寸标注的关联性外，还可以通过系统变量"DIMASO"来控制标注的关联性。

2.4.4 绘图设置

【绘图】选项卡中可以设置绘制二维图形时的相关设置，包括【自动捕捉设置】【自动捕捉标记大小】【对象捕捉选项】及【靶框大小】等，如下图所示。

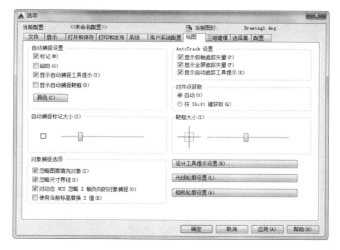

1. 自动捕捉设置

可以控制自动捕捉标记、工具提示和磁吸的显示。

选中【磁吸】复选框，绘图时，当鼠标指针靠近对象时，按【Tab】键可以切换对象所有可用的捕捉点，即使不靠近该点，也可以吸取该点成为直线的一个端点，如下图所示。

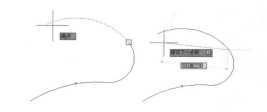

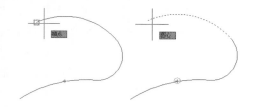

2. 对象捕捉选项

选中【忽略图案填充对象】复选框，可以在捕捉对象时忽略填充的图案，这样不会捕捉到填充图案中的点，如下图所示。

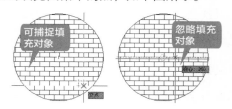

2.4.5 选择集设置

【选择集】选项卡中主要包含选择集模式和夹点的设置，如下图所示。

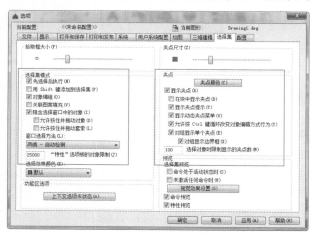

1. 选择集模式

【选择集模式】选项区域中各选项的含义如下。

【先选择后执行】：选中该复选框后，允许先选择对象（这时选择的对象显示有夹点），然后再调用命令。如果不选中该复选框，则只能先调用命令，然后再选择对象（这时选择的对象没有夹点，一般会以虚线或加亮显示）。

【用 Shift 键添加到选择集】：选中该复选框后只有按住【Shift】键才能进行多项选择。

【对象编组】：该复选框是针对编组对象的，选中该复选框，只要选择编组对象中的任意一个，则整个对象将被选中。利用【GROUP】命令可以创建编组。

【隐含选择窗口中的对象】：在对象外选择了一点时，初始化选择对象中的图形。

【窗口选择方法】：窗口选择方法有 3 个选项，即【两次单击】【按住并拖曳】和【两者 – 自动检测】，默认选项为【两者 – 自动检测】。

2. 夹点

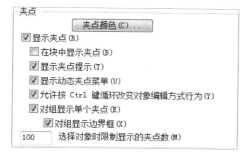

【夹点】选项区域中各选项的含义如下。

【显示夹点】：选中该复选框后在没有任何命令执行时选择对象，将在对象上显示夹点，否则将不显示夹点，下图所示为选中和取消选中该复选框时的效果对比。

【在块中显示夹点】：该复选框控制在没有命令执行时选择图块是否显示夹点，选中该复选框则显示，否则不显示，其效果对比如下图所示。

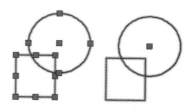

【显示夹点提示】：当鼠标指针悬停在支持夹点提示自定义对象的夹点上时，显示夹点的特定提示。

【显示动态夹点菜单】：控制在将鼠标指针悬停在多功能夹点上时动态菜单的显示，如下图所示。

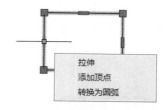

【允许按 Ctrl 键循环改变对象编辑方式行为】：允许多功能夹点按【Ctrl】键循环改变对象的编辑方式。选中上图所示的夹点，然后按【Ctrl】键，可以在【拉伸】【添加顶点】和【转换为圆弧】选项之间循环执行。

2.5 重点：打印设置

用户在使用 AutoCAD 创建图形以后，通常要将其打印到图纸上。打印的图形可以是包含图形的单一视图，也可以是更为复杂的视图排列。根据不同的需要来设置选项，以决定打印的内容和图形在图纸上的布置。

AutoCAD 2019 中调用【打印 – 模型】对话框的方法有以下 6 种。

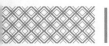

（1）单击【快速访问工具栏】中的【打印】按钮🖨。

（2）选择【文件】→【打印】命令。

（3）选择【输出】选项卡，单击【打印】面板→【打印】按钮🖨。

（4）选择【应用程序菜单】→【打印】→【打印】选项。

（5）在命令行中输入"PRINT/PLOT"命令。

（6）按【Ctrl+P】组合键。

2.5.1 选择打印机

打印图形时选择打印机的具体操作步骤如下。

第1步 打开"素材＼CH02＼打印设置.dwg"文件，如下图所示。

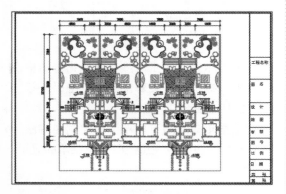

第2步 按【Ctrl+P】组合键，系统自动弹出"打印－模型"对话框，如下图所示。

第3步 在【打印机／绘图仪】选项区域中的【名称】下拉列表中选择已安装的打印机，如下图所示。

2.5.2 打印区域

设置打印区域的具体操作步骤如下。

第1步 在【打印区域】选项区域中设置【打印范围】的类型为【窗口】，如下图所示。

第2步 在绘图窗口中单击，指定打印区域的第一点，如下图所示。

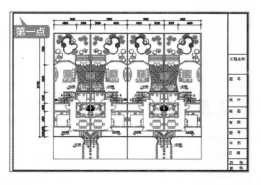

第3步 拖曳鼠标并单击，以指定打印区域的第二点，如下图所示。

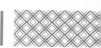

第 5 步 设置完毕，效果如下图所示。

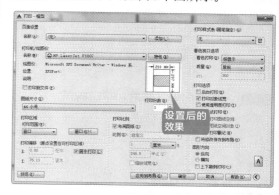

第 4 步 在【打印偏移】选项区域中选中【居中打印】复选框，如下图所示。

2.5.3 设置图纸尺寸和打印比例

根据自己打印机所使用的纸张大小，选择合适的图纸尺寸，然后再根据需要设置打印比例，如果只是为了最大限度地显示图纸内容，则选中【布满图纸】复选框，具体操作步骤如下。

第 1 步 在【图纸尺寸】选项区域中单击下拉按钮，在弹出的下拉列表中选择自己打印机所使用的纸张尺寸，如下图所示。

第 2 步 选中【打印比例】选项区域的【布满图纸】复选框，如下图所示。

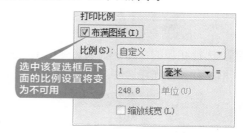

2.5.4 更改图形方向

如果图形的方向与图纸的方向不统一，则不能充分利用图纸，这时更改图形方向以适应图纸，其具体操作步骤如下。

第1步 在【图形方向】选项区域中选中【横向】单选按钮，如下图所示。

第2步 改变方向后，结果如下图所示。

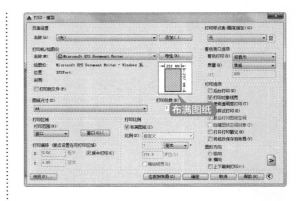

2.5.5 切换打印样式列表

根据需要可以设置切换打印样式列表，其具体操作步骤如下。

第1步 在【打印样式表（画笔指定）】选项区域中选择需要的打印样式，如下图所示。

第2步 选择相应的打印样式表后弹出【问题】对话框，如下图所示。

第3步 选择打印样式表后，其文本框右侧的【编辑】按钮由原来的不可用状态变为可用状态，单击此按钮，打开【打印样式表编辑器】对话框。在对话框中可以编辑打印样式，如下图所示。

| 提示 |

　　如果是黑白打印机，则选择【monochrome.ctb】选项，选择之后不需要任何改动。因为 CAD 默认该打印样式下所有对象颜色均为 黑色。

2.5.6 打印预览

在打印之前进行打印预览，可以做最后的检查，其具体操作步骤如下。

第1步 设置完成后单击【预览】按钮，可以预览打印效果，如下图所示。

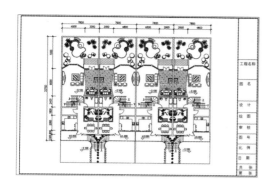

第2步 如果预览后没有问题，单击【打印】按钮🖨即可打印，如果对打印设置不满意，则单击【关闭预览】按钮⊗，返回【打印－模型】对话框中重新设置。

> **| 提示 |**
>
> 按住鼠标中键，可以拖动预览图形，上下滚动鼠标中键，可以放大或缩小预览图形。

举一反三

创建样板文件

用户可以根据绘图习惯进行绘图环境的设置，将完成设置的文件保存为".dwt"文件（样板文件的格式），即可创建样板文件。

第1步 新建一个图形文件，然后在命令行输入"OP"命令并按【Space】键，在弹出的【选项】对话框中选择【显示】选项卡，如下图所示。

第2步 单击【颜色】按钮，在弹出的【图形窗口颜色】对话框中，将二维模型空间的统一背景修改为白色，如下图所示。

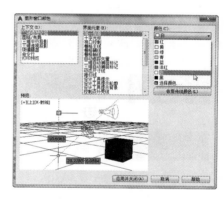

第3步 单击【应用并关闭】按钮，返回【选项】对话框，单击【确定】按钮，返回绘图界面，然后按【F7】键将栅格关闭，结果如下图所示。

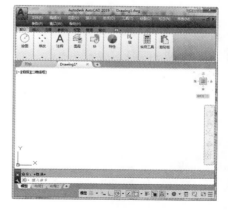

第4步 在命令行输入"SE"命令并按【Space】

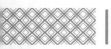

键，在弹出的【草图设置】对话框中选择【对象捕捉】选项卡，将对象捕捉模式进行如下图所示的设置。

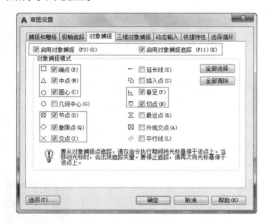

第5步 选择【动态输入】选项卡，对动态输入进行如下图所示的设置。

第6步 单击【确定】按钮，返回绘图界面，然后选择【文件】→【打印】命令，在弹出的【打印－模型】对话框中进行如下图所示的设置。

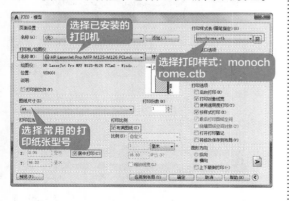

第7步 单击【应用到布局】按钮，然后单击【确定】按钮，关闭对话框。按【Ctrl+S】组合键，在弹出的【图形另存为】对话框中选择文件类型为【AutoCAD 图形样板（*.dwt）】，然后输入样板的名称，单击【保存】按钮，即可创建一个样板文件，如下图所示。

第8步 单击【保存】按钮后，在弹出的【样板选项】对话框中设置测量单位，然后单击【确定】按钮，如下图所示。

第9步 创建完成后，再次启动 AutoCAD，然后单击【新建】按钮，在弹出的【选择样板】对话框中选择刚创建的样板文件，为样板建立一个新的 CAD 文件，如下图所示。

◇ 重点：利用备份文件恢复丢失文件

　　如果 AutoCAD 意外损坏，可以利用系统自动生成的"*.bak"文件进行相关文件的恢复操作，具体操作步骤如下。

第1步 找到"素材 \CH02\ 备份文件 .bak"文件，双击该文件弹出如下图所示的提示框。

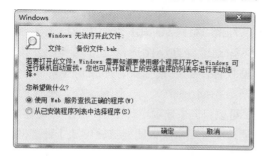

第2步 单击【关闭】按钮，然后选中【备份文件 .bak】并右击，在弹出的快捷菜单中选择【重命名】选项，如下图所示。

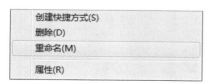

第3步 将备份文件的后缀".bak"更改为".dwg"，此时弹出【重命名】对话框，如下图所示。

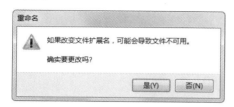

第4步 单击【是】按钮，然后双击修改后的文件，即可打开备份文件，如下图所示。

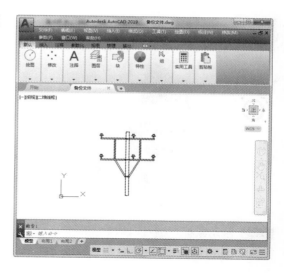

| **提示** |

　　假如在【选项】对话框中取消选中【打开和保存】选项卡下的【每次保存时均创建备份副本】复选框，如下图所示，则系统不保存备份文件。

◇ 重点：鼠标中键的妙用

　　鼠标中键在 CAD 绘图过程中用途非常广泛，除了前面介绍的上下滚动可以缩放图形外，还可以按住鼠标中键平移图形，以及和其他按键组合来旋转图形。

第1步 打开"素材 \CH02\ 鼠标中键的妙用 .dwg"文件，如下图所示。

第2步 按住鼠标中键可以平移图形，如下图所示。

第3步 滚动鼠标中键可以缩放图形。

第4步 双击鼠标中键，可以全屏显示图形，如下图所示。

第5步 按【Shift+中键】组合键，可以受约束地动态观察图形，如下图所示。

第6步 按【Ctrl+Shift+中键】组合键，可以自由地动态观察图形，如下图所示。

◇ 鼠标滚轮缩放设置

AutoCAD 默认向上滚动滚轮放大图形，向下滚动滚轮缩小图形，这可能和一些其他三维软件中的设置相反，如果对于习惯向上滚动滚轮缩小图形，向下滚动放大图形的读者，可以打开【选项】对话框，在【三维建模】选项卡中选中【反转鼠标滚轮缩放】复选框，改变默认设置即可，如下图所示。

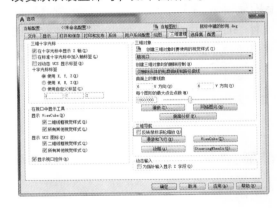

第 3 章
图层

本章导读

图层相当于重叠的透明图纸，每张图纸上面的图形都具备自己的颜色、线宽、线型等特性，将所有图纸上面的图形绘制完成后，根据需要对其进行相应的隐藏或显示，即可得到最终的图形需求结果。为方便对 AutoCAD 对象进行统一的管理和修改，用户可以把类型相同或相似的对象指定给同一图层。

思维导图

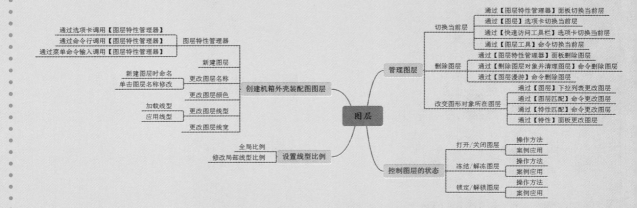

3.1 重点：创建机箱外壳装配图图层

图层的目的是让图形更加清晰、有层次感，但很多初学者往往只盯着绘图命令和编辑命令，而忽视了图层的存在。下面两幅图所示分别为机箱外壳装配所有图素在同一个图层和将图素分类放置于几个图层的效果，差别是一目了然的。其中，左下图线型虚实不分，线宽粗细不辨，颜色单调；右下图则不同类型对象的线型、线宽、颜色各异，层次分明。

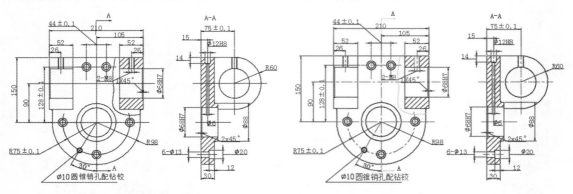

本节以机箱外壳装配图为例，来介绍图层的创建、管理及状态的控制等。

3.1.1 图层特性管理器

在 AutoCAD 中创建图层和修改图层的特性等操作都是在【图层特性管理器】中完成的，下面就来认识一下【图层特性管理器】。

启动 AutoCAD 2019，打开"素材\CH03\机箱外壳装配图 .dwg"文件，如下图所示。

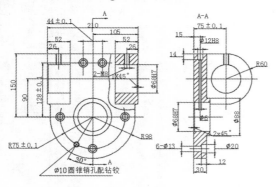

1. 通过选项卡调用【图层特性管理器】

第1步 选择【默认】选项卡，单击【图层】面板→【图层特性】按钮，如下图所示。

第2步 弹出【图层特性管理器】面板，如下图所示。

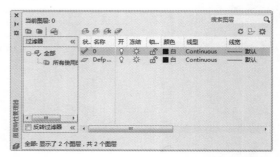

AutoCAD 中的新建图形均包含一个名称为"0"的图层，该图层无法进行删除或重命名。图层 0 尽量用于放置图块，可以根据需要多创建几个图层，然后在其他的相应图层上进行图形的绘制。

　　Defpoints 是在第一个标注图形中自动创建的图层。由于此图层包含有关尺寸标注，因此不应删除该图层，否则该尺寸标注图形中的数据可能会受到影响。

　　在 Defpoints 图层上的对象能显示但不能打印。

2. 通过命令输入调用【图层特性管理器】

第1步 在命令行输入"Layer/La"命令并按【Space】键，命令行显示如下。

　　命令：LAYER ✓

第2步 弹出【图层特性管理器】面板。

3. 通过菜单命令调用【图层特性管理器】

（1）选择【格式】→【图层】命令，如下图所示。

（2）弹出【图层特性管理器】面板。

【图层特性管理器】面板中各选项含义如下。

【新建图层】按钮🗋：创建新的图层，新图层将继承图层列表中当前选定图层的特性。

【在所有视口中都被冻结的新图层】按钮🗋：创建图层，然后在所有布局视口中将其冻结。可以在【模型】选项卡或【布局】选项卡上访问此按钮。

【删除图层】按钮🗑：删除选定的图层，但无法删除以下图层。

① 图层 0 和 Defpoints 图层。

② 包含对象（包括块定义中的对象）的图层。

③ 当前图层。

④ 在外部参照中使用的图层。

⑤ 局部已打开的图形中的图层。

【置为当前】按钮🖉：将选定图层设定为当前图层，然后再绘制的图形将是该图层上的对象。

【图层列表】：列出当前所有的图层，单击可以选定图层或修改图层的特性。

【状态】："✔"表示此图层为当前图层；"◇"表示此图层包含对象；"◇"表示此图层不包含任何对象。

　　为了提高性能，所有图层均默认设置为包含对象◇。用户可以在图层设置中启用此功能。单击🔳按钮，弹出【图层设置】对话框，在【对话框设置】选项区域中选中【指示正在使用的图层】复选框，则不包含任何对象的图层将呈◇显示，如下图所示。

【名称】：显示图层或过滤器的名称，按【F2】键输入新名称。

【开】：打开（💡）和关闭（💡）选定的图层。当打开时，该图层上的对象可见且可以打印；当关闭时，该图层上的对象将不可见且不能打印，即使【打印】选项中的设置已打开也是如此。

【冻结】：解冻（☀）和冻结（❄）选定的图层。在复杂图形中，可以使用冻结图层来提高性能并减少重生成的时间。冻结图层上的对象将不会显示、打印或重生成。在三维建模的图形中，将无法渲染冻结图层上的对象。

| 提示 |

　　如果希望图层长期保持不可见就选择【冻结】，如果图层经常切换可见性设置，请使用【开/关】设置，以避免重生成图形。

【锁定】：解锁（🔓）和锁定（🔒）选定的图层。锁定图层上的对象将无法修改，当鼠标指针悬停在锁定图层中的对象上时，对象显示为淡入并显示一个小锁图标。

【颜色】：单击当前的颜色按钮■，将显示【选择颜色】对话框，可以在其中更改图层的颜色。

【线型】：单击当前的线型按钮 Continu... ，将显示【选择线型】对话框，可以在其中更改图层的线型。

【线宽】：单击当前的线宽按钮—— 默认，将显示【线宽】对话框，可以在其中更改图层的线宽。

【透明度】：单击当前的透明度按钮 0 ，将显示【透明度】对话框，可以在其中更改图层的透明度。透明度的有效值为 0 ~ 90，值越大对象越显得透明。

【打印】：控制打印（🖨）和不打印（🚫）选定的图层。即使关闭图层的打印，仍将显示该图层上的对象。对于已关闭或冻结的图层，即使设置为【打印】也不打印该图层上的对象。

【新视口冻结】：在新布局视口中解冻（▣）或冻结（▣）选定图层。例如，若在所有新视口中冻结 Dimensions 图层，将在所有新建的布局视口中限制标注显示，但不会影响现有视口中的 Dimensions 图层。如果以后创建了需要标注的视口，则可以通过更改当前视口设置来替代默认设置。

【说明】：用于描述图层或图层过滤器。

【搜索图层】按钮🔍：在搜索框中输入字符时，按名称过滤图层列表。也可以通过输入表 3-1 所示的通配符来搜索图层。

表 3-1　通配符

字符	定义
#（磅字符）	匹配任意数字
@	匹配任意字母字符
.（句点）	匹配任意非字母数字字符
*（星号）	匹配任意字符串，可以在搜索字符串的任意位置使用
?（问号）	匹配任意单个字符，如 ?BC 匹配 ABC、3BC 等
~（波浪号）	匹配不包含自身的任意字符串，如 ~*AB* 匹配所有不包含 AB 的字符串
[ ]	匹配括号中包含的任意一个字符，如 [AB]C 匹配 AC 和 BC
[~]	匹配括号中未包含的任意字符，如 [AB]C 匹配 XC 而不匹配 AC
[-]	指定单个字符的范围，如 [A-G]C 匹配 AC、BC 直到 GC，但不匹配 HC
`（反问号）	逐字读取其后的字符，如 `~AB 匹配 ~AB

3.1.2 新建图层

单击【图层特性管理器】面板上的【新建图层】按钮🗇，即可创建新的图层，新图层将继承图层列表中当前选定图层的特性。

新建图层的具体操作步骤如下。

第1步 在【图层特性管理器】面板上单击【新建图层】按钮，AutoCAD 自动创建一个名称为"图层 1"的图层，如下图所示。

第2步 连续单击按钮，继续创建图层，结果如下图所示。

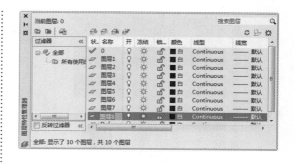

|提示|

除了单击【新建图层】按钮创建图层外，选中要作为参考的图层，然后按【,】键也可以创建新图层。

3.1.3 更改图层名称

在 AutoCAD 中，创建的新图层默认名称为"图层 1""图层 2"……单击图层的名称，即可对图层名称进行修改，图层创建完毕后关闭【图层特性管理器】即可。

更改图层名称的具体操作步骤如下。

第1步 选中【图层 1】图层并单击其名称，使名称处于编辑状态，然后输入新的名称"轮廓线"，结果如下图所示。

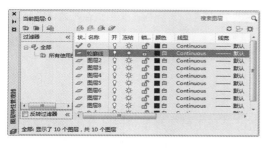

第2步 重复第 1 步，继续修改其他图层的名称，结果如下图所示。

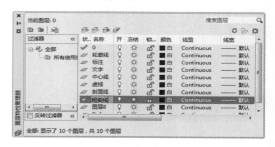

3.1.4 更改图层颜色

AutoCAD 系统中提供了 256 种颜色，通常在设置图层的颜色时，会采用 7 种标准颜色：红色、黄色、绿色、青色、蓝色、紫色及白/黑色。这 7 种颜色区别较大又有名称，便于识别和调用。

更改图层颜色的具体操作步骤如下。

第1步 选中【标注】图层并单击其【颜色】按钮，弹出【选择颜色】对话框，如下图所示。

第2步 在【索引颜色】选项卡中选择"蓝色"，如下图所示。

第3步 单击【确定】按钮，返回【图层特性管理器】面板后，标注层的颜色变成了"蓝色"，如下图所示。

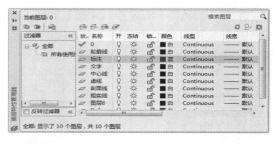

第4步 重复第1步和第2步，更改其他图层的颜色，结果如下图所示。

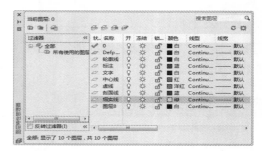

> **| 提示 |** :::::::::
>
> 颜色的清晰程度与选择的界面背景色有关，如果背景色为白色，则红色、蓝色、黑色显示比较清晰，这些颜色常用作轮廓线、中心线、标注或剖面线图层的颜色。如果背景色为黑色，则红色、黄色、白色显示比较清晰。

3.1.5 更改图层线型

图层的线型用来表示图层中图形线条的特性，通过设置图层的线型可以区分不同对象所代表的含义和作用，默认的线型方式为"Continuous（连续）"。AutoCAD 提供了实线、虚线及点画线等 45 种线型，可以满足用户的各种不同要求。

更改图层线型的具体操作步骤如下。

第1步 选中【中心线】图层并单击其【线型】按钮 Continu...，弹出【选择线型】对话框，如下图所示。

第2步 如果【已加载的线型】列表框中有需要的线型，直接选择即可。如果【已加载的线型】列表框中没有需要的线型，单击【加载】按钮，在弹出的【加载或重载线型】对话框中向下拖曳滚动条，选择【CENTER】线型，如下图所示。

第3步 单击【确定】按钮，返回【选择线型】对话框，选择【CENTER】线型，如下图所示。

第4步 单击【确定】按钮，返回【图层特性管理器】面板后，【中心线】图层的线型变成了"CENTER"，如下图所示。

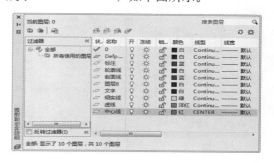

第5步 重复第1～3步，将【虚线】图层的线型改为【ACAD_ISO02W100】，结果如下图所示。

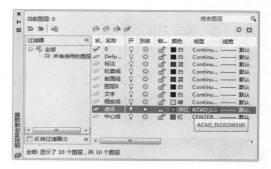

3.1.6 更改图层线宽

线宽是指定给图层对象和某些类型文字的宽度值。使用线宽，可以用粗线和细线清楚地表现出截面的剖切方式、标高的深度、尺寸线和小标记，以及细节上的不同。

AutoCAD 中有 20 多种线宽可供选择，其中 TrueType 字体、光栅图像、点和实体填充（二维实体）无法显示线宽。

更改图层线宽的具体操作步骤如下。

第1步 选中【细实线】图层并单击其【线宽】按钮——，弹出【线宽】对话框，选择线宽的"0.13mm"，如下图所示。

第2步 单击【确定】按钮，返回【图层特性管理器】面板后，【细实线】图层的线宽变成了"0.13mm"，如下图所示。

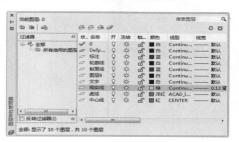

第3步 重复第1步，将剖面线、中心线的线宽也改为0.13mm，结果如下图所示。

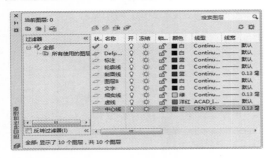

3.2 管理图层

通过对图层的有效管理，不仅可以提高绘图效率，保证绘图质量，而且可以及时地将不再使用的图层删除，节约磁盘空间。

本节以机箱外壳装配图为例，介绍切换图层、删除图层及改变图形对象所在图层等。

3.2.1 切换当前层

只有图层处于当前状态时，才可以在该图层上绘图。根据绘图需要，可能会经常切换当前图层。切换当前图层的方法很多，如可以利用【图层工具】命令、图层选项板中的相应选项、【快速访问工具栏】和【图层特性管理器】等切换。

1. 通过【图层特性管理器】面板切换当前层

第1步 前述机箱外壳装配图的图层创建完成后，"0"图层处于当前层，如下图所示。

第2步 选中【轮廓线】图层，然后单击【置为当前】按钮，即可将该图层切换为当前层，如下图所示。

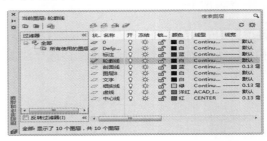

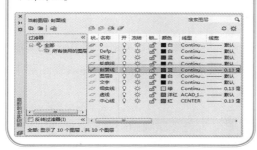

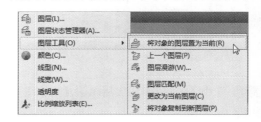

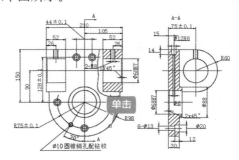

提示

在状态图标 ✍ 上双击，也可以将该图层切换为当前层。例如，双击剖面线前的 ✍ 图标，即可将该图层切换为当前层，如下图所示。

2. 通过【图层】选项卡切换当前层

第1步 单击【默认】选项卡→【图层】面板中的图层下拉按钮，弹出下拉列表，如下图所示。

第2步 选中【标注】图层，即可将该图层置为当前层，如下图所示。

3. 通过【快速访问工具栏】切换当前层

第1步 单击图层的【快速访问工具栏】下拉按钮，选中【文字】图层，如下图所示。

第2步 选中【文字】图层后，即可将该图层置为当前层，如下图所示。

提示

只有将【图层】添加到【快速访问工具栏】后，才可以通过这种方法切换当前层。关于如何添加到【快速访问工具栏】中，请参见第 1 章。

4. 通过【图层工具】命令切换当前层

第1步 选择【格式】→【图层工具】→【将对象的图层置为当前】命令，如下图所示。

第2步 当鼠标指针变成□状态（选择对象状态）时，在"机箱外壳装配图"上单击，选择对象，如下图所示。

第3步 选中所要编辑的对象，AutoCAD 自动将对象的图层置为当前层，如下图所示。

3.2.2 删除图层

当一个图层上没有对象时，为了减小保存图形的大小可以将该图层删除。常用的删除图层的方法有 3 种：通过【图层特性管理器】面板删除图层；通过【删除图层对象并清理图层】命令删除图层；通过【图层漫游】删除图层。

1. 通过【图层特性管理器】面板删除图层

第1步 单击【默认】选项卡→【图层】面板→【图层特性】按钮 ，如下图所示。

第2步 弹出【图层特性管理器】面板，如下图所示。

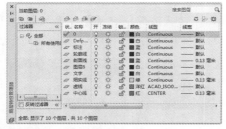

第3步 选中【图层 8】图层后单击【删除图层】按钮 ，即可将该图层删除，删除后如下图所示。

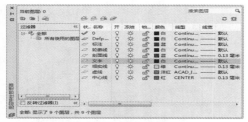

> **提示**
>
> 该方法只能删除"0"图层"Defpoints"图层和当前层之外的没有对象的图层。

2. 通过【删除图层对象并清理图层】命令删除图层

第1步 单击【默认】选项卡→【图层】面板的展开按钮，如下图所示。

第2步 在弹出的展开面板中选择【删除】按钮 ，命令行显示如下。

命令：LAYDEL
选择要删除的图层上的对象或 [名称 (N)]：

第3步 在命令行单击【名称（N）】，弹出如下图所示的【删除图层】对话框。

第4步 选中【Defpoints】图层，然后单击【确定】按钮，系统弹出【删除图层】对话框，如下图所示。

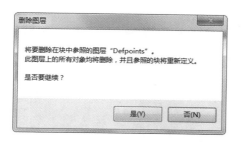

第5步 单击【是】按钮，即可将【Defpoints】图层删除。删除图层后，单击【快速访问工具】栏中【图层】的下拉按钮，可以看到【Defpoints】图层已经被删除，如下图所示。

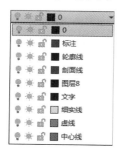

| 提示 |

该方法可以删除除 "0" 图层和当前层外的所有图层。

3. 通过【图层漫游】命令删除图层

第1步 单击【默认】选项卡→【图层】面板

的展开按钮，在弹出的展开面板中单击【图层漫游】按钮，如下图所示。

第2步 在弹出的【图层漫游 - 图层数 :8】对话框中选择需要删除的图层，单击【清除】按钮即可将该图层删除，如下图所示。

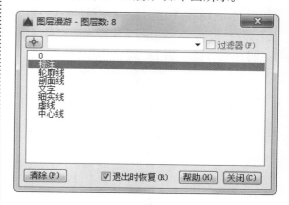

| 提示 |

该方法不可以删除 "0" 图层、当前层和有对象的图层。

3.2.3 改变图形对象所在图层

对于复杂的图形，在绘制的过程中经常切换图层是一件颇为麻烦的事情，很多用户为了绘图方便，经常在某个或某几个图层上完成图形的绘制，然后再将图形的对象放置到其相应的图层上。改变图形对象的方法通常有 4 种：通过【图层】下拉列表更改图层；通过【图层匹配】命令更改图层；通过【特性匹配】命令更改图层、通过【特性】面板更改图层。

1. 通过【图层】下拉列表更改图层

第1步 选择图形中的某个对象，如选择主视图中的竖直中心线，如下图所示。

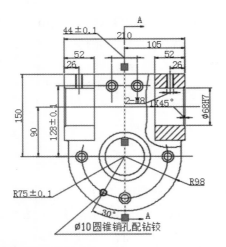

第2步 单击【默认】选项卡→【图层】面板→【图层】下拉按钮，在弹出的下拉列表中选择【中心线】图层，如下图所示。

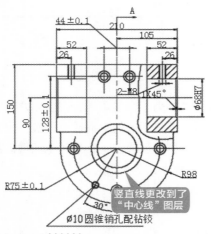

第3步 按【Esc】键退出选择后，结果如下图所示。

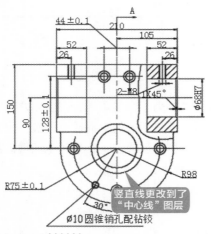

> **| 提示 |**
> 也可以通过【快速访问工具栏】中的【图层】下拉列表来改变对象所在图层。

2. 通过【匹配图层】命令更改图层

第1步 单击【默认】选项卡→【图层】面板中的【匹配图层】按钮，如下图所示。

第2步 选择下图中的水平直线作为要更改的对象。

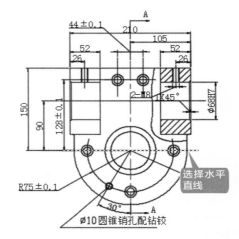

第3步 按【Space】键或【Enter】键结束更改对象的选择，然后选择目标图层上的对象，如下图所示。

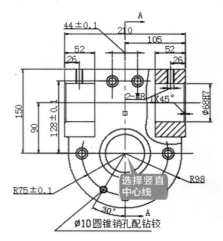

第4步 结果如下图所示。

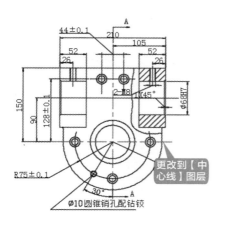

更改到【中心线】图层

提示

使用该方法更改对象图层时，目标图层上必须有对象才可以。

3. 通过【特性匹配】命令更改图层

第1步 单击【默认】选项卡→【特性】面板→【特性匹配】按钮，如下图所示。

第2步 当命令行提示选择"源对象"时，选择竖直或水平中心线，如下图所示。

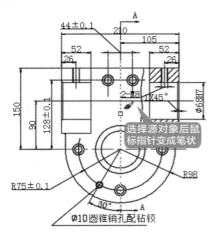

选择源对象后鼠标指针变成笔状

第3步 当鼠标指针变成笔状时，选择要更改图层的目标对象，如下图所示。

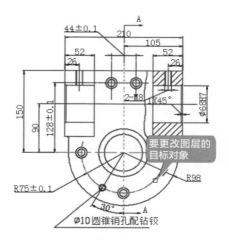

要更改图层的目标对象

第4步 继续选择目标对象，将主视图中其他中心线也更改到"中心线"图层，然后按【Space】键或【Enter】键退出命令，结果如下图所示。

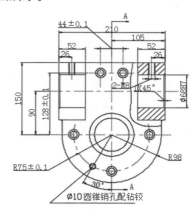

4. 通过【特性】面板更改图层

第1步 选中左视图的所有中心线，如下图所示。

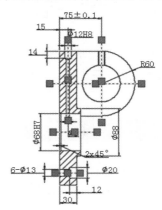

第2步 单击【默认】选项卡→【特性】面板右下角的 ↘ 按钮（或按【Ctrl+1】组合键），调用特性面板，如下图所示。

第3步 单击【图层】下拉按钮，在弹出的下拉列表中选择【中心线】图层，如下图所示。

第4步 按【Esc】键退出选择后，结果如下图所示。

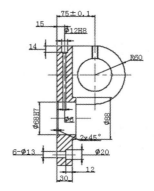

| 提示 |

除了上述的几种方法外，还可以通过合并图层（单击【默认】选项卡→【图层】面板的展开按钮→【合并图层】按钮 ），将某个图层上的所有对象都合并到另一个图层上，同时删除原图层。

3.3 重点：控制图层的状态

图层可通过图层状态进行控制，以便于对图形进行管理和编辑。在绘图过程中，常用到的图层状态属性有打开 / 关闭、冻结 / 解冻、锁定 / 解锁等，下面将分别对图层状态的设置进行详细介绍。

3.3.1 打开 / 关闭图层

当图层打开时，该图层前面的"灯泡"呈黄色，该图层上的对象可见且可以打印。当图层关闭时，该图层前面的"灯泡"呈蓝色，该图层上的对象不可见且不能打印，即使已打开【打印】选项。

1. 打开 / 关闭图层的方法

打开和关闭图层的方法通常有以下3种。通过【图层特性管理器】面板关闭 / 打开图层，通过【图层下拉列表】关闭 / 打开图层、通过关闭 / 打开图层命令关闭 / 打开图层。

（1）通过【图层特性管理器】面板关闭图层。

第1步 单击【默认】选项卡→【图层】面板→【图层特性】按钮 ，如下图所示。

第2步 弹出【图层特性管理器】面板，如下图所示。

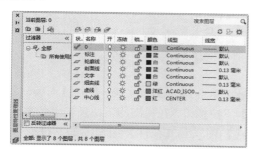

第3步 单击【中心线】图层前的"灯泡"将它关闭，关闭后"灯泡"变成蓝色，如下图所示。

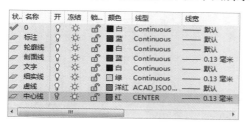

第4步 单击【关闭】按钮 ，结果【中心线】图层将被关闭，如下图所示。

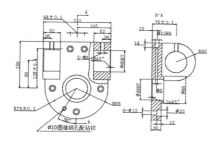

（2）通过【图层】下拉列表关闭图层。

第1步 单击【默认】选项卡→【图层】面板→【图层】下拉按钮，在弹出的下拉列表中单击【中心线】图层前的"灯泡"，使其变成蓝色，如下图所示。

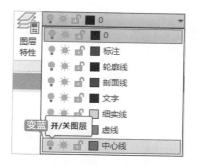

第2步 结果【中心线】图层将被关闭。

（3）通过【关闭图层】命令关闭图层。

第1步 单击【默认】选项卡→【图层】面板的【关闭图层】按钮 ，如下图所示。

第2步 选择中心线，即可将【中心线】图层关闭。

> **提示**
>
> 对方法1、方法2反着操作，即可打开关闭的图层。单击【默认】选项卡→【图层】面板中的【打开所有图层】按钮 ，即可将所有关闭的图层打开。

2. 打开 / 关闭图层的应用

当图层很多时，为了更准确地修改或查看图形的某一部分时，经常将不需要修改（或查看）的对象所在的图层关闭。例如，本例可以将【中心线】图层关闭，然后再选择所有的标注尺寸将它切换到【标注】图层。

第1步 将【中心线】图层关闭后选择所有的标注尺寸，如下图所示。

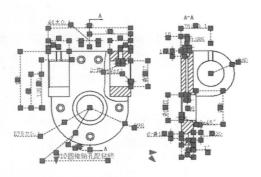

第2步 单击【默认】选项卡→【图层】面板→【图层】下拉按钮，在弹出的下拉列表中选择【标注】图层，如下图所示。

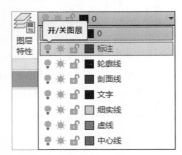

第3步 单击【标注】图层前的"灯泡"，关闭【标注】图层，结果如下图所示。

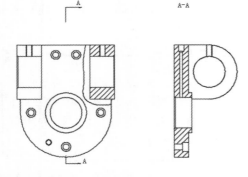

第4步 选中下图中所有的剖面线。

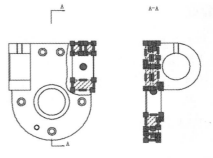

第5步 单击【默认】选项卡→【图层】面板→【图层】下拉按钮，在弹出的下拉列表中选择【剖面线】图层，然后按【Esc】键，结果如下图所示。

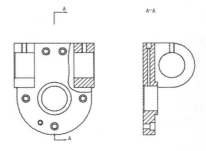

第6步 单击【默认】选项卡→【图层】面板→【图层】下拉按钮，在弹出的下拉列表中单击【中心线】图层和【标注】图层前的"灯泡"，打开【中心线】图层和【标注】图层，结果如下图所示。

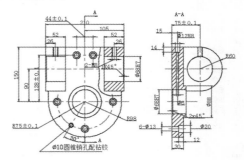

3.3.2 冻结/解冻图层

图层冻结时，图层中的内容被隐藏，且该图层上的内容不能进行编辑和打印。通过冻结操作可以冻结图层来提高 ZOOM、PAN 或其他若干操作的运行速度，提高对象选择性能并减少复杂图形重生成的时间。图层冻结时将以灰色的"雪花"图标显示，图层解冻时将以明亮的"太阳"图标显示。

1. 冻结／解冻图层的方法

冻结／解冻图层的方法与打开／关闭的方法相同，通常有以下 3 种：通过【图层特性管理器】面板冻结／解冻图层，通过【图层下拉列表】冻结／解冻图层、通过冻结／解冻图层命令冻结／解冻图层。

（1）通过【图层特性管理器】面板冻结图层。

第1步 单击【默认】选项卡→【图层】面板→【图层特性】按钮 **图**，如下图所示。

第2步 弹出【图层特性管理器】面板，如下图所示。

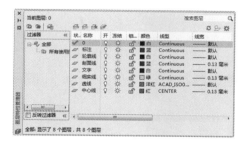

第3步 单击【中心线】图层前的"太阳"将该层冻结，冻结后"太阳"变成"雪花"，如下图所示。

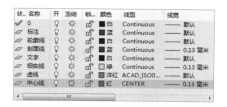

第4步 单击【关闭】按钮 **✕**，结果【中心线】图层将被冻结，如下图所示。

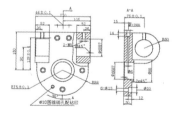

（2）通过【图层】下拉列表冻结图层。

第1步 单击【默认】选项卡→【图层】面板→【图层】下拉按钮，如下图所示。

第2步 在弹出的下拉列表中单击【标注】图层前的"太阳"，使其变为"雪花"，如下图所示。

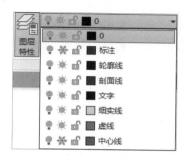

第3步 结果【标注】图层也被冻结，如下图所示。

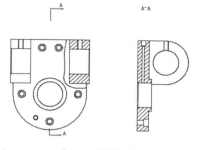

（3）通过【冻结图层】命令关闭图层。

第1步 单击【默认】选项卡→【图层】面板的【冻结】按钮 **图**，如下图所示。

第2步 选择剖面线即可将【剖面线】图层冻结，

结果如下图所示。

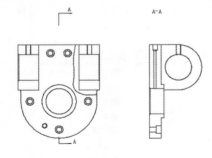

┃提示┃::::::

　　对方法1、方法2反着操作即可解冻冻
结的图层。单击【默认】选项卡→【图层】
面板中的【解冻所有图层】按钮，即可
将所有冻结的图层解冻。

2. 冻结／解冻图层的应用

　　冻结／解冻与打开／关闭图层的功用差不
多，区别在于冻结图层可以减少重新生成图
形时的时间，图层越复杂越能体现出冻结图
层的优越性。解冻一个图层将引起整个图形
重新生成，而打开一个图层则只是重画这个
图层上的对象。因此，如果用户需要频繁地
改变图层的可见性，应使用【关闭】功能而
不应使用【冻结】功能。

第1步　将【中心线】图层、【标注】图层和【剖
面线】图层冻结后，选择剖断处螺纹孔的底径、
剖断线和指引线，如下图所示。

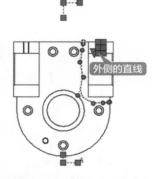

外侧的直线

第2步　单击【默认】选项卡→【图层】面板→【图
层】下拉按钮，在弹出的下拉列表中选择【细

实线】图层，如下图所示。

第3步　按【Esc】键退出选择后，结果如下图
所示。

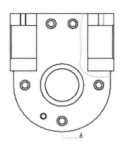

第4步　选择其他螺纹孔的底径，如下图所示。

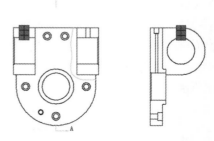

第5步　单击【默认】选项卡→【图层】面板→【图
层】下拉按钮，在弹出的下拉列表中选择【虚
线】图层，如下图所示。

第6步 单击【默认】选项卡→【特性】面板右下角的 ⬎ 按钮（或按【Ctrl+1】组合键），在弹出的特性面板上将线型比例更改为"0.03"，如下图所示。

第7步 按【Esc】键，退出选择后如下图所示。

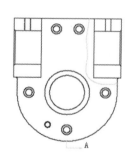
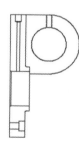

第8步 单击【默认】选项卡→【图层】面板→【图层】下拉按钮，在弹出下拉列表中单击【细实线】和【虚线】图层前的"太阳"，使其变为"雪花"，如下图所示。

第9步 【细实线】图层和【虚线】图层冻结后，结果如下图所示。

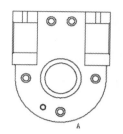

第10步 选中除文字外的所有对象，如下图所示。

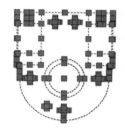
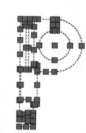

第11步 单击【默认】选项卡→【图层】面板→【图层】下拉按钮，在弹出的下拉列表中选择【轮廓线】图层，如下图所示。

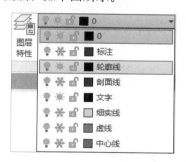

第12步 按【Esc】键退出选择，然后单击【默认】选项卡→【图层】面板→【解冻所有图层】按钮 ❋，结果如下图所示。

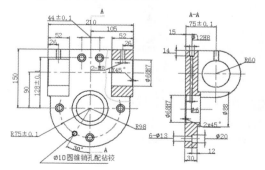

3.3.3 锁定 / 解锁图层

图层锁定后图层上的内容依然可见，但是不能被编辑。

1. 锁定 / 解锁图层的方法

图层锁定 / 解锁的方法通常有以下 3 种：通过【图层特性管理器】面板锁定 / 解锁图层、通过【图层下拉列表】锁定 / 解锁图层、通过锁定 / 解锁图层命令锁定 / 解锁图层。

（1）通过【图层特性管理器】面板锁定图层。

第1步 单击【默认】选项卡→【图层】面板→【图层特性】按钮，如下图所示。

第2步 弹出【图层特性管理器】面板，如下图所示。

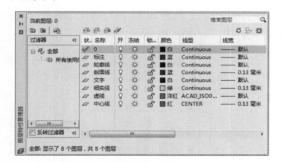

第3步 单击【中心线】图层前的"锁"将该图层锁定，如下图所示。

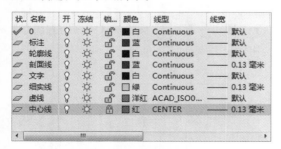

第4步 单击【关闭】按钮，结果【中心线】图层虽可见，但被锁定，将鼠标指针放到中心线上，出现锁的图标，如下图所示。

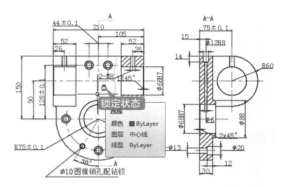

（2）通过【图层】下拉列表锁定图层。

第1步 单击【默认】选项卡→【图层】面板→【图层】下拉按钮，如下图所示。

第2步 在弹出的下拉列表中单击【标注】图层前的"锁"，使"标注"图层锁定，如下图所示。

第3步 【标注】图层被锁定，结果如下图所示。

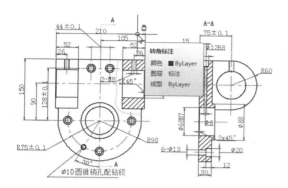

（3）通过【冻结图层】命令关闭图层。

第1步 单击【默认】选项卡→【图层】面板中的【锁定】按钮，如下图所示。

第2步 选中【轮廓线】图层即可将【轮廓线】图层锁定，结果如下图所示。

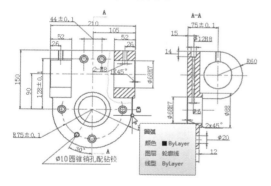

> **｜提示｜**
>
> 对方法1、方法2反着操作即可解锁锁定的图层。单击【默认】选项卡→【图层】面板中的【解锁】按钮，然后选择需要解锁的图层上的对象，即可将该图层解锁。

2. 锁定／解锁图层的应用

因为锁定的图层不能被编辑，所以对于复杂图形可以将不需要编辑的对象所在的图层锁定，这样就可以放心地选择对象了，因为被锁定的对象虽然能被选中，却不会被编辑。

第1步 将除【0】图层和【文字】图层外的所有图层都锁定，如下图所示。

第2步 用窗交方式从右至左选择文字对象，如下图所示。

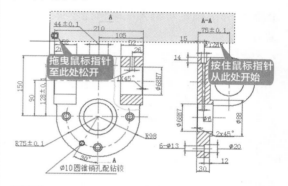

第3步 选择完成后如下图所示。

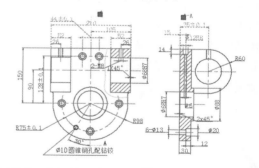

第4步 重复第2步，选择主视图的另一剖切文字标记，如下图所示。

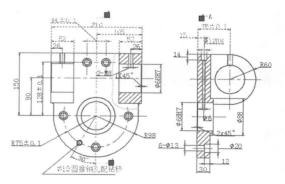

第5步 单击【默认】选项卡→【图层】面板→【图层】下拉按钮，在弹出的下拉列表中选择【文字】图层，如下图所示。

第6步 弹出锁定对象无法编辑提示框，如下图所示。

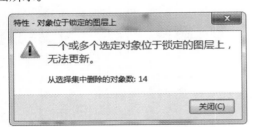

第7步 单击【关闭】按钮，将锁定图层上的对象从选择集中删除，并将未锁定图层上的对象执行操作（即放置到"文字"图层）。按【Esc】键退出选择后，将鼠标指针放置到文字上，在弹出的标签上可以看到文字已经放置到了"文字"图层上，如下图所示。

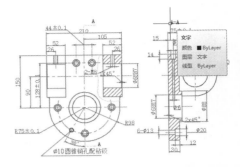

第8步 单击【默认】选项卡→【图层】面板→【图层】下拉按钮，在弹出的下拉列表中将所有的锁定图层解锁，如下图所示。

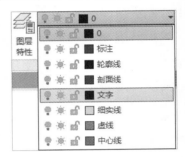

第9步 所有图层解锁后如下图所示。

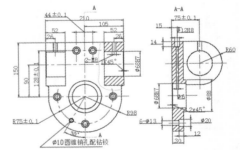

3.4 设置线型比例

线型比例主要用来显示图形中点画线（或虚线）的点和线的显示比例，线型比例设置不当会导致点画线看起来像一条直线。

3.4.1 全局比例

全局比例是对整个图形中所有的点画线（或虚线）的显示比例统一缩放，下面就来介绍如何修改全局比例。

第1步 单击【默认】选项卡→【图层】面板→【图层】下拉按钮，将除"虚线"图层和"中心线"图层外的所有图层都关闭，如下图所示。

第2步 图层关闭后只显示中心线和虚线，如下图所示。

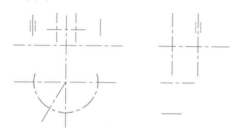

第3步 单击【默认】选项卡→【特性】面板→【线型】下拉按钮，如下图所示。

第4步 在弹出的下拉列表中单击【其他】按钮，在弹出的【线型管理器】中将全局比例更改为"20"，如下图所示。

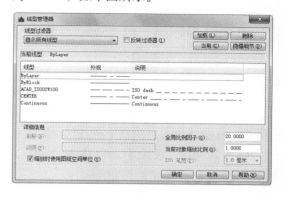

| 提示 |

【当前对象缩放比例】只对设置完成后再绘制的对象比例起作用，如果【当前对象缩放比例】不为"0"，则之后绘制的点画线（或虚线）对象的比例为：全局比例因子 × 当前对象缩放比例。

第5步 全局比例修改完成后单击【确定】按钮，结果如下图所示。

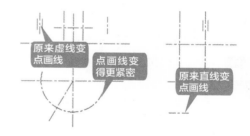

3.4.2 修改局部线型比例

当点画线（或虚线）的长度大小差不多时，只需要修改全局比例因子即可，但当点画线（或虚线）对象之间差别较大时，还需要对局部线型比例进行调整，其具体操作步骤如下。

第1步 单击【默认】选项卡→【图层】面板→【图层】下拉按钮，将"中心线"图层锁定，如下图所示。

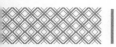
第2步 拖曳鼠标指针选择图中所有的虚线，如下图所示。

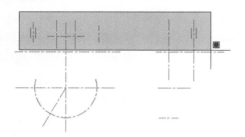

第3步 单击【默认】选项卡→【特性】面板右下角的 ▶ 按钮（或按【Ctrl+1】组合键），调用【特性】面板，如下图所示。

第4步 将线型比例更改为"0.04"，如下图所示。

第5步 系统弹出锁定图层上的对象无法更新提示框，并提示从选择集中删除的对象数，如下图所示。

第6步 单击【关闭】按钮，将锁定图层的对象从选择集中删除，结果如下图所示。

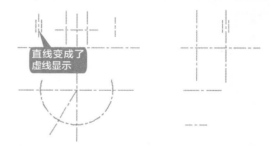

第7步 将所有的图层打开和解锁后，结果如下图所示。

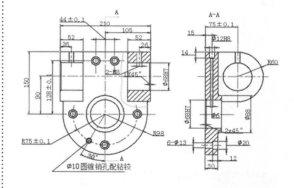

创建室内装潢设计图层

创建"室内装潢设计图层"的方法和创建"机箱外壳装配图图层"的方法类似，具体操作步骤如表3-2所示。

表 3-2 创建室内装潢设计图层具体操作步骤

步骤	创建方法	结　　果	备　注
1	单击【图层特性管理器】面板上的【新建图层】按钮，新建 6 个图层		图层的名称尽量与该图层所要绘制的对象相近，这样便于查找或切换图层
2	修改图层的颜色		应根据绘图背景来设定颜色，这里是在白色背景下设置的颜色，如果是黑色背景，蓝色将显示得非常不清晰，建议将蓝色修改为黄色
3	将中心线的线型更改为"CENTER"线型		
4	修改线宽		
5	设置完成后，双击将要在该图层上绘图的图层前的图标，即可将该图层置为当前层，如将【中心线】图层置为当前层		

◇ **同一个图层上显示不同的线型、线宽和颜色**

对于图形较小，结构比较明确，比较容易绘制的图形而言，新建图层会显得比较烦琐，在这种情况下，可以在同一个图层上为图形对象的不同区域进行不同线型、不同线宽及不同颜色的设置，以便于实现对图层的管理，具体操作步骤如下。

第1步 打开"素材\CH03\同一个图层上显示不同的线型、线宽和颜色 .dwg"文件，如下图所示。

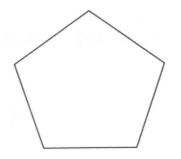

第2步 选中如下图所示的线段。

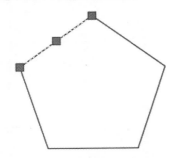

第3步 单击【默认】选项卡→【特性】面板中的【颜色】下拉按钮，并选择"红"，如下图所示。

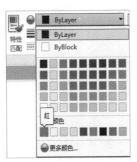

第4步 单击【默认】选项卡→【特性】面板中的【线宽】下拉按钮，并设置线宽为"0.50毫米"，如下图所示。

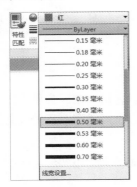

第5步 单击【默认】选项卡→【特性】面板中的【线型】下拉按钮，如下图所示。

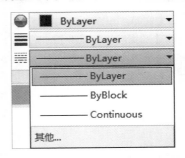

第6步 单击【其他】按钮，弹出【线型管理器】对话框，如下图所示。

第7步 单击【加载】按钮，弹出【加载或重载线型】对话框并选择【DASHED】线型，然后单击【确定】按钮，如下图所示。

第8步 返回【线型管理器】对话框后，可以看到"DASHED"线型已经存在，如下图所示。

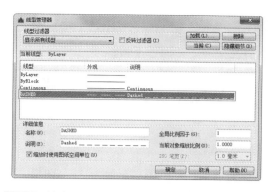

第9步 单击【关闭】按钮，关闭【线型管理器】对话框，然后单击【默认】选项卡→【特性】面板中的【线型】下拉按钮，并选择刚加载的【DASHED】线型，如下图所示。

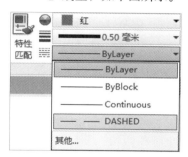

第10步 所有设置完成后，结果如下图所示。

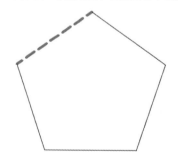

◇ 如何删除顽固图层

由于软件版本或保存格式不同，用前面介绍的方法很难将其中的某些图层删除，对于这些顽固图层可以使用以下方法进行删除。

方法 1

打开一个 AutoCAD 文件，将要删除的图层全部关闭，然后在绘图窗口中将需要的图形全部选中，并按【Ctrl+C】组合键。之后新建一个图形文件，并在新建图形文件中按【Ctrl+V】组合键，要删除的图层将不会被粘贴至新文件中。

方法 2

第1步 打开一个 AutoCAD 文件，把要删除的图层关闭，然后选择【文件】→【另存为】命令，确定文件名及保存路径后，将文件类型指定为 "*.DXF" 格式，并在【图形另存为】对话框中选择【工具】→【选项】命令，如下图所示。

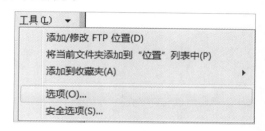

第2步 在弹出的【另存为选项】对话框中选择【DXF 选项】选项卡，并选中【选择对象】复选框，如下图所示。

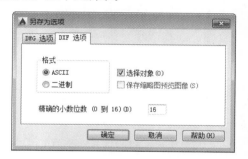

第3步 单击【确定】按钮返回【图形另存为】对话框。单击【保存】按钮，系统自动进入绘图窗口，在绘图窗口中选择需要保留的图形对象，然后按【Enter】键确认并退出当前文件，即可完成相应对象的保存。在新文件中要删除的图层被删除。

方法 3

使用【laytrans】命令可将需删除的图层影射为 "0" 图层，这个方法可以删除具有实体对象或被其他块嵌套定义的图层。

第1步 在命令行中输入"laytrans"命令，并按【Space】（或【Enter】）键确认，命令行显示为如下。

命令：LAYTRANS ✓

第2步 打开【图层转换器】对话框，如下图所示。

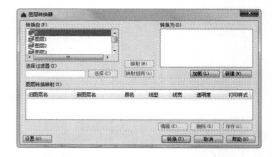

第3步 将需删除的图层影射为"0"图层，单击【转换】按钮即可。

第**2**篇

二维绘图篇

　　本篇主要介绍 CAD 的二维绘图操作。通过对本篇内容的学习，读者可以掌握绘制二维图形、编辑二维图形，以及绘制和编辑复杂对象、文字与表格及尺寸标注等的操作方法。

第4章
绘制二维图形

⊜ 本章导读

二维图形是 AutoCAD 的核心功能，任何复杂的图形，都是由点、线等基本的二维图形组合而成的。本章通过对液压系统和洗手池绘制过程的详细讲解来介绍二维绘图命令的应用。

◉ 思维导图

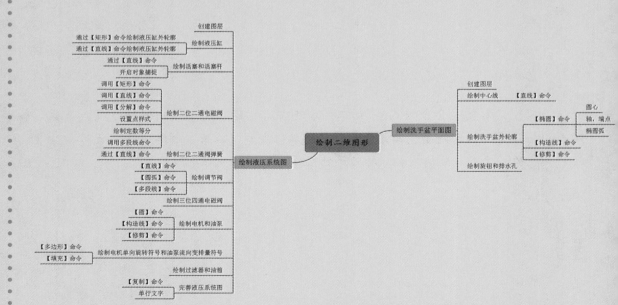

4.1 绘制液压系统图

液压系统原理图是使用连线把液压元件的图形符号连接起来的一张简图，用来描述液压系统的组成及工作原理。一个完整的液压系统由五部分组成，即动力元件、执行元件、控制元件、辅助元件和液压油。

动力元件（指液压系统中的油泵）的作用是将原动机的机械能转换成液体的压力能，它向整个液压系统提供动力。

执行元件（如液压缸和液压马达）的作用是将液体的压力能转换为机械能，驱动负载做直线往复运动或回转运动。

控制元件（即各种液压阀）在液压系统中控制和调节液体的压力、流量和方向。

辅助元件包括油箱、滤油器、油管及管接头、密封圈、压力表、油位油温计等。

液压油是液压系统中传递能量的工作介质，可分为各种矿物油、乳化液和合成型液压油等几大类。

本节以某机床液压系统图为例，来介绍直线、矩形、圆弧、圆、多段线等二维绘图命令的应用，液压系统图绘制完成后如下图所示。

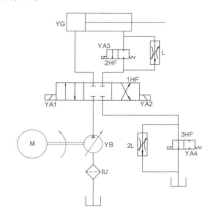

4.1.1 创建图层

在绘图之前，首先参考本书 3.1 节创建如下图所示的几个图层，并将【执行元件】图层置为当前层。

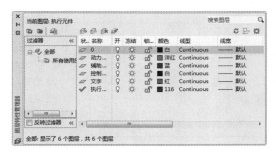

4.1.2 绘制液压缸

液压缸是液压系统中的执行元件，液压缸的绘制主要需应用到【矩形】和【直线】命令。

液压缸的轮廓可以通过【矩形】命令绘制，也可以通过【直线】命令绘制，下面就两种方法的绘制具体步骤进行详细介绍。

1. 通过【矩形】命令绘制液压缸外轮廓

第1步 单击【默认】选项卡→【绘图】面板→【矩形】按钮，如下图所示。

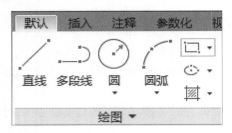

第2步 在绘图窗口任意单击一点作为矩形的第一角点，然后在命令行输入"@35，10"

作为矩形的另一个角点，结果如下图所示。

| 提示 |

只有当状态栏的【线宽】按钮处于开启状态时，才能显示线宽。

AutoCAD 中矩形的绘制方法有很多种，默认的是通过指定矩形的两个角点来绘制，下面就来通过矩形的其他绘制方法来完成液压缸的绘制，具体操作步骤如表 4-1 所示。

表 4-1 通过矩形的其他绘制方法绘制液压缸外轮廓

绘制方法	绘制步骤	结果图形	相应命令行显示
面积绘制法	（1）指定第一个角点 （2）输入"a"选择面积绘制法 （3）输入绘制矩形的面积值 （4）指定矩形的长或宽	10 35	命令 :_RECTANG 指定第一个角点或 [倒角 (C)/ 标高 (E)/ 圆角 (F)/ 厚度 (T)/ 宽度 (W)]: // 单击指定第一角点 指定另一个角点或 [面积 (A)/ 尺寸 (D)/ 旋转 (R)]: a 输入以当前单位计算的矩形面积 <100.0000>:350 计算矩形标注时依据 [长度 (L)/ 宽度 (W)] < 长度 >: ✓ 输入矩形长度 <10.0000>: 35

尺寸绘制法	（1）指定第一个角点
	（2）输入"d"选择尺寸绘制法
	（3）指定矩形的长度和宽度
	（4）拖曳鼠标指针指定矩形的放置位置
		10
		35
			命令 :_RECTANG
			指定第一个角点或 [倒角 (C)/ 标高 (E)/ 圆角 (F)/ 厚度 (T)/ 宽度 (W)]:
			// 单击指定第一角点
			指定另一个角点或 [面积 (A)/ 尺寸 (D)/ 旋转 (R)]: d
			指定矩形的长度 <35.0000>: ✓
			指定矩形的宽度 <10.0000>: ✓
			指定另一个角点或 [面积 (A)/ 尺寸 (D)/ 旋转 (R)]:
			// 拖曳鼠标指针指定矩形的放置位置

除了通过面板调用【矩形】命令外，还可以通过以下方法调用【矩形】命令。

(1) 选择【绘图】→【矩形】命令。

(2) 在命令行输入"RECTANG/REC"命令并按【Space】键。

2. 通过【直线】命令绘制液压缸外轮廓

第1步 单击【默认】选项卡→【绘图】面板→【直线】按钮 ／，如下图所示。

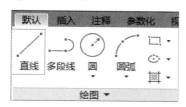

| 提示 |

除了通过面板调用【直线】命令外，还可以通过以下方法调用【直线】命令。

(1) 选择【绘图】→【直线】命令。

(2) 在命令行输入"LINE/L"命令并按【Space】键。

第2步 在绘图区域任意单击一点作为直线的起点，然后水平向左拖曳鼠标指针，如下图所示。

正交: 29.2353 < 0°

第3步 输入直线的长度"35"，然后竖直向上拖曳鼠标指针，如下图所示。

正交: 13.7722 < 90°

第4步 输入竖直线的长度"10"，然后水平向左拖曳鼠标指针，如下图所示。

正交: 24.5418 < 180°

第5步 输入直线的长度"35"，然后输入"C"，让所绘制的直线闭合，结果如下图所示。

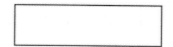

| 提示 |

在绘图前按【F8】键，或者单击状态栏的 按钮，将正交模式打开。

AutoCAD 中直线的绘制方法有很多种，除了上面介绍的方法外，还可以通过绝对坐标输入、相对坐标输入和极坐标输入等方法绘制直线，具体操作步骤如表 4-2 所示。

表 4-2 通过直线的其他绘制方法绘制液压缸外轮廓

绘制方法	绘制步骤	结果图形	相应命令行显示
通过输入绝对坐标绘制直线	（1）指定第一个点（或输入绝对坐标确定第一个点） （2）依次输入第二点、第三点、第四点的绝对坐标	(500,510)　　　(535,510) (500,500)　　　(535,500)	命令：_LINE 指定第一个点：500,500 指定下一点或 [放弃 (U)]: 535,500 指定下一点或 [放弃 (U)]: 535,510 指定下一点或 [放弃 (U)]: 500,510 指定下一点或 [闭合 (C)/ 放弃 (U)]: c // 闭合图形

续表

绘制方法	绘制步骤	结果图形	相应命令行显示

通过输入相对直角坐标绘制直线	（1）指定第一个点（或输入绝对坐标确定第一个点）
	（2）依次输入第二点、第三点、第四点的相对前一点的直角坐标
		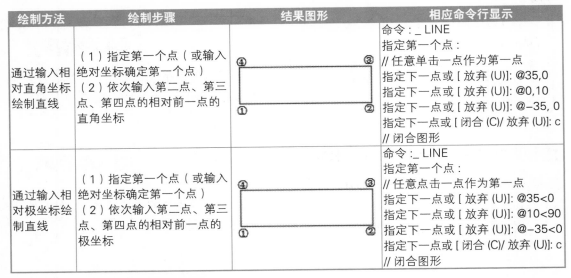	命令：_ LINE
			指定第一个点：
			// 任意单击一点作为第一点
			指定下一点或 [放弃 (U)]: @35,0
			指定下一点或 [放弃 (U)]: @0,10
			指定下一点或 [放弃 (U)]: @–35, 0
			指定下一点或 [闭合 (C)/ 放弃 (U)]: c
			// 闭合图形

通过输入相对极坐标绘制直线	（1）指定第一个点（或输入绝对坐标确定第一个点）
	（2）依次输入第二点、第三点、第四点的相对前一点的极坐标
			命令：_ LINE
			指定第一个点：
			// 任意点击一点作为第一点
			指定下一点或 [放弃 (U)]: @35<0
			指定下一点或 [放弃 (U)]: @10<90
			指定下一点或 [放弃 (U)]: @–35<0
			指定下一点或 [闭合 (C)/ 放弃 (U)]: c
			// 闭合图形

4.1.3 绘制活塞和活塞杆

　　液压系统图中液压缸的活塞和活塞杆都用直线表示。因此，液压缸的活塞和活塞杆可以通过【直线】命令来完成。

第 1 步 选择【工具】→【绘图设置】命令，如下图所示。

第 2 步 在弹出的【草图设置】对话框中对【对

象捕捉】进行如下图所示的设置。

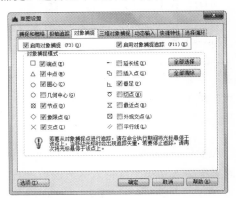

第 3 步 单击【确定】按钮，然后单击【默认】选项卡→【绘图】面板→【直线】按钮，如下图所示。

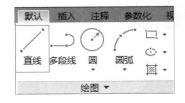

第 4 步 当命令行提示指定第一点时输入

"fro"，命令行显示如下。

> 命令：_line
>
> 指定第一个点：fro 基点：

第5步 然后捕捉下图中的端点为基点。

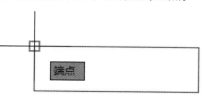

第6步 根据命令行提示输入如命令行显示的
"偏移"距离和下一点，然后按【Enter】键
结束命令。

> <偏移>：@10,0
>
> 指定下一点或 [放弃(U)]：@0,−10
>
> 指定下一点或 [放弃(U)]：✓

第7步 活塞示意图完成后如下图所示。

第8步 按【Space】(或【Enter】)键继续调用【直
线】命令。当命令行提示指定直线的第一点时，
捕捉下图中绘制的活塞的中点。

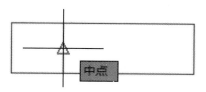

4.1.4 绘制二位二通电磁阀

第9步 水平向右拖曳鼠标，在合适的位置单
击，然后按【Space】（或【Enter】）键结
束活塞杆的绘制，如下图所示。

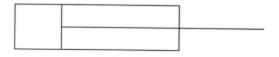

> **提示**
>
> 　　除了通过【草图设置】对话框设置对象
> 捕捉外，还可以直接单击状态栏中的【对象
> 捕捉】下拉按钮，在弹出的快捷菜单中对【对
> 象捕捉】进行设置，如下图所示。
>
>
>
> 　　单击【对象捕捉设置】按钮将弹出【草
> 图设置】对话框。

　　二位二通电磁阀的绘制主要需应用到【矩形】【直线】【定数等分】和【多段线】命令，
其中二位二通电磁阀的外轮廓既可以用【矩形】命令绘制也可以用【直线】命令绘制，如果用【矩
形】命令绘制，则需要将矩形分解成独立的直线后才可以定数等分。

　　二位二通电磁阀的绘制具体操作步骤
如下。

第1步 单击快速访问工具栏中的【图层】下
拉按钮，选择【执行元件】图层并将其置为
当前层，如下图所示。

第2步 调用【矩形】命令，在合适的位置绘制一个 12×5 的矩形，如下图所示。

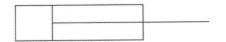

第3步 调用【直线】命令，然后捕捉矩形的左下角点为直线的第一点，绘制下图所示长度的 3 条直线。

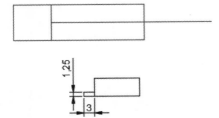

第4步 单击【默认】选项卡→【修改】面板→【分解】按钮，如下图所示。

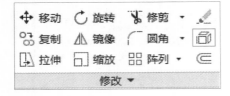

> **| 提示 |**
>
> 　　除了通过面板调用【分解】命令外，还可以通过以下方法调用【分解】命令。
> 　　（1）选择【修改】→【分解】命令。
> 　　（2）在命令行输入"EXPLODE/X"命令并按【Space】键。

第5步 选择刚绘制的矩形，然后按【Space】键将其分解，如下图所示。

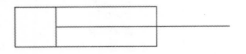

第6步 分解后再选择刚绘制的矩形，可以看到原来是一个整体的矩形现在变成了几条单独的直线，如下图所示。

第7步 选择【格式】→【点样式】命令，如下图所示。

第8步 在弹出的【点样式】对话框中选择新的点样式并设置点样式的大小，如下图所示。

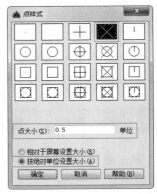

> **| 提示 |**
>
> 　　除了通过菜单调用【点样式】命令外，还可以通过以下方法调用【点样式】命令。
> 　　（1）单击【默认】选项卡→【实用工具】面板的下拉按钮→【点样式】按钮。
> 　　（2）在命令行输入"DDPTYPE"命令并按【Space】键。

第 9 步 单击【默认】选项卡→【绘图】面板的展开按钮→【定数等分】按钮，如下图所示。

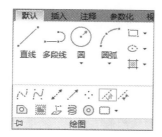

| 提示 |

除了通过面板调用【定数等分】命令外，还可以通过以下方法调用【定数等分】命令。

（1）选择【绘图】→【点】→【定数等分】命令。

（2）在命令行中输入"DIVIDE/DIV"命令并按【Space】键确认。

第 10 步 单击矩形的上侧边，然后输入等分段数 4，结果如下图所示。

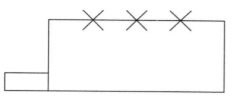

| 提示 |

在进行定数等分时,对于开放型对象来说,等分的段数为 N, 则等分的点数为 N−1; 对于闭合型对象来说,等分的段数和点数相等。

第 11 步 重复第 9 步和第 10 步，将矩形的底边也进行 4 等分，左侧的水平短直线进行 3 等分，结果如下图所示。

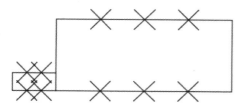

第 12 步 单击【确定】按钮，然后单击【默认】选项卡→【绘图】面板→【直线】按钮，捕捉图中的节点绘制直线，如下图所示。

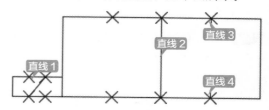

| 提示 |

直线 3 和直线 4 的长度捕捉无具体要求，感觉适当即可。

第 13 步 重复第 12 步，继续绘制直线。绘制直线时先捕捉上图中绘制的直线 3 的端点（只捕捉不选中），然后向左拖曳鼠标指针（会出现虚线指引线），在合适的位置单击作为直线的起点，如下图所示。

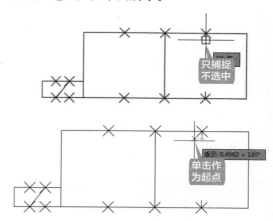

第 14 步 向右拖曳鼠标指针，在合适的位置单击，作为直线的终点，然后按【Space】键结束直线的绘制，如下图所示。

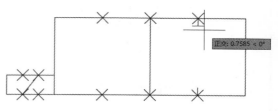

第 15 步 重复第 13 步和第 14 步，继续绘制另一端的直线，结果如下图所示。

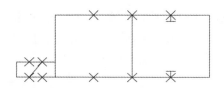

第16步 单击【确定】按钮，然后单击【默认】选项卡→【绘图】面板→【多段线】按钮，如下图所示。

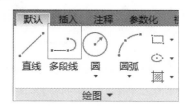

> **┃提示┃**
>
> 除了通过面板调用【多段线】命令外，还可以通过以下方法调用【多段线】命令。
> （1）选择【绘图】→【多段线】命令。
> （2）在命令行中输入"PLINE/PL"命令并按【Space】键确认。

第17步 根据命令行提示进行如下操作。

命令：_pline
指定起点：　　//捕捉节点A
当前线宽为 0.0000
指定下一点或 [圆弧 (A)/ 半宽 (H)/ 长度

(L)/ 放弃 (U)/ 宽度 (W)]：@0,-4
　　指定下一点或 [圆弧 (A)/ 闭合 (C)/ 半宽 (H)/ 长度 (L)/ 放弃 (U)/ 宽度 (W)]：w
　　指定起点宽度 <0.0000>：0.25
　　指定端点宽度 <0.2500>：0
　　指定下一点或 [圆弧 (A)/ 闭合 (C)/ 半宽 (H)/ 长度 (L)/ 放弃 (U)/ 宽度 (W)]：　　// 捕捉节点 B
　　指定下一点或 [圆弧 (A)/ 闭合 (C)/ 半宽 (H)/ 长度 (L)/ 放弃 (U)/ 宽度 (W)]：✓

第18步 多段线绘制完成后，结果如下图所示。

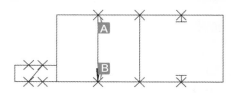

第19步 选中图中所有的节点，然后按【Delete】键，将所有的节点都删除，结果如下图所示。

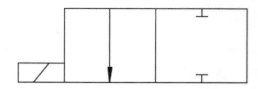

多段线是作为单个对象创建的相互连接的序列直线段，可以创建直线段、圆弧段或二者的组合线段。各种多段线的绘制步骤如表4-3所示。

表4-3　各种多段线的绘制步骤

类型	绘制步骤	图例
等宽且只有直线段的多段线	（1）调用【多段线】命令 （2）指定多段线的起点 （3）指定第一条线段的下一点 （4）根据需要继续指定线段下一点 （5）按【Space】（或【Enter】）键结束，或者在命令行输入"c"使多段线闭合	
绘制宽度不同的多段线	（1）调用【多段线】命令 （2）指定【多段线】的起点 （3）在命令行输入"w"（宽度）并输入线段的起点宽度 （4）使用以下方法之一指定线段的端点宽度 ①要创建等宽的线段，请按【Enter】键 ②要创建一个宽度渐窄或渐宽的线段，请输入一个不同的宽度 （5）指定线段的下一点 （6）根据需要继续指定线段下一点 （7）按【Enter】键结束，或者在命令行输入"c"使多段线闭合	

续表

类型	绘制步骤	图例
包含直线段和曲线段的多段线	（1）调用【多段线】命令 （2）指定多段线的起点 （3）指定第一条线段的下一点 （4）在命令提示下输入"a"（圆弧），切换到"圆弧"模式 （5）圆弧绘制完成后输入"L"（直线），返回到"直线"模式 （6）根据需要指定其他线段 （7）按【Enter】键结束，或者在命令行输入"c"使多段线闭合	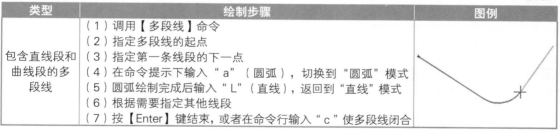

4.1.5 绘制二位二通阀弹簧

绘制二位二通阀弹簧主要需应用到【直线】命令，具体操作步骤如下。

第1步 单击【确定】按钮，然后单击【默认】选项卡→【绘图】面板→【直线】按钮，然后按住【Shift】键右击，在弹出的临时捕捉快捷菜单上选择【自】命令，如下图所示。

第2步 捕捉下图所示的端点为基点。

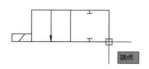

第3步 然后在命令行输入偏移距离"@0,1.5"，当命令行提示指定下一点时，输入"<-60"，命令行显示如下。

> <偏移>: @0,1.5
> 指定下一点或 [放弃 (U)]: <-60
> 角度替代 : 300

第4步 然后捕捉第2步捕捉的端点（只捕捉不选中），捕捉后向右拖曳鼠标，当鼠标指针和"-60°"线相交时单击，确定直线第二点，如下图所示。

第5步 继续输入下一点所在的方向"<60"命令行显示如下。

> 指定下一点或 [放弃 (U)]: <60
> 角度替代 : 60

第6步 重复第4步，捕捉直线的起点但不选中，然后向右拖曳鼠标，当鼠标指针和"<60"线相交时单击，作为直线的下一点，如下图所示。

第7步 输入下一点所在的方向"<-60"，命令行显示如下。

> 指定下一点或 [放弃 (U)]: <-60
> 角度替代 : 300

第8步 然后捕捉下图中的端点（只捕捉不选中），捕捉后向右拖曳鼠标，当鼠标指针和-60°线相交时单击，确定直线的下一点，如下图所示。

第9步 输入下一点所在的方向"<60",命令行显示为：

> 指定下一点或 [放弃 (U)]: <60
> 角度替代：60

第10步 重复第8步，捕捉直线的端点但不选中，然后向右拖曳鼠标，当鼠标指针和"<60"线相交时单击，作为直线的下一点，如下图所示。

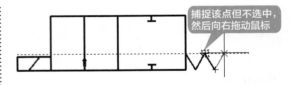

捕捉该点但不选中，然后向右拖动鼠标

第11步 完成最后一点后，按【Space】(或【Enter】)键结束【直线】命令，结果如下图所示。

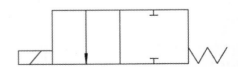

4.1.6 绘制调节阀

调节阀符号主要由外轮廓、阀瓣和阀的方向箭头组成，其中使用【矩形】命令绘制外轮廓，使用【圆弧】命令绘制阀瓣，使用【多段线】命令绘制阀的方向箭头。在用【圆弧】命令绘制阀瓣时，对圆弧的端点位置没有明确的要求，大致差不多即可。

绘制调节阀的具体操作步骤如下。

第1步 调用【矩形】命令，在合适的位置绘制一个 5×13 的矩形，如下图所示。

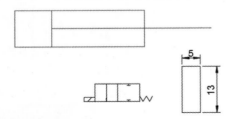

第2步 选择【默认】选项卡→【绘图】面板→【圆弧】→【起点、端点、半径】命令，如下图所示。

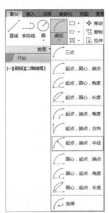

第3步 在矩形内部合适的位置单击一点作为圆弧的起点，如下图所示。

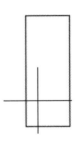

第4步 拖曳鼠标在第一点竖直方向上的合适位置单击，作为圆弧的端点，如下图所示。

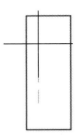

第5步 输入圆弧的半径"9"，结果如下图所示。

提示

　　AutoCAD 中默认逆时针为绘制圆弧的正方向，所以在选择起点和端点时两点的位置最好呈逆时针方向。其他不变，如果起点和端点的选择顺序倒置，则结果如下图所示。

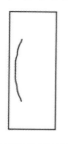

第6步 选择【默认】选项卡→【绘图】面板→【圆弧】→【起点、端点、半径】命令，然后捕捉图中圆弧的端点(只捕捉不选取)，如下图所示。

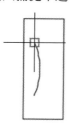

第7步 水平向右拖曳鼠标，在合适的位置单击作为起点，如下图所示。

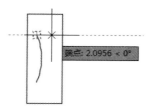

第8步 捕捉圆弧的下端点（只捕捉不选取），然后向下拖曳鼠标，在合适的位置单击作为圆弧的端点，如下图所示。

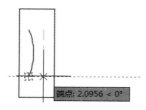

第9步 输入圆弧的半径"9"，结果如下图所示。

第10步 单击【默认】选项卡→【绘图】面板→【多段线】按钮，根据命令行提示进行如下操作。

　　命令：_pline
　　指定起点：fro 基点：　　// 捕捉下图中 A 点
　　< 偏移 >：@0,3
　　当前线宽为 0.0000
　　指定下一点或 [圆弧 (A)/ 半宽 (H)/ 长度 (L)/ 放弃 (U)/ 宽度 (W)]：<55
　　角度替代：55
　　指定下一点或 [圆弧 (A)/ 半宽 (H)/ 长度 (L)/ 放弃 (U)/ 宽度 (W)]：　　// 在合适的位置单击
　　指定下一点或 [圆弧 (A)/ 闭合 (C)/ 半宽 (H)/ 长度 (L)/ 放弃 (U)/ 宽度 (W)]：w
　　指定起点宽度 <0.0000>：0.25
　　指定端点宽度 <0.2500>：0
　　指定下一点或 [圆弧 (A)/ 闭合 (C)/ 半宽 (H)/ 长度 (L)/ 放弃 (U)/ 宽度 (W)]：
　　// 在箭头和竖直边相交的地方单击
　　指定下一点或 [圆弧 (A)/ 闭合 (C)/ 半宽 (H)/ 长度 (L)/ 放弃 (U)/ 宽度 (W)]：↙

提示

　　在绘制多段线箭头时，为了避免正交和对象捕捉干扰，可以按【F8】和【F3】键将正交模式和对象捕捉模式关闭。

第11步 绘制完毕，结果如下图所示。

第12步 重复第10步，继续调用【多段线】命令绘制调节阀的指向，命令行显示如下。

命令：PLINE

指定起点： // 捕捉矩形上底边的中点

当前线宽为 0.0000

指定下一点或 [圆弧 (A)/ 半宽 (H)/ 长度 (L)/ 放弃 (U)/ 宽度 (W)]: @0,−10

指定下一点或 [圆弧 (A)/ 闭合 (C)/ 半宽 (H)/ 长度 (L)/ 放弃 (U)/ 宽度 (W)]: w

指定起点宽度 <0.0000>: 0.5

指定端点宽度 <0.5000>: 0

指定下一点或 [圆弧 (A)/ 闭合 (C)/ 半宽 (H)/ 长度 (L)/ 放弃 (U)/ 宽度 (W)]: // 捕捉矩形的下底边

指定下一点或 [圆弧 (A)/ 闭合 (C)/ 半宽 (H)/ 长度 (L)/ 放弃 (U)/ 宽度 (W)]: ✓

| 提示 |

在绘制多段线箭头时，为了方便捕捉，可以按【F8】和【F3】键将正交模式和对象捕捉模式打开。

第13步 绘制完毕，结果如下图所示。

绘制圆弧的默认方法是通过确定三点来绘制的。此外，圆弧还可以通过设置起点、方向、中点、角度和弦长等参数来绘制。圆弧的各种绘制方法如表 4-4 所示。

表 4-4　圆弧的各种绘制方法

绘制方法	绘制步骤	结果图形	相应命令行显示
三点	（1）调用三点画弧命令 （2）指定 3 个不在同一条直线上的点即可完成圆弧的绘制		命令：_arc 指定圆弧的起点或 [圆心 (C)]: 指定圆弧的第二个点或 [圆心 (C)/ 端点 (E)]: 指定圆弧的端点：
起点、圆心、端点	（1）调用【起点、圆心、端点】画弧命令 （2）指定圆弧的起点 （3）指定圆弧的圆心 （4）指定圆弧的端点		命令：_arc 指定圆弧的起点或 [圆心 (C)]: 指定圆弧的第二个点或 [圆心 (C)/ 端点 (E)]: _c 指定圆弧的圆心： 指定圆弧的端点或 [角度 (A)/ 弦长 (L)]:
起点、圆心、角度	（1）调用【起点、圆心、角度】画弧命令 （2）指定圆弧的起点 （3）指定圆弧的圆心 （4）指定圆弧所包含的角度 提示：当输入的角度为正值时，圆弧沿起点方向逆时针生成；当输入的角度为负值时，圆弧沿起点方向顺时针生成		命令：_arc 指定圆弧的起点或 [圆心 (C)]: 指定圆弧的第二个点或 [圆心 (C)/ 端点 (E)]: _c 指定圆弧的圆心： 指定圆弧的端点或 [角度 (A)/ 弦长 (L)]: _a 指定包含角：120

续表

绘制方法	绘制步骤	结果图形	相应命令行显示
起点、圆心、长度	（1）调用【起点、圆心、长度】画弧命令 （2）指定圆弧的起点 （3）指定圆弧的圆心 （4）指定圆弧的弦长 提示：当弦长为正值时，得到的弧为"劣弧（小于180°）"；当弦长为负值时，得到的弧为"优弧（大于180°）"		命令：_arc 指定圆弧的起点或 [圆心 (C)]： 指定圆弧的第二个点或 [圆心 (C)/ 端点 (E)]：_c 指定圆弧的圆心： 指定圆弧的端点或 [角度 (A)/ 弦长 (L)]：_l 指定弦长：30
起点、端点、角度	（1）调用【起点、端点、角度】画弧命令 （2）指定圆弧的起点 （3）指定圆弧的端点 （4）指定圆弧的角度 提示：当输入的角度为正值时，起点和端点沿圆弧呈逆时针关系；当角度为负值时，起点和端点沿圆弧呈顺时针关系		命令：_arc 指定圆弧的起点或 [圆心 (C)]： 指定圆弧的第二个点或 [圆心 (C)/ 端点 (E)]：_e 指定圆弧的端点： 指定圆弧的圆心或 [角度 (A)/ 方向 (D)/ 半径 (R)]：_a 指定包含角：137
起点、端点、方向	（1）调用【起点、端点、方向】画弧命令 （2）指定圆弧的起点 （3）指定圆弧的端点 （4）指定圆弧的起点切向		命令：_arc 指定圆弧的起点或 [圆心 (C)]： 指定圆弧的第二个点或 [圆心 (C)/ 端点 (E)]：_e 指定圆弧的端点： 指定圆弧的圆心或 [角度 (A)/ 方向 (D)/ 半径 (R)]：_d 指定圆弧的起点切向：
起点、端点、半径	（1）调用【起点、端点、半径】画弧命令 （2）指定圆弧的起点 （3）指定圆弧的端点 （4）指定圆弧的半径 提示：当输入的半径值为正值时，得到的圆弧是"劣弧"；当输入的半径值为负值时，输入的弧为"优弧"		命令：_arc 指定圆弧的起点或 [圆心 (C)]： 指定圆弧的第二个点或 [圆心 (C)/ 端点 (E)]：_e 指定圆弧的端点： 指定圆弧的圆心或 [角度 (A)/ 方向 (D)/ 半径 (R)]：_r 指定圆弧的半径：140
圆心、起点、端点	（1）调用【圆心、起点、端点】画弧命令 （2）指定圆弧的圆心 （3）指定圆弧的起点 （4）指定圆弧的端点		命令：_arc 指定圆弧的起点或 [圆心 (C)]：_c 指定圆弧的圆心： 指定圆弧的起点： 指定圆弧的端点或 [角度 (A)/ 弦长 (L)]：

续表

绘制方法	绘制步骤	结果图形	相应命令行显示
圆心、起点、角度	（1）调用【圆心、起点、角度】画弧命令 （2）指定圆弧的圆心 （3）指定圆弧的起点 （4）指定圆弧的角度		命令：_arc 指定圆弧的起点或 [圆心 (C)]: _c 指定圆弧的圆心： 指定圆弧的起点： 指定圆弧的端点或 [角度 (A)/ 弦长 (L)]: _a 指定包含角：170
圆心、起点、长度	（1）调用【圆心、起点、长度】画弧命令 （2）指定圆弧的圆心 （3）指定圆弧的起点 （4）指定圆弧的弦长 提示：当弦长为正值时，得到的弧为"劣弧（小于180°）"； 当弦长为负值时，得到的弧为"优弧（大于180°）"		命令：_arc 指定圆弧的起点或 [圆心 (C)]: _c 指定圆弧的圆心： 指定圆弧的起点： 指定圆弧的端点或 [角度 (A)/ 弦长 (L)]: _l 指定弦长：60

提示

绘制圆弧时，输入的半径值和圆心角有正负之分。对于半径，当输入的半径值为正时，生成的圆弧是劣弧；反之，生成的圆弧是优弧。对于圆心角，当角度为正值时，系统沿逆时针方向绘制圆弧，反之，则沿顺时针方向绘制圆弧。

4.1.7　绘制三位四通电磁阀

三位四通电磁阀的绘制与二位二通电磁阀的绘制相似，主要需应用到【矩形】【直线】【定数等分点】和【多段线】命令。

三位四通电磁阀的绘制过程如下。

第1步　调用【矩形】命令，在合适的位置绘制一个 45×10 的矩形，如下图所示。

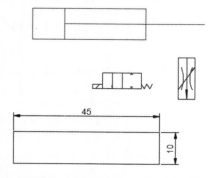

第2步　调用【直线】命令，然后绘制下图所示长度的几条直线。

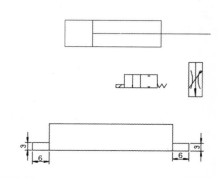

第3步　单击【默认】选项卡→【修改】面板→【分解】按钮，选择第 1 步绘制的矩形，然后按【Space】键将其分解，如下图所示。

第4步 将矩形分解后,选择【格式】→【点样式】命令,如下图所示。

第5步 在弹出的【点样式】对话框中选择新的点样式并设置点样式的大小,如下图所示。

第6步 单击【默认】选项卡→【绘图】面板的展开按钮→【定数等分】按钮。选择矩形的上边,然后输入等分段数"9",结果如下图所示。

第7步 重复第6步,将矩形的底边进行9等分,两侧的水平短直线进行3等分,结果如下图所示。

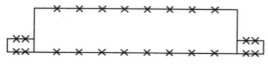

第8步 单击【默认】选项卡→【绘图】面板→【直

线】按钮,捕捉图中的节点绘制直线,如下图所示。

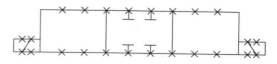

第9步 单击【默认】选项卡→【绘图】面板→【多段线】按钮。根据命令行提示进行如下操作。

命令:_pline
指定起点: // 捕捉 A 节点
当前线宽为 0.0000
指定下一点或 [圆弧 (A)/ 半宽 (H)/ 长度 (L)/ 放弃 (U)/ 宽度 (W)]: @0,8
指定下一点或 [圆弧 (A)/ 闭合 (C)/ 半宽 (H)/ 长度 (L)/ 放弃 (U)/ 宽度 (W)]: w
指定起点宽度 <0.0000>: 0.5
指定端点宽度 <0.5000>: 0
指定下一点或 [圆弧 (A)/ 闭合 (C)/ 半宽 (H)/ 长度 (L)/ 放弃 (U)/ 宽度 (W)]: // 捕捉 B 节点
指定下一点或 [圆弧 (A)/ 闭合 (C)/ 半宽 (H)/ 长度 (L)/ 放弃 (U)/ 宽度 (W)]: ↙
命令:PLINE
指定起点: // 捕捉 C 节点
当前线宽为 0.0000
指定下一点或 [圆弧 (A)/ 半宽 (H)/ 长度 (L)/ 放弃 (U)/ 宽度 (W)]: @0,−8
指定下一点或 [圆弧 (A)/ 闭合 (C)/ 半宽 (H)/ 长度 (L)/ 放弃 (U)/ 宽度 (W)]: w
指定起点宽度 <0.0000>: 0.5
指定端点宽度 <0.5000>: 0
指定下一点或 [圆弧 (A)/ 闭合 (C)/ 半宽 (H)/ 长度 (L)/ 放弃 (U)/ 宽度 (W)]:// 捕捉 D 节点
指定下一点或 [圆弧 (A)/ 闭合 (C)/ 半宽 (H)/ 长度 (L)/ 放弃 (U)/ 宽度 (W)]: ↙

第10步 多段线绘制完成,结果如下图所示。

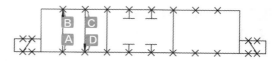

第11步 重复第9步,继续绘制多段线,捕捉下图中 E 节点为多段线的起点,当命令行提

示指定多段线的下一点时，捕捉 F 节点（只捕捉不选中），如下图所示。

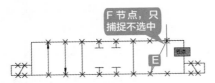

第 12 步 确定多段线方向后，输入多段线长度"9"，如下图所示。

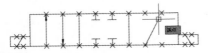

第 13 步 当命令行提示指定下一点时，进行如下操作。

```
指定下一点或 [ 圆弧 (A)/ 闭合 (C)/ 半宽 (H)/
长度 (L)/ 放弃 (U)/ 宽度 (W)]: w
    指定起点宽度 <0.0000>: 0.5
    指定端点宽度 <0.5000>: 0
    指定下一点或 [ 圆弧 (A)/ 闭合 (C)/ 半宽 (H)/
长度 (L)/ 放弃 (U)/ 宽度 (W)]:      // 捕捉 F 节
```

点并选中

```
    指定下一点或 [ 圆弧 (A)/ 闭合 (C)/ 半宽 (H)/
长度 (L)/ 放弃 (U)/ 宽度 (W)]:   ↙
```

第 14 步 多段线绘制完成，结果如下图所示。

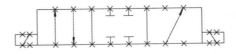

第 15 步 重复第 11 ~ 13 步，绘制另一条多段线，结果如下图所示。

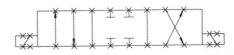

第 16 步 选中所有节点，然后按【Delete】键将所有节点都删除，结果如下图所示。

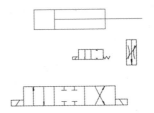

4.1.8 绘制电机和油泵

电机和油泵是液压系统的动力机构，它们的绘制主要需应用到【圆】【构造线】和【修剪】命令。

电机和油泵的绘制具体操作步骤如下。

第 1 步 单击快速访问工具栏【图层】下拉按钮，选择【动力元件】图层，并将其置为当前层，如下图所示。

第 2 步 选择【默认】选项卡→【绘图】面板→【圆】→【圆心、半径】命令，如下图所示。

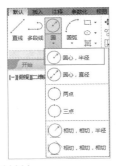

| 提示 |

除了通过面板调用【圆】命令外，还可以通过以下方法调用【圆】命令。

（1）选择【绘图】→【圆】命令。

（2）在命令行输入"CIRCLE/C"命令并按【Space】键。

第3步 在合适的位置单击作为圆心，然后输入圆的半径"8"，结果如下图所示。

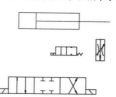

第4步 重复第2步，当命令行提示指定圆心时，捕捉第3步绘制的圆的圆心（只捕捉不选取），如下图所示。

第5步 然后捕捉三位四通电磁阀的阀口端点（只捕捉不选中），如下图所示。

第6步 然后向下拖曳鼠标，当通过端点的指引线和通过圆心的指引线相交时单击，以相交点作为圆心，如下图所示。

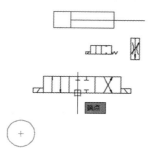

第7步 输入圆心半径"5"，结果如下图所示。

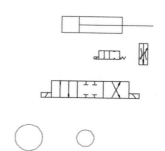

第8步 单击【默认】选项卡→【绘图】面板→【构造线】按钮，如下图所示。

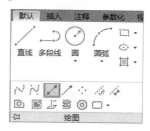

> |提示|
>
> 除了通过面板调用【构造线】命令外，还可以通过以下方法调用【构造线】命令。
>
> （1）选择【绘图】→【构造线】命令。
>
> （2）在命令行输入"XLINE/XL"命令并按【Space】键。

第9步 当提示指定点时在命令行输入"H"命令，然后在两圆之间合适的位置单击，指定水平构造线的位置，如下图所示。

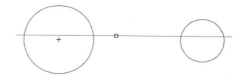

第10步 继续在两圆之间合适的位置单击，指定另一条构造线的位置，然后按【Space】键退出【构造线】命令，结果如下图所示。

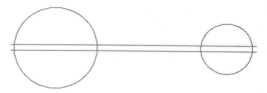

第11步 单击【默认】选项卡→【修改】面板→【修剪】按钮，如下图所示。

第12步 选择两个圆为剪切边，然后按【Space】键结束剪切边的选择，如下图所示。

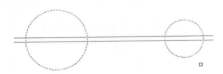

第13步 单击不需要的构造线部分，对其进行修剪，结果如下图所示。

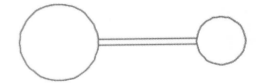

绘制圆的默认方法是通过确定三点来绘制的。此外，圆还可以通过设置起点、方向、中点、角度和弦长等参数来绘制。各种圆的绘制步骤如表 4-5 所示。

表 4-5　圆的各种绘制方法

绘制方法	绘制步骤	结果图形	相应命令行显示
圆心、半径/直径	（1）指定圆心 （2）输入圆的半径/直径		命令：_ CIRCLE 指定圆的圆心或 [三点 (3P)/ 两点 (2P)/ 切点、切点、半径 (T)]: 指定圆的半径或 [直径 (D)]: 45

两点绘圆	（1）调用【两点】绘圆命令
	（2）指定直径上的第一点
	（3）指定直径上的第二点或输入直径长度
			命令：_circle
			指定圆的圆心或 [三点 (3P)/ 两点 (2P)/ 切点、切点、半径 (T)]: _2p
			指定圆直径的第一个端点：
			// 指定第一点
			指定圆直径的第二个端点：80
			// 输入直径长度或指定第二点

三点绘圆	（1）调用【三点】绘圆命令 （2）指定圆周上第一个点 （3）指定圆周上第二个点 （4）指定圆周上第三个点		命令：_circle 指定圆的圆心或 [三点 (3P)/ 两点 (2P)/ 切点、切点、半径 (T)]: _3p 指定圆上的第一个点： 指定圆上的第二个点： 指定圆上的第三个点：
相切、相切、半径	（1）调用【相切、相切、半径】绘圆命令 （2）选择与圆相切的两个对象 （3）输入圆的半径		命令：_circle 指定圆的圆心或 [三点 (3P)/ 两点 (2P)/ 切点、切点、半径 (T)]: _ttr 指定对象与圆的第一个切点： 指定对象与圆的第二个切点： 指定圆的半径 <35.0000>: 45
相切、相切、相切	（1）调用【相切、相切、相切】绘圆命令 （2）选择与圆相切的 3 个对象		命令：_circle 指定圆的圆心或 [三点 (3P)/ 两点 (2P)/ 切点、切点、半径 (T)]: _3p 指定圆上的第一个点：_tan 到 指定圆上的第二个点：_tan 到 指定圆上的第三个点：_tan 到

构造线是两端无限延伸的直线，可以用来作为创建其他对象时的参照线，在执行一次【构造线】命令时，可以连续绘制多条通过一个公共点的构造线。

调用【构造线】命令后，命令行提示如下。

命令：_xline
指定点或 [水平 (H)/ 垂直 (V)/ 角度 (A)/ 二等分 (B)/ 偏移 (O)]:

命令行中各选项的含义如下。

水平（H）：创建一条通过选定点且平行于 X 轴的参照线。

垂直（V）：创建一条通过选定点且平行于 Y 轴的参照线。

角度（A）：以指定的角度创建一条参照线。

二等分（B）：创建一条参照线，此参照线位于由 3 个点确定的平面中，它经过选定的角顶点，并且将选定的两条线之间的夹角平分。

偏移（O）：创建平行于另一个对象的参照线。

构造线的各种绘制方法如表 4-6 所示。

表 4-6　构造线的各种绘制方法

绘制方法	绘制步骤	结果图形	相应命令行显示
水平	（1）指定第一个点 （2）在水平方向单击指定通过点		命令：_ XLINE 指定点或 [水平 (H)/ 垂直 (V)/ 角度 (A)/ 二等分 (B)/ 偏移 (O)]: // 单击指定第一点 指定通过点： // 在水平方向上单击指定通过点 指定通过点：　// 按【Space】键退出命令
垂直	（1）指定第一个点 （2）在竖直方向单击指定通过点		命令：_ XLINE 指定点或 [水平 (H)/ 垂直 (V)/ 角度 (A)/ 二等分 (B)/ 偏移 (O)]: // 单击指定第一点 指定通过点： // 在竖直方向上单击指定通过点 指定通过点：　// 按【Space】键退出命令
角度	（1）输入角度选项 （2）输入构造线的角度 （3）指定构造线通过点	交点	命令：_ XLINE 指定点或 [水平 (H)/ 垂直 (V)/ 角度 (A)/ 二等分 (B)/ 偏移 (O)]: a 输入构造线的角度 (0) 或 [参照 (R)]: 30 指定通过点：　// 捕捉交点 指定通过点：　// 按【Space】键退出命令
二等分	（1）输入二等分选项 （2）指定角度的顶点 （3）指定角度的起点 （4）指定角度的端点	起点 顶点 端点	命令：_XLINE 指定点或 [水平 (H)/ 垂直 (V)/ 角度 (A)/ 二等分 (B)/ 偏移 (O)]: b 指定角的顶点：　// 捕捉角度的顶点 指定角的起点：　// 捕捉角度的起点 指定角的端点：// 捕捉角度的端点 指定角的端点：　// 按【Space】键退出命令
偏移	（1）输入偏移选项 （2）输入偏移距离 （3）选择偏移对象 （4）指定偏移方向	底边 50	命令：_XLINE 指定点或 [水平 (H)/ 垂直 (V)/ 角度 (A)/ 二等分 (B)/ 偏移 (O)]: o 指定偏移距离或 [通过 (T)] <0.0000>:50 选择直线对象：　　// 选择底边 指定向哪侧偏移：// 在底边的右侧单击 选择直线对象：　// 按【Space】键退出命令

4.1.9 绘制电机单向旋转符号和油泵流向变排量符号

　　本液压系统中的电机是单向旋转电机，因此要绘制电机的单向旋转符号。本液压系统的油泵是单流向变排量泵，因此也要绘制流向和变排量符号，其中流向符号既可以用【多边形】和【图案填充】命令绘制，也可以用【实体填充】命令绘制。

1. 绘制电机单向旋转符号和油泵变排量符号

第1步　单击【默认】选项卡→【绘图】面板→【多段线】按钮 ，在电机和油泵两个圆之间的合适位置单击，确定多段线的起点，如下图所示。

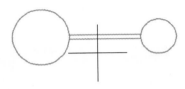

第2步　确定起点后在命令行输入"A"，然后输入"R"，绘制半径为"10"的圆弧，命令行提示如下。

> 指定下一点或 [圆弧 (A)/ 半宽 (H)/ 长度 (L)/ 放弃 (U)/ 宽度 (W)]: a
> 指定圆弧的端点 (按住 Ctrl 键以切换方向) 或 [角度 (A)/ 圆心 (CE)/ 方向 (D)/ 半宽 (H)/ 直线 (L)/ 半径 (R)/ 第二个点 (S)/ 放弃 (U)/ 宽度 (W)]: r
> 指定圆弧的半径 : 10

第3步　拖曳鼠标指针沿竖直方向在合适地位置单击，确定圆弧端点，如下图所示。

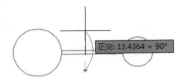

第4步　在命令行输入"W"，然后指定起点和端点的宽度后再输入"R"，并指定下一段圆弧的半径"5"，命令行提示如下。

> 指定圆弧的端点 (按住 Ctrl 键以切换方向) 或 [角度 (A)/ 圆心 (CE)/ 闭合 (CL)/ 方向 (D)/ 半宽 (H)/ 直线 (L)/ 半径 (R)/ 第二个点 (S)/ 放弃 (U)/ 宽度 (W)]: w
> 指定起点宽度 <0.0000>: 0.5

> 指定端点宽度 <0.5000>: 0
> 指定圆弧的端点 (按住 Ctrl 键以切换方向) 或 [角度 (A)/ 圆心 (CE)/ 闭合 (CL)/ 方向 (D)/ 半宽 (H)/ 直线 (L)/ 半径 (R)/ 第二个点 (S)/ 放弃 (U)/ 宽度 (W)]: r
> 指定圆弧的半径 : 5

第5步　拖曳鼠标指针确定下一段圆弧（箭头）的端点，然后按【Space】（或【Enter】）键结束多段线的绘制，如下图所示。

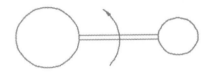

> **提示**
>
> 　　为了避免正交模式干扰箭头的绘制，在绘制圆弧箭头时可以将正交模式关闭。

第6步　重复第1步或直接按【Space】键调用【多段线】命令，在油泵左下角的合适位置单击，确定多段线的起点，如下图所示。

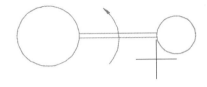

第7步　拖曳鼠标指针绘制一条过圆心的多段线，如下图所示。

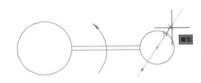

第 8 步　在命令行输入"W"，然后指定起点和端点的宽度。

指定下一点或 [圆弧 (A)/ 闭合 (C)/ 半宽 (H)/ 长度 (L)/ 放弃 (U)/ 宽度 (W)]: w
　　指定起点宽度 <0.0000>: 0.5
　　指定端点宽度 <0.5000>: 0

第 9 步　拖曳鼠标指针确定下一段多段线（箭头）的端点，然后按【Space】（或【Enter】）键结束多段线的绘制，结果如下图所示。

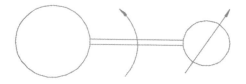

2. 绘制油泵流向符号

绘制油泵流向符号的方法有两种：一种是通过【多边形】和【图案填充】命令进行绘制，另一种是直接通过【实体填充】命令进行绘制。下面对这两种方法分别进行介绍。

（1）"多边形 + 填充"绘制流量符号。

第 1 步　单击【默认】选项卡→【绘图】面板→【多边形】按钮，如下图所示。

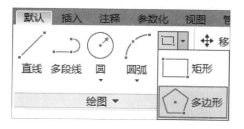

> |提示|
>
> 　　除了通过面板调用【多边形】命令外，还可以通过以下方法调用【多边形】命令。
> 　　（1）选择【绘图】→【多边形】命令。
> 　　（2）在命令行输入"POLYGON/POL"命令并按【Space】键。

第 2 步　在命令行输入"3"确定绘制多边形的边数，然后输入"E"，通过边长来确定绘制的多边形的大小。

命令：_polygon 输入侧面数 <4>: 3
　　指定正多边形的中心点或 [边 (E)]: e

第 3 步　当命令行提示指定第一个端点时，捕捉圆的象限点，如下图所示。

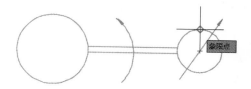

第 4 步　当命令行提示指定第二个端点时，输入"<60"指定第二点与第一点连线的角度。

指定边的第二个端点：<60
　　角度替代：60

第 5 步　拖曳鼠标指针在合适的位置单击，确定第二个点的位置，如下图所示。

第 6 步　多边形绘制完成，结果如下图所示。

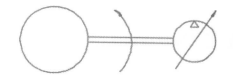

第 7 步　单击【默认】选项卡→【绘图】面板→【图案填充】按钮，如下图所示。

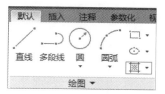

> |提示|
>
> 　　除了通过面板调用【图案填充】命令外，还可以通过以下方法调用【图案填充】命令：
> 　　（1）选择【绘图】→【图案填充】命令。
> 　　（2）在命令行输入"HATCH/H"命令并按【Space】键。

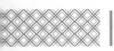

第8步 在弹出的【图案填充创建】选项卡的【图案】面板上选择【SOLID】图案，如下图所示。

第9步 在需要填充的对象内部单击，完成填充后按【Space】键退出命令，如下图所示。

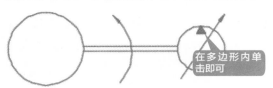

在多边形内单击即可

（2）"实体填充"绘制流量符号。

第1步 在命令行输入"SO（SOLID）"并按【Space】键，当命令行提示指定第一点时捕捉圆的象限点，如下图所示。

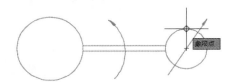

象限点

第2步 当命令提示指定第二点、第三点时依次输入第二点的极坐标值和相对坐标值。

指定第二点：@1.5<240
指定第三点：@1.5,0

第3步 当命令行提示指定第四点时，按【Space】键，当命令行再次提示指定第三点时，按【Space】键结束命令，结果如下图所示。

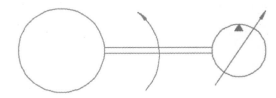

在 AutoCAD 中通过【多边形】命令创建等边闭合多段线时，可以通过指定多边形的边数创建，还可以通过指定多边形的内接圆或外切圆创建，创建的多边形的边数为 3~1024。通过内接圆或外切圆创建多边形的方法如表 4-7 所示。

表 4-7 通过内接圆或外切圆创建多边形

绘制方法	绘制步骤	结果图形	相应命令行显示

指定内接圆创建多边形	（1）指定多边形的边数
	（2）指定多边形的中心点
	（3）选择内接于圆的创建方法
	（4）指定或输入内接圆的半径值
			命令：_ POLYGON 输入侧面数 <3>: 6
			指定正多边形的中心点或 [边 (E)]:
			// 指定多边形的中心点
			输入选项 [内接于圆 (I)/ 外切于圆 (C)] <I>: ✓
			指定圆的半径：
			// 拖曳鼠标指针确定或输入半径值

指定外切圆创建多边形	（1）指定多边形的边数
	（2）指定多边形的中心点
	（3）选择外切于圆的创建方法
	（4）指定或输入外切圆的半径值
			命令：_ POLYGON 输入侧面数 <3>: 6
			指定正多边形的中心点或 [边 (E)]:
			// 指定多边形的中心点
			输入选项 [内接于圆 (I)/ 外切于圆 (C)] <I>: C
			指定圆的半径：
			// 拖曳鼠标指针确定或输入半径值

图案填充是使用指定的线条图案来充满指定区域的操作，常常用来表达剖切面和不同类型物体对象的外观纹理。

调用【图案填充】命令后弹出【图案填充创建】选项卡，如下图所示。

【图案填充创建】选项卡各选项的含义
如下。

【边界】：调用【图案填充】命令后，
默认状态为拾取状态（相当于单击了拾取点
按钮），单击【选择】按钮，可以通过选择
对象来进行填充，如下图所示。

【图案】：控制图案填充的各种填充形
状，如下图所示。

【特性】：控制图案的填充类型、背景色、
透明度和选定填充图案的角度和比例，如下
图所示。

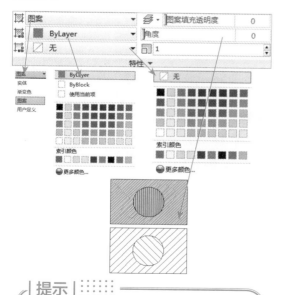

| 提示 |

实际填充角度为"X+45"，即选项板
中是 0°，实际填充角度为 45°。

【原点】控制填充图案生成的起始位置。

【选项】：控制几个常用的图案填充或
填充选项，并可以通过单击【特性匹配】按
钮使用选定图案填充对象的特性对指定的边
界进行填充，如下图所示。

| 提示 |

选择不同的原点，其填充效果也不相同，
如下图所示。

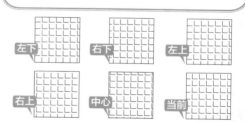

对于习惯用【填充】对话框形式的用户，
可以在【图案填充创建】选项卡中单击【选项】
后面的按钮，弹出【图案填充和渐变色】对
话框，如下图所示。对话框中的选项内容与
选项卡相同，这里不再赘述，如下图所示。

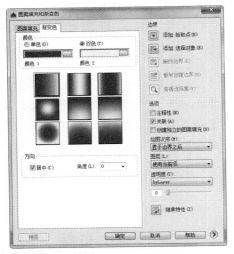

所示。

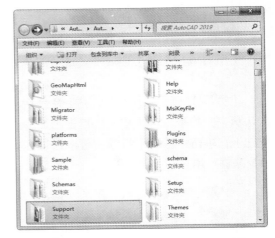

提示

AutoCAD 中的剖面图案有限，很多剖面图案都需要自己制作，将制作好的剖面图案复制到 AutoCAD 安装目录下的"Support"文件夹下，就可以在 AutoCAD 的填充图案中调用了。

第3步 打开"Support"文件夹，将复制的"木纹面 5"粘贴到该文件夹中，如下图所示。

例如，将本章素材文件中的"木纹面 5"放置到"Support"文件夹下的具体操作步骤如下。

第1步 打开素材文件，并复制"木纹面 5"，然后在桌面右击【AutoCAD 2019】图标，在弹出的快捷菜单上选择【属性】命令，弹出【AutoCAD 2019 – 简体中文（Simplified Chinese）属性】对话框，如下图所示。

第4步 关闭该文件夹，在 AutoCAD 中重新进行图案填充，可以看到"木纹面 5"已经在图案列表中了，如下图所示。

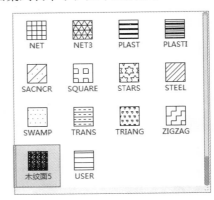

第2步 单击【打开文件位置】按钮，弹出【AutoCAD 2019】的安装文件夹，如下图

4.1.10 绘制过滤器和油箱

过滤器和油箱是液压系统的辅助结构，它们的绘制主要需应用到【多边形】【直线】和【多段线】命令，其中在绘制过滤器时还要用到同一图层上显示不同的线型。

过滤器和油箱的绘制具体操作步骤如下。

第 1 步 单击【默认】选项卡→【图层】面板→【图层】下拉按钮，选择【辅助元件】图层并将其置为当前层，如下图所示。

第 2 步 单击【默认】选项卡→【绘图】面板→【多边形】按钮。输入绘制的多边形边数"4"，当命令行提示指定多边形中心点时，捕捉油泵的圆心（只捕捉不选中），然后向下拖曳鼠标指针，在合适的位置单击作为多边形的中心，如下图所示。

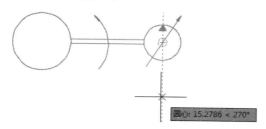

第 3 步 选择绘制方式为"内接于圆"，然后输入圆的半径"@4,0"。

> 输入选项 [内接于圆 (I)/ 外切于圆 (C)] <I>: ✓
> 指定圆的半径：@4,0

第 4 步 正多边形绘制完成，结果如下图所示。

第 5 步 单击【默认】选项卡→【绘图】面板→【直线】按钮，然后捕捉正多边形的两个端点绘制直线，结果如下图所示。

第 6 步 单击【默认】选项卡→【特性】面板→【线型】下拉按钮，在弹出的下拉列表中单击【其他】按钮，如下图所示。

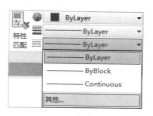

第 7 步 在弹出的【线型管理器】对话框中单击【加载】按钮，在弹出的【加载或重载线型】对话框上选择【HIDDEN2】选项，如下图所示。

第 8 步 单击【确定】按钮，返回【线型管理器】对话框后将【全局比例因子】更改为"0.500"，如下图所示。

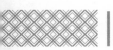

第9步 单击【确定】按钮，返回绘图窗口后选择第5步绘制的直线，然后单击【线型】下拉按钮，选择【HIDDEN2】选项，如下图所示。

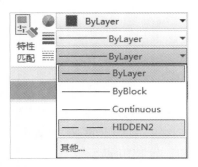

第10步 直线的线型更改后，结果如下图所示。

第11步 单击【默认】选项卡→【绘图】面板→【多段线】按钮，捕捉过滤器多边形的端点（只捕捉不选中），然后向下竖直拖曳鼠标指针，在合适的位置单击，确定多段线的起点，如下图所示。

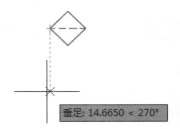

第12步 指定多段线的起点后依次输入多段线的下一点相对坐标。

> 　指定下一点或 [圆弧 (A)/ 半宽 (H)/ 长度(L)/ 放弃 (U)/ 宽度 (W)]: @0,–5
> 　指定下一点或 [圆弧 (A)/ 闭合 (C)/ 半宽 (H)/长度 (L)/ 放弃 (U)/ 宽度 (W)]: @8,0
> 　指定下一点或 [圆弧 (A)/ 闭合 (C)/ 半宽 (H)/长度 (L)/ 放弃 (U)/ 宽度 (W)]: @0,5
> 　指定下一点或 [圆弧 (A)/ 闭合 (C)/ 半宽 (H)/长度 (L)/ 放弃 (U)/ 宽度 (W)]: ↙

第13步 多段线绘制完成，结果如下图所示。

4.1.11 完善液压系统图

完善液压系统图主要是将液压系统图中相同的电磁阀、调节阀和油箱复制到合适的位置，然后通过管路将所有元件连接起来，最后给各元件添加文字说明。

完善液压系统图的具体操作步骤如下。

第1步 单击【默认】选项卡→【修改】面板→【复制】按钮，如下图所示。

第2步 然后选择前面绘制的"油箱"，并将其复制到合适的位置，如下图所示。

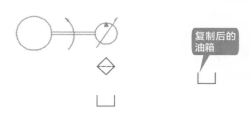

第3步 重复第1步，然后选择二位二通电磁阀为复制对象。当命令行提示指定复制的基点时，捕捉下图所示的端点。

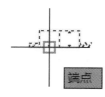

第4步 当命令行提示指定复制的第二点时，捕捉复制后的油箱中点（只捕捉不选中），如下图所示。

第5步 然后竖直向上拖曳鼠标指针，如下图所示。

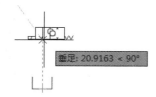

第6步 在合适的位置单击，确定复制的第二点，然后按【Space】键退出【复制】命令，结果如下图所示。

第7步 重复【复制】命令，将调节阀复制到合适的位置，如下图所示。

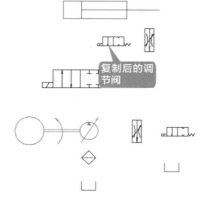

第8步 单击【默认】选项卡→【绘图】面板→【多段线】按钮，将整个液压系统连接起来，结果如下图所示。

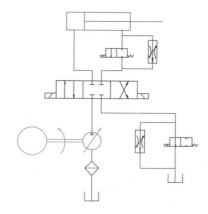

第9步 单击【默认】选项卡→【图层】面板→【图层】下拉按钮，选择【文字】图层并将其置为当前层，如下图所示。

第10步 单击【默认】选项卡→【注释】面板→【单行文字】按钮A，如下图所示。

第11步 根据命令行提示指定单行文字的起点，然后对命令行进行设置。

命令：TEXT
　　当前文字样式："Standard"　文字高度：
2.5000 注释性：否 对正：左
　　指定文字的起点或 [对正 (J)/ 样式 (S)]:
　　// 指定文字的起点
　　指定高度 <2.5000>:　　　✓
　　指定文字的旋转角度 <0>:　✓

第12步 然后输入相应的文字，如下图所示。

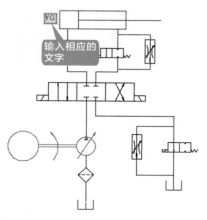

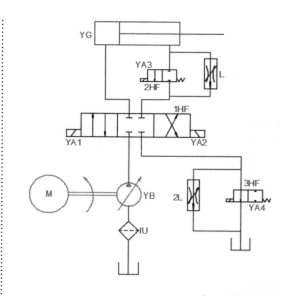

第 13 步 在其他元件上单击，继续进行文字注释，最后按【Esc】键退出【文字】命令，结果如下图所示。

4.2 绘制洗手盆平面图

洗手盆又称洗脸盆、台盆，是人们日常生活中常见的盥洗器具。本节就以常见的洗手盆的平面图为例，介绍椭圆、射线、构造线、点、圆及修剪等命令的应用。

4.2.1 创建图层

在绘图之前，首先参考本书 3.1 节创建两个图层，并将【中心线】图层置为当前层，如下图所示。

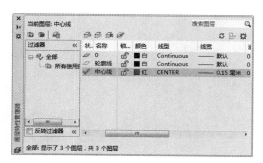

4.2.2 绘制中心线

在绘制洗手盆之前首先绘制中心线，中心线是圆类图形不可或缺的部分，同时中心线也起到了定位的作用。

第 1 步 单击【默认】选项卡→【绘图】面板→【直线】按钮，绘制一条长为 630 的水平直线，如下图所示。

| 提示 |::::::::

　　中心线绘制完成后，可以通过【线型管理器】对话框对线型比例因子进行修改，这里的全局比例因子为"3.5"。

第2步　重复第1步，继续绘制直线，当命令行提示指定直线的第一点时，按住【Shift】键右击，在弹出的快捷菜单上选择【自】命令，如下图所示。

4.2.3 绘制洗手盆外轮廓

　　洗手盆的外轮廓主要需用到【椭圆】【构造线】和【修剪】命令，其中绘制椭圆时，既可以采用圆心的绘制方法，也可以使用轴、端点的绘制方法。

第1步　单击【默认】选项卡→【图层】面板→【图层】下拉按钮，选择【轮廓线】图层并将其置为当前层，如下图所示。

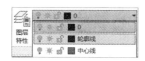

第2步　单击【默认】选项卡→【绘图】面板→【椭圆】→【圆心】按钮 ⊙ ，如下图所示。

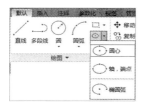

第3步　捕捉第1步绘制的中心线的中点作为基点，如下图所示。

第4步　然后分别输入直线的第一点和第二点。

第5步　竖直中心线绘制完成，如下图所示。

| 提示 |::::::::

　　除了通过面板调用【椭圆】命令外，还可以通过以下方法调用【椭圆】命令。

　　（1）选择【绘图】→【椭圆】命令，选择一种椭圆的绘制方式或选择绘制椭圆弧。

　　（2）在命令行输入"ELLIPSE/EL"命令并按【Space】键，根据提示选择绘制椭圆的方式或选择绘制椭圆弧。

第3步　捕捉两条中心线的交点（即两直线的中点）为椭圆的中心点，如下图所示。

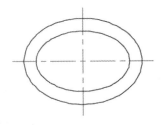

第4步 输入一条轴的端点和另一条半轴的长度值。

> 指定轴的端点：@265,0
> 指定另一条半轴长度或 [旋转 (R)]: 200

第5步 椭圆绘制完成，结果如下图所示。

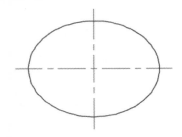

第6步 单击【默认】选项卡→【绘图】面板→【椭圆】→【轴、端点】按钮，如下图所示。

第7步 当命令行提示指定椭圆轴的端点时，按住【Shift】键右击,在弹出的快捷菜单上选择【自】选项，捕捉中心线的中点为基点，然后输入一条轴的两个端点和另一条半轴的长度。

> 命令：_ellipse
> 指定椭圆的轴端点或 [圆弧 (A)/ 中心点 (C)]:
> _from 基点：　　　　　　// 捕捉中心线的中
> 点为基点
> ＜偏移＞: @210,0
> 指定轴的另一个端点: @-420,0
> 指定另一条半轴长度或 [旋转 (R)]: 140

第8步 椭圆绘制完成，结果如下图所示。

第9步 单击【默认】选项卡→【绘图】面板→【椭圆】→【构造线】按钮。

> 命令：_xline
> 指定点或 [水平 (H)/ 垂直 (V)/ 角度 (A)/ 二等分 (B)/ 偏移 (O)]: h
> 指定通过点：_from 基点：　　// 捕捉中心线的中点
> ＜偏移＞: @0,70
> 指定通过点：

第10步 构造线绘制完成，结果如下图所示。

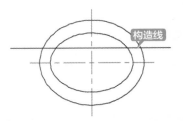

第11步 单击【默认】选项卡→【修改】面板→【修剪】按钮，选择小椭圆和构造线为剪切边，然后按【Space】键确定，如下图所示。

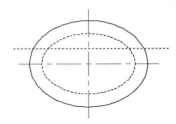

第12步 选择小椭圆和构造线不需要的部分，并将其修剪掉，结果如下图所示。

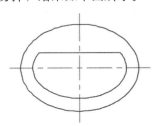

椭圆弧为椭圆上某一角度到另一角度的一段，AutoCAD 中绘制椭圆弧前必须先绘制一个椭圆，然后指定椭圆弧的起点角度和终点角度即可绘制椭圆弧。椭圆弧绘制的具体操作步骤如表 4-8 所示。

表 4-8 椭圆弧的绘制方法

绘制方法	绘制步骤	结果图形	相应命令行显示
椭圆弧	（1）选择椭圆弧命令 （2）指定椭圆弧的一条轴的端点 （3）指定该条轴的另一端点 （4）指定另一条半轴的长度 （5）指定椭圆弧的起点角度 （6）指定椭圆弧的终点角度		命令：_ellipse 指定椭圆的轴端点或 [圆弧 (A)/ 中心点 (C)]：_a 指定椭圆弧的轴端点或 [中心点 (C)]： 指定轴的另一个端点： 指定另一条半轴长度或 [旋转 (R)]： 指定起点角度或 [参数 (P)]： 指定端点角度或 [参数 (P)/ 包含角度 (I)]：

4.2.4 绘制旋钮和排水孔

旋钮和排水孔的平面投影都是圆，因此通过【圆】命令即可完成旋钮和排水孔的绘制，但 AutoCAD 中同一对象往往有多种绘图命令可以完成，为了介绍更多的绘图方法，本小节的旋钮采用【点】命令来绘制。

第 1 步 单击【默认】选项卡→【绘图】面板→【圆】→【圆心、半径】按钮⊙，捕捉中心线的中点为圆心，绘制一个半径为 160 的圆，如下图所示。

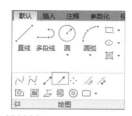

第 2 步 单击【确定】按钮，然后单击【默认】选项卡→【绘图】面板→【射线】按钮↗，如下图所示。

第 3 步 根据命令行提示进行如下操作。

```
命令：_ray 指定起点：        // 捕捉中心线中点
指定通过点：<70
角度替代：70
指定通过点：        // 在 70° 的辅助线上任意单击一点
指定通过点：<110
角度替代：110
指定通过点：// 在 110° 的辅助线上任意单击一点
指定通过点：✓
```

第 4 步 两条射线绘制完成，结果如下图所示。

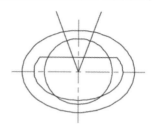

| 提示 |

除了通过面板调用【射线】命令外，还可以通过以下方法调用【射线】命令。

（1）选择【绘图】→【射线】命令。

（2）在命令行输入 "RAY" 命令并按【Space】键。

第 5 步 选择【格式】→【点样式】命令，在弹出的【点样式】对话框中选择新的点样式并设置点样式的大小，如下图所示。

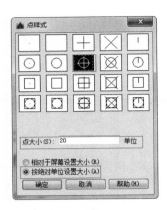

第6步　单击【确定】按钮，然后单击【默认】选项卡→【绘图】面板→【多点】按钮，如下图所示。

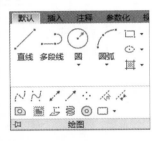

第7步　捕捉交点绘制如下图所示的3个点，绘制完成后按【Esc】键退出【多点】命令。

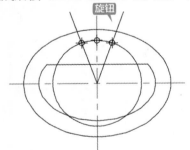

第8步　选择半径为160的圆和两条射线，然后按【Delete】键将它们删除，如下图所示。

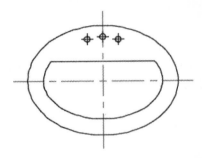

第9步　单击【默认】选项卡→【绘图】面板→【圆】→【圆心、半径】按钮，捕捉中心线的中点为圆心，绘制半径分别为15和20的两个圆，结果如下图所示。

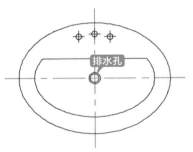

举一反三

绘制沙发

　　绘制沙发主要需用到【多段线】【点样式】【定数等分】【直线】【圆弧】等绘图命令。除了【绘图】命令外，还需要用到【偏移】【分解】【圆角】和【修剪】等编辑命令，关于这些编辑命令的具体用法请参考本书第5章的相关内容。

　　绘制沙发的具体操作步骤如表4-9所示。

表 4-9　绘制沙发

步骤	创建方法	结　果	备　注
1	通过【多段线】命令绘制一条多段线		
2	（1）将绘制的多段线向内侧偏移 100 （2）将偏移后的多段线分解 （3）分解后将两条水平直线向内侧偏移 500		关于偏移命令参见第 5 章相关内容
3	（1）设置合适的点样式、点的大小及显示形式 （2）定数等分		
4	（1）通过【直线】命令绘制两条长度为 500 的竖直线，然后用直线将缺口处连接起来 （2）绘制两条半径为 900 的圆弧和一条半径为 3500 的圆弧		这里的圆弧采用"起点、端点、半径"的方式绘制，绘制时，注意逆时针选择起点和端点
5	（1）选择所有的等分点将其删除 （2）通过【圆角】命令创建两个半径为 250 的圆角		关于圆角命令参见第 5 章相关内容

◇ 如何用旋转的方式绘制矩形

在使用旋转的方式绘制矩形时，需要用【面积】和【尺寸】来限定所绘制的矩形。如果不用面积和尺寸进行限定，得到的结果将截然不同。

下面以绘制一个 200×120、旋转 20° 的矩形为例来介绍在不做任何限制、用尺寸限制和用面积限制时绘制的结果。

（1）不做任何限制。

在命令行输入"RECTANG"命令，AutoCAD 命令行提示如下。

命令：RECTANG

指定第一个角点或 [倒角 (C)/ 标高 (E)/ 圆角 (F)/ 厚度 (T)/ 宽度 (W)]:   // 任意单击一点作为矩形
的第一个角点

指定另一个角点或 [面积 (A)/ 尺寸 (D)/ 旋转 (R)]: r

指定旋转角度或 [拾取点 (P)] <0>: 20

指定另一个角点或 [面积 (A)/ 尺寸 (D)/ 旋转 (R)]: @200,120

（2）用尺寸进行限制。

在命令行输入"RECTANG"命令，AutoCAD 命令行提示如下。

命令：RECTANG

当前矩形模式：旋转 =20

指定第一个角点或 [倒角 (C)/ 标高 (E)/ 圆角 (F)/ 厚度 (T)/ 宽度 (W)]:   // 任意单击一点作为
矩形的第一个角点

指定另一个角点或 [面积 (A)/ 尺寸 (D)/ 旋转 (R)]: d

指定矩形的长度 <10.0000>: 200

指定矩形的宽度 <10.0000>: 120   // 在屏幕上单击一点确定矩形的位置

（3）用面积进行限制。

在命令行输入"RECTANG"命令，AutoCAD 命令行提示如下。

命令：RECTANG

当前矩形模式：旋转 =20

指定第一个角点或 [倒角 (C)/ 标高 (E)/ 圆角 (F)/ 厚度 (T)/ 宽度 (W)]:   // 任意单击一点作为矩形
的第一个角点

指定另一个角点或 [面积 (A)/ 尺寸 (D)/ 旋转 (R)]: a

输入以当前单位计算的矩形面积 <100.0000>: 24000

计算矩形标注时依据 [长度 (L)/ 宽度 (W)] < 长度 >: ✓

输入矩形长度 <200.0000>: 200

结果分别如下图所示。

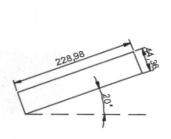
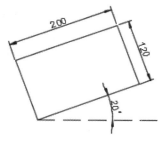
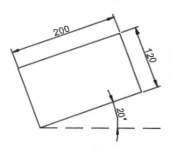

| 提示 | ::::::::

在绘制矩形的选项中，除了面积一项外，其余的设置都会被保存起来，作为默认设置应用到后面
的矩形绘制中。

◇ 重点：绘制圆弧的七要素

想要弄清圆弧命令的所有选项似乎不太容易，但是只要能够理解一条圆弧中所包含的各种要素，就能根据需要使用这些选项了。下图所示为绘制圆弧时可以使用的各种要素。

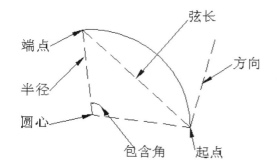

除了要知道绘制圆弧所需要的要素外，还要知道 AutoCAD 提供绘制圆弧选项的流程示意图，开始执行【ARC】命令时，只有两个选项：指定起点和圆心。根据已有信息选择后面的选项。下图所示为绘制圆弧时的流程图。

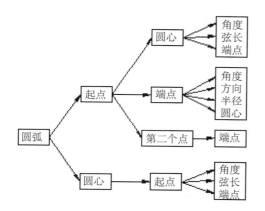

◇ 新功能：创建区域覆盖

创建多边形区域，该区域将用当前背景色屏蔽其下面的对象。此覆盖区域由边框进行绑定，用户可以打开或关闭该边框。也可以选择在屏幕上显示边框并在打印时隐藏它。

第 1 步 打开"素材 \CH04\ 区域覆盖 .dwg"

文件，如下图所示。

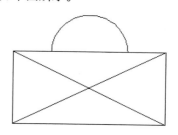

第 2 步 单击【默认】选项卡→【绘图】面板中的【区域覆盖】按钮 ，如下图所示。

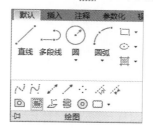

｜提示｜

除了通过面板调用【区域覆盖】命令外，还可以通过以下方法调用【区域覆盖】命令。

（1）选择【绘图】→【区域覆盖】命令。

（2）在命令行输入"WIPEOUT"命令并按【Space】键。

（3）执行【区域覆盖】命令后，AutoCAD 命令行提示如下。

> 命令：_wipeout 指定第一点或 [边框 (F)/ 多段线 (P)] ＜多段线＞：

命令行中各选项的含义如下。

【第一点】：根据一系列点确定区域覆盖对象的多边形边界。

【边框】：确定是否显示所有区域覆盖对象的边。可用的边框模式包括打开（显示和打印边框）、关闭（不显示和不打印边框）、显示但不打印（显示但不打印边框）。

【多段线】：根据选定的多段线确定区域覆盖对象的多边形边界。

第 3 步 在绘图窗口捕捉下图所示的端点作为区域覆盖的第一点。

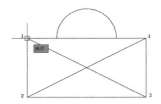

第4步 继续捕捉 2 ～ 4 点作为区域覆盖的下一点，如下图所示。

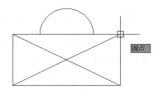

第5步 按【Enter】键结束【区域覆盖】命令，结果如下图所示。

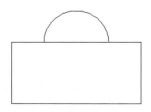

◇ 新功能：创建与编辑修订云线

修订云线是由连续圆弧组成的多段线，用来构成云线形状的对象，它们用于提醒用户注意图形的某些部分。

【修订云线】命令的几种常用调用方法如下。

（1）单击【默认】选项卡→【绘图】面板→选择一种【修订云线】按钮。

（2）选择【绘图】→【修订云线】命令。

（3）在命令行中输入"REVCLOUD"命令，并按【Space】键确认。

执行【修订云线】命令后，AutoCAD 命令行提示如下。

```
命令：_revcloud
最小弧长：0.5  最大弧长：0.5  样式：普通
类型：矩形
指定第一个角点或 [ 弧长 (A)/ 对象 (O)/ 矩
形 (R)/ 多边形 (P)/ 徒手画 (F)/ 样式 (S)/ 修改 (M)]
< 对象 >：
```

命令行中各选项的含义如下。

【弧长】：指定云线中圆弧的长度，最大弧长不能大于最小弧长的 3 倍。

【对象】：将选择的对象创建为修订云线。

【矩形】：创建矩形修订云线。

【多边形】：创建多边形修订云线。

【徒手画】：通过拖曳鼠标指针创建修订云线，是之前版本创建修订云线主要方法。

【样式】：指定修订云线的样式，选择手绘样式可以使修订云线看起来像是用画笔绘制的。

【修改】：对已有的修订云线进行修改，通过修改后可以将原修订云线删除，创建新的修订云线。

下面将对修订云线的创建和修改过程进行详细介绍，具体操作步骤如下。

第1步 打开"素材 \CH04\55KV 自耦减压启动柜 .dwg"文件，如下图所示。

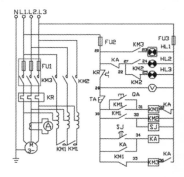

第2步 单击【默认】选项卡→【绘图】面板→【多边形修订云线】按钮，如下图所示。

第3步 根据命令行提示输入"a"，确定最小和最大弧长，然后再输入"s"，选择【手绘

选项。

> 命令: _revcloud
>
> 　　最小弧长: 0.5　　最大弧长: 0.5　　样式: 普通
> 类型: 徒手画
>
> 　　　指定第一个点或 [弧长 (A)/ 对象 (O)/ 矩形
> (R)/ 多边形 (P)/ 徒手画 (F)/ 样式 (S)/ 修改 (M)] <
> 对象 >:_P
>
> 　　最小弧长: 0.5　　最大弧长: 0.5　　样式: 普通
> 类型: 多边形
>
> 　　　指定起点或 [弧长 (A)/ 对象 (O)/ 矩形 (R)/
> 多边形 (P)/ 徒手画 (F)/ 样式 (S)/ 修改 (M)] < 对象 >:
> a ✓
>
> 　　　指定最小弧长 <0.5>: 2　　　　　✓
> 　　　指定最大弧长 <2>:　　　　　　✓
> 　　　指定起点或 [弧长 (A)/ 对象 (O)/ 矩形 (R)/
> 多边形 (P)/ 徒手画 (F)/ 样式 (S)/ 修改 (M)] < 对象 >:
> s　　　✓
>
> 　　　选择圆弧样式 [普通 (N)/ 手绘 (C)] < 普通 >:c
> 手绘 ✓

第4步　然后在要创建修订云线的位置单击作为起点, 如下图所示。

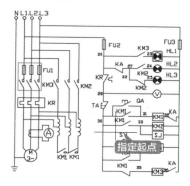

第5步　拖曳鼠标指针并在合适的位置单击, 指定第二点, 结果如下图所示。

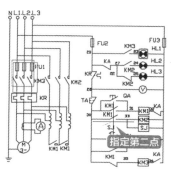

第6步　继续指定其他点, 最后按【Enter】键结束修订云线的绘制, 结果如下图所示。

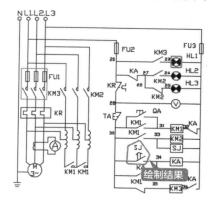

第7步　单击【默认】选项卡→【绘图】面板→【徒手画修订云线】按钮☁, 在要创建修订云线的位置单击作为起点, 然后拖曳鼠标指针绘制修订云线, 如下图所示。

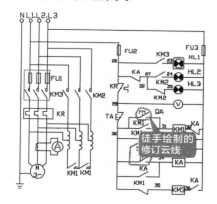

┃ 提示 ┃ :::::::

　　徒手绘制修订云线只需指定起点, 然后拖曳鼠标指针 (不需要单击) 即可, 鼠标指针滑过的轨迹即为创建的云线。

第8步　选择【绘图】→【修订云线】命令, 在命令行输入 "o"。

> 命令: _revcloud
>
> 　　最小弧长: 2　　最大弧长: 2　　样式: 手绘　类
> 型: 徒手画
>
> 　　　指定第一个点或 [弧长 (A)/ 对象 (O)/ 矩形
> (R)/ 多边形 (P)/ 徒手画 (F)/ 样式 (S)/ 修改 (M)] <
> 对象 >:_F

指定第一个点或 [弧长 (A)/ 对象 (O)/ 矩形 (R)/ 多边形 (P)/ 徒手画 (F)/ 样式 (S)/ 修改 (M)] <对象 >: o ✓

第9步 当命令行提示选择对象时，选择如下图所示的矩形。

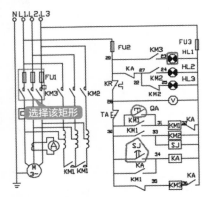

第10步 按【Enter】键结束命令，结果如下图所示。

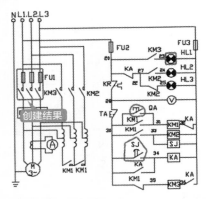

第11步 选择【绘图】→【修订云线】命令，在命令行输入"m"。

```
命令:_revcloud
    最小弧长:2 最大弧长:2 样式:手绘 类
型:徒手画
    指定第一个点或 [弧长 (A)/ 对象 (O)/ 矩形
(R)/ 多边形 (P)/ 徒手画 (F)/ 样式 (S)/ 修改 (M)] <
对象 >: _F
    指定第一个点或 [弧长 (A)/ 对象 (O)/ 矩形
(R)/ 多边形 (P)/ 徒手画 (F)/ 样式 (S)/ 修改 (M)] <
对象 >: m ✓
```

第12步 当命令行提示选择要修改的多段线时，选择如下图所示的修订云线。

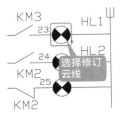

第13步 然后拖曳鼠标指针并单击指定下一点，如下图所示。

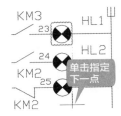

第14步 继续指定下一点，如下图所示。

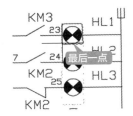

第15步 指定最后一点后，AutoCAD 提示拾取要删除的边，选择如下图所示的边。

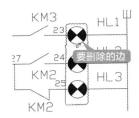

第16步 删除边后按【Enter】键结束命令，结果如下图所示。

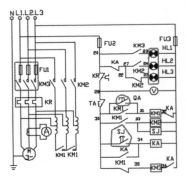

第 5 章
编辑二维图形

本章导读

编辑就是对图形的修改，实际上编辑过程也是绘图过程的一部分。单纯地使用【绘图】命令，只能创建一些基本的图形对象。如果要绘制复杂的图形，在很多情况下必须借助【图形编辑】命令。AutoCAD 2019 提供了强大的图形编辑功能，可以帮助用户合理地构造和组织图形，既保证绘图的精确性，又简化了绘图操作，从而极大地提高了绘图效率。

思维导图

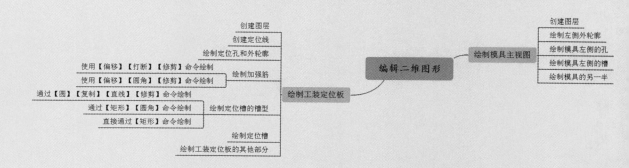

5.1 绘制工装定位板

工装即工艺装备，是指制造过程中所用的各种工具的总称，包括刀具、夹具、模具、量具、检具、辅具、钳工工具、工位器具等。

本节以某工装定位板为例，介绍【圆角】【偏移】【复制】【修剪】【镜像】【旋转】【阵列】及【倒角】等二维编辑命令的应用，工装定位板1绘制完成后如下图所示。

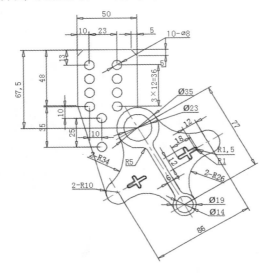

5.1.1 创建图层

在绘图之前，首先参考本书3.1节创建如下图所示的【中心线】和【轮廓线】两个图层，并将【中心线】图层置为当前层。

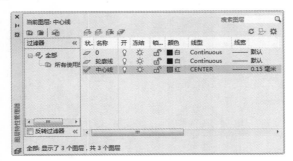

5.1.2 创建定位线

在绘图之前，首先用点画线确定要绘制图形的位置。

液压缸的轮廓既可以通过【矩形】命令绘制，也可以通过【直线】命令绘制，下面就这两种方法的绘制具体操作步骤进行详细介绍。

第1步 单击【默认】选项卡→【绘图】面板→【直线】按钮，绘制一条长度为114的水平直线，如下图所示。

第2步 重复第1步，继续绘制直线，当命令行提示指定直线的第一点时，按住【Shift】键右击，在弹出的快捷菜单上选择【自】命令，如下图所示。

第3步 捕捉第1步绘制的直线的端点作为基点，如下图所示。

第4步 然后分别输入直线的第一点和第二点。

第5步 竖直中心线绘制完成，如下图所示。

第6步 重复第2～4步，绘制另一条竖直线，

命令行提示如下。

```
命令：_LINE
指定第一个点：fro 基点：
// 捕捉水平直线的 A 点
<偏移>：@-14.5,14.5
指定下一点或 [ 放弃 (U)]: @0,-29
指定下一点或 [ 放弃 (U)]: ✓
命令：LINE
指定第一个点：fro 基点：
// 捕捉水平直线的 B 点
<偏移>：@40,58
指定下一点或 [ 放弃 (U)]: @0,-30
指定下一点或 [ 放弃 (U)]: ✓
命令：LINE
指定第一个点：fro 基点：
// 捕捉水平直线的 C 点
<偏移>：@-15, -15
指定下一点或 [ 放弃 (U)]: @30,0
指定下一点或 [ 放弃 (U)]: ✓
```

第7步 定位线绘制完成，如下图所示。

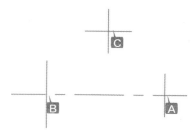

第8步 选中最后绘制的两条直线，如下图所示。

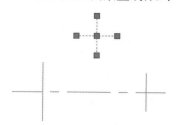

第9步 单击【默认】选项卡→【修改】面板→【镜像】按钮◢◣，如下图所示。

| 提示 |

除了通过面板调用【镜像】命令外，还可以通过以下方法调用【镜像】命令。

（1）选择【修改】→【镜像】命令。

（2）在命令行输入"MIRROR/MI"命令并按【Space】键。

第10步 然后分别捕捉第 1 步绘制的水平直线的两个端点，作为镜像线上的第一点和第二点，最后选中但不删除源对象，结果如下图所示。

| 提示 |

默认情况下，镜像是文字对象时，不更改文字的方向。如果确实要反转文字，请将 MIRRTEXT 系统变量设置为 "1"，如下图所示。

第11步 单击【默认】选项卡→【特性】面板→【线型】下拉按钮，选择【其他】选项，在弹出的【线型管理器】对话框中将【全局比例因子】选项更改为"0.5000"，如下图所示。

第12步 线性比例因子修改后显示如下图所示。

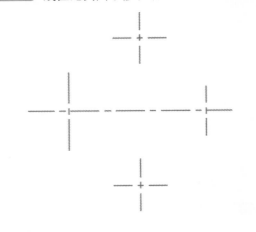

5.1.3 绘制定位孔和外轮廓

定位孔和外轮廓的绘制主要需应用到【圆】【圆角】和【修剪】命令，其中在绘制定位孔时，需要多次应用到【圆】命令。因此，可以通过"MULTIPLE"重复指定【圆】命令来绘制圆。

绘制定位孔和外轮廓的具体操作步骤如下。

第1步 单击【默认】选项卡→【图层】面板→【图层】下拉按钮，选择【轮廓线】图层并将其置为当前层，如下图所示。

第2步 在命令行输入"MULTIPLE"命令，然后输入要重复调用的【圆】命令。

命令：MULTIPLE

　　输入要重复的命令名：c // 输入【圆】命令的简写

　　CIRCLE

　　指定圆的圆心或 [三点 (3P)/ 两点 (2P)/ 切点、切点、半径 (T)]: // 捕捉中心线的交点或中点

指定圆的半径或 [直径 (D)]: 11.5

CIRCLE

指定圆的圆心 [三点 (3P)/ 两点 (2P)/ 切点、切点、半径 (T)]:　　// 捕捉中心线的交点或中点

指定圆的半径或 [直径 (D)] <11.5000>: 17.5

CIRCLE

指定圆的圆心或 [三点 (3P)/ 两点 (2P)/ 切点、切点、半径 (T)]:　　// 捕捉中心线的交点或中点

指定圆的半径或 [直径 (D)] <17.5000>: 10

CIRCLE

指定圆的圆心或 [三点 (3P)/ 两点 (2P)/ 切点、切点、半径 (T)]:　　// 捕捉中心线的交点或中点

指定圆的半径或 [直径 (D)] <10.0000>: 10

CIRCLE

指定圆的圆心或 [三点 (3P)/ 两点 (2P)/ 切点、切点、半径 (T)]:　　// 捕捉中心线的交点或中点

指定圆的半径或 [直径 (D)] <10.0000>: 7

CIRCLE

指定圆的圆心或 [三点 (3P)/ 两点 (2P)/ 切点、切点、半径 (T)]:　　// 捕捉中心线的交点或中点

指定圆的半径或 [直径 (D)] <7.0000>: 9.5

CIRCLE

指定圆的圆心或 [三点 (3P)/ 两点 (2P)/切点、切点、半径 (T)]: ★取消 ★　// 按【Esc】键取消重复命令

第 3 步 圆绘制完成，如下图所示。

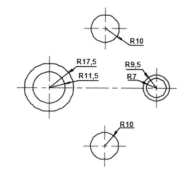

第 4 步 单击【默认】选项卡→【修改】面板→【圆角】按钮，如下图所示。

除了通过面板调用【圆角】命令外，还可以通过以下方法调用【圆角】命令。

（1）选择【修改】→【圆角】命令。

（2）在命令行输入"FILLET/F"命令并按【Space】键。

第 5 步 根据命令行提示进行如下设置。

命令 :_FILLET

当前设置 : 模式 = 修剪，半径 = 0.0000

选择第一个对象或 [放弃 (U)/ 多段线 (P)/ 半径 (R)/ 修剪 (T)/ 多个 (M)]: r

指定圆角半径 <0.0000>: 34

选择第一个对象或 [放弃 (U)/ 多段线 (P)/ 半径 (R)/ 修剪 (T)/ 多个 (M)]: m

第 6 步 选择圆角的第一个对象，如下图所示。

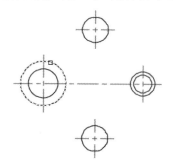

第 7 步 选择圆角的第二个对象，如下图所示。

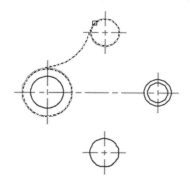

第8步 第一个圆角完成后继续选择另外两个圆进行【圆角】命令操作，如下图所示。

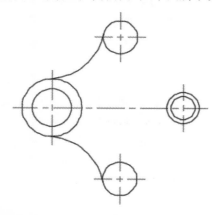

第9步 第二个圆角完成后，对下面将要进行的圆角对象的半径重新设置。

选择第一个对象或 [放弃 (U)/ 多段线 (P)/ 半径 (R)/ 修剪 (T)/ 多个 (M)]: r
指定圆角半径 <34.0000>: 26

第10步 重新设置半径后，继续选择需要圆角的对象，【圆角】命令操作结束后按【Space】键退出命令。

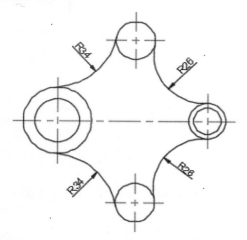

第11步 单击【默认】选项卡→【修改】面板→【修剪】按钮，如下图所示。

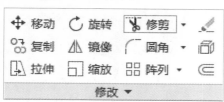

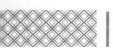

提示

除了通过面板调用【修剪】命令外，还可以通过以下方法调用【修剪】命令。

（1）选择【修改】→【修剪】命令。

（2）在命令行输入"TRIM/TR"命令并按【Space】键。

第12步 选择刚创建的 4 条圆弧为剪切边，如下图所示。

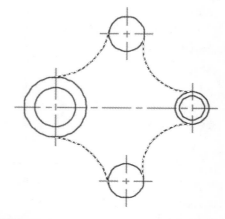

第13步 选择两个半径为 10 的圆修剪部分，结果如下图所示。

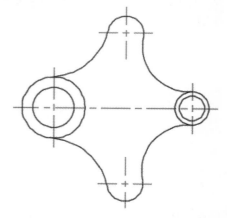

AutoCAD 中【圆角】命令创建的是外圆角，圆角对象可以是两个二维对象，也可以是三维实体的相邻面。在两个二维对象之间创建相切的圆弧，在三维实体上两个曲面或相邻面之间创建弧形过渡。

【圆角】命令创建圆角对象的各种应用

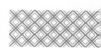

如表 5-1 所示。

表 5-1　各种圆角的绘制步骤

对象分类	创建分类		创建过程	创建结果	备注
二维对象	创建普通圆角	修剪	（1）选择第一个对象 （2）选择第二个对象		创建弧的方向和长度由选择对象拾取点的位置确定。始终选择距离用户希望绘制圆角端点位置最近的对象
		不修剪			
	创建锐角		（1）选择第一个对象 （2）选择第二个对象时按住【Shift】键		在按住【Shift】键时，将为当前圆角半径值分配临时的零值
	圆角对象为圆时，圆不用进行修剪；绘制的圆角将与圆平滑相连		（1）选择第一个对象 （2）选择第二个对象		
	圆角对象为多段线		（1）提示选择第一个对象时输入"P" （2）选择多段线对象		
三维对象	边		选择边		如果选择汇聚于顶点构成长方体角点的 3 条或 3 条以上的边，则当 3 条边相互之间的 3 个圆角半径都相同时，顶点将混合以形成球体的一部分

续表

对象分类	创建分类	创建过程	创建结果	备注
三维对象	链	选择边		在单边和连续相切边之间更改选择模式，称为链选择。如果用户选择沿三维实体一侧的边，将选中与选定边接触的相切边
	循环	在三维实体或曲面的面上指定边循环		对于任何边，有两种可能的循环。选择循环边后，系统将提示用户接受当前选择，或者选择相邻循环

5.1.4 绘制加强筋

加强筋的学名称"加劲肋"，主要作用有两个：一是在有应力集中的地方起到传力作用；二是为了保证梁柱腹板局部稳定设立的区格边界。

本节中加强筋的绘制有两种方法：一种是通过【偏移】【打断】和【圆角】命令来绘制加强筋；另一种是通过【偏移】【圆角】和【修剪】命令来绘制加强筋。

（1）使用【偏移】【打断】【圆角】命令绘制加强筋。

第1步 单击【默认】选项卡→【修改】面板→【偏移】按钮，如下图所示。

> **| 提示 |**
>
> 除了通过面板调用【偏移】命令外，还可以通过以下方法调用【偏移】命令。
> （1）选择【修改】→【偏移】命令。
> （2）在命令行输入"OFFSET/O"命令并按【Space】键。

第2步 在命令行设置将偏移后的对象放置到当前层和偏移距离。

命令：_offset

当前设置：删除源 = 否　图层 = 源　OFFSET GAPTYPE=0

　　指定偏移距离或 [通过 (T)/ 删除 (E)/ 图层 (L)] <通过>：L

　　输入偏移对象的图层选项 [当前 (C)/ 源 (S)] <源>：c

　　指定偏移距离或 [通过 (T)/ 删除 (E)/ 图层 (L)] <通过>：3

第3步 设置完成后选择水平中心线为偏移对象，然后单击指定偏移的方向，如下图所示。

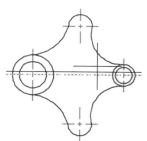

第4步 继续选择中心线为偏移对象，并指定偏移方向，偏移完成后按【Space】键结束命令，结果如下图所示。

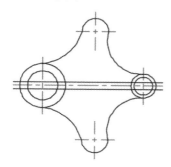

第5步 单击【默认】选项卡→【修改】面板→【打断】按钮，如下图所示。

|提示|::::::::::::::::::

　　除了通过面板调用【打断】命令外，还可以通过以下方法调用【打断】命令。
　　（1）选择【修改】→【打断】命令。
　　（2）在命令行输入"BREAK/BR"命令并按【Space】键。

第6步 选择大圆为打断对象，当命令行提示指定第二个打断点时输入"f"命令重新指定第一个打断点。

命令：_break
选择对象：　　　　　// 选择半径为 17.5 的圆
指定第二个打断点 或 [第一点 (F)]: f

|提示|::::::::::::::::::

　　命令行显示的提示取决于选择对象的方式，如果使用定点设备选择对象，AutoCAD程序将选择对象并将选择点视为第一个打断点。当然，在下一个提示下，用户可以通过输入"f"命令重新指定第一点。

第7步 重新指定打断的第一点，如下图所示。

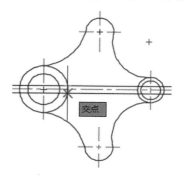

第8步 指定第二个打断点，如下图所示。

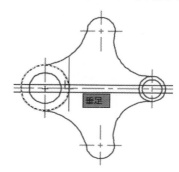

|提示|::::::::::::::::::

　　如果第二个点不在对象上，将选择对象上与该点最接近的点。
　　如果打断的对象是圆，要注意两个点的选择顺序，默认打断的是逆时针方向上的那段圆弧。
　　如果提示指定第二个打断点时输入"@"，则将对象在第一个打断点处一分为二而不删除任何对象，该操作相当于【打断于点】命令，需要注意的是，这种操作不适合闭合对象（如圆）。

第9步 打断完成，结果如下图所示。

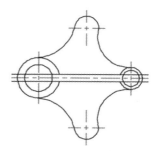

第10步 单击【默认】选项卡→【修改】面板→【圆角】按钮，对打断后的圆和直线进行 R 为 5 的圆角，如下图所示。

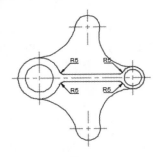

（2）使用【偏移】【圆角】【修剪】命令绘制加强筋。

利用【偏移】【圆角】【修剪】命令绘制加强筋，前面的偏移步骤相同，这里直接从圆角开始绘图。

第1步 单击【默认】选项卡→【修改】面板→【圆角】按钮，对偏移后的直线和圆进行 R 为 5 的圆角，如下图所示。

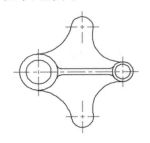

第2步 单击【默认】选项卡→【修改】面板→【圆角】按钮，选择第 1 步创建的圆角为剪切对象，然后按【Space】键结束剪切边选择，如下图所示。

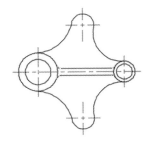

第3步 单击圆在几个圆角之间的部分并将其修剪掉，然后按【Space】（或【Enter】）键，结束【修剪】命令，如下图所示。

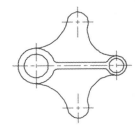

【偏移】命令按照指定的距离创建与选定对象平行或同心的几何对象。偏移的结果与选择的偏移对象和设定偏移距离有关。不同对象或不同偏移距离偏移后的结果如表 5-2 所示。

表 5-2 不同对象或不同偏移距离偏移后对比

偏移类型	偏移结果	备注
圆或圆弧	向内偏移　向外偏移	如果偏移圆或圆弧，就会创建更大或更小的同心圆或圆弧，变大还是变小具体取决于指定向哪一侧偏移
直线		如果偏移的是直线，将生成平行于原始对象的直线，这时的【偏移】命令相当于复制

续表

偏移类型	偏移结果	备注
样条曲线和多段线		样条曲线和多段线在偏移距离小于可调整的距离时的结果
		样条曲线和多段线在偏移距离大于可调整的距离时将自动进行修剪

5.1.5 绘制定位槽的槽型

绘制定位槽的关键是绘制槽型，绘制槽型有多种方法，既可以通过【圆】【复制】【直线】【修剪】命令绘制，也可以通过【矩形】【圆角】命令绘制，还可以直接通过【矩形】命令绘制。

1. 通过【圆】【复制】【直线】【修剪】命令绘制槽型

第1步 单击【默认】选项卡→【绘图】面板→【圆】按钮⊙，以中心线的中点为圆心，绘制一个半径为1.5的圆，结果如下图所示。

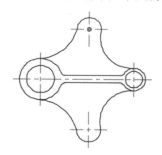

第2步 单击【默认】选项卡→【修改】面板→【复制】按钮，如下图所示。

> |提示|
>
> 除了通过面板调用【复制】命令外，还可以通过以下方法调用【复制】命令。
> （1）选择【修改】→【复制】命令。
> （2）在命令行输入"COPY/CO/CP"命令并按【Space】键。

第3步 选择第2步绘制的圆为复制对象，任意单击一点作为复制的基点，当命令行提示指定复制的第二个点时输入"@0，−15"，然后按【Space】键结束命令，结果如下图所示。

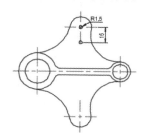

第4步 单击【默认】选项卡→【绘图】面板→【直线】按钮，然后按住【Shift】键并右击，在弹出的快捷菜单上选择【切点】选项，如下图所示。

第 5 步 在圆上捕捉切点，如下图所示。

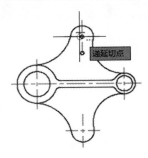

第 6 步 重复捕捉另一个圆的切点，将它们连接起来，结果如下图所示。

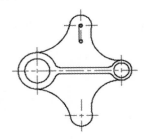

第 7 步 重复【直线】命令，绘制另一条与两圆相切的直线，结果如下图所示。

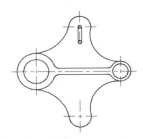

第 8 步 单击【默认】选项卡→【修改】面板→【修剪】按钮，选择两条直线为剪切对象，然后按【Space】键结束剪切边选择，如下图所示。

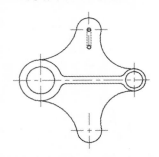

第 9 步 单击两条直线之间的圆，将其修剪后，槽型即绘制完毕，结果如下图所示。

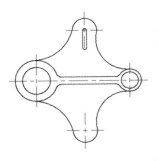

第 10 步 单击【默认】选项卡→【修改】面板→【移动】按钮，如下图所示。

提示

除了通过面板调用【移动】命令外，还可以通过以下方法调用【移动】命令。

（1）选择【修改】→【移动】命令。

（2）在命令行输入"MOVE/M"命令并按【Space】键。

第 11 步 选择绘制的槽型为移动对象，然后任意单击一点作为移动的基点，如下图所示。

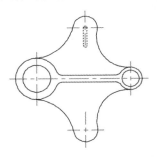

第 12 步 输入移动的第二个点"@0,−12"，结果如下图所示。

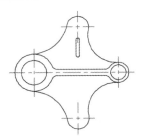

在 AutoCAD 中，指定复制距离的方法有两种：一种是通过两点指定距离；另一种是通过相对坐标指定距离，如本例中使用的就是通过相对坐标指定距离。两种指定距离方法的具体操作步骤如表 5-3 所示。

表 5-3 指定复制距离的方法

绘制方法	绘制步骤	结果图形	相应命令行显示
通过两点指定距离	（1）调用【复制】命令 （2）选择复制对象 （3）捕捉复制基点（右侧图中的点1） （4）复制的第二点（右侧图中的点2）		命令：_copy 选择对象：找到 16 个 选择对象：　✓ 当前设置：复制模式 = 多个 指定基点或 [位移 (D)/ 模式 (O)] < 位移 >:　　 // 捕捉点 1 指定第二个点或 [阵列 (A)] < 使用第一个点作为位移 >: // 捕捉第二点 指定第二个点或 [阵列 (A)/ 退出 (E)/ 放弃 (U)] < 退出 >:　✓
通过相对坐标指定距离	（1）调用【复制】命令 （2）选择复制对象 （3）任意单击一点作为复制的基点 （4）输入距离基点的相对坐标		命令：_copy 选择对象：找到 16 个 选择对象：　✓ 当前设置：复制模式 = 多个 指定基点或 [位移 (D)/ 模式 (O)] < 位移 >: // 任意单击一点作为基点 指定第二个点或 [阵列 (A)] < 使用第一个点作为位移 >:　@0，−765 指定第二个点或 [阵列 (A)/ 退出 (E)/ 放弃 (U)] < 退出 >:　✓

| 提示 |

【移动】命令指定距离的方法与【复制】命令指定距离的方法相同。

2. 通过【矩形】【圆角】命令绘制槽型

第1步　单击【默认】选项卡→【绘图】面板→【矩形】按钮，捕捉下图所示的中点为矩形第一角点。

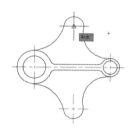

第2步　输入矩形第二角点"@−3，−18"，结果如下图所示。

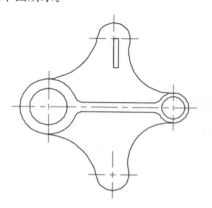

第3步　单击【默认】选项卡→【修改】面板→【圆角】按钮，设置圆角的半径为1.5，然后对绘制的矩形进行圆角，结果如下图所示。

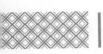
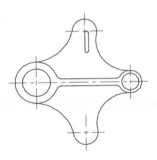

第4步 单击【默认】选项卡→【修改】面板→【移动】按钮✛，选择绘制的槽型为移动对象，然后单击任意一点作为移动的基点，如下图所示。

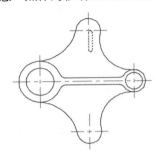

第5步 输入移动的第二点"@-1.5，-10.5"，结果如下图所示。

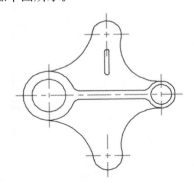

3. 直接通过【矩形】命令绘制槽型

第1步 单击【默认】选项卡→【修改】面板→【矩形】按钮▢，设置绘制矩形的圆角半径。

```
命令：_RECTANG
    指定第一个角点或 [ 倒角 (C)/ 标高 (E)/ 圆角
(F)/ 厚度 (T)/ 宽度 (W)]: f
    指定矩形的圆角半径 <0.0000>: 1.5
```

第2步 圆角半径设置完成后，捕捉下图所示的中点作为矩形的第一角点。

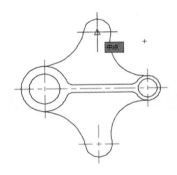

第3步 输入矩形第二角点"@-3，-18"，结果如下图所示。

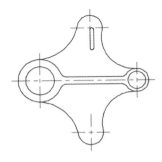

第4步 单击【默认】选项卡→【修改】面板→【移动】按钮✛，选择绘制的槽型为移动对象，然后单击任意一点作为移动的基点，如下图所示。

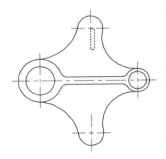

第5步 输入移动的第二点"@-1.5，-10.5"，结果如下图所示。

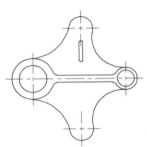

5.1.6 绘制定位槽

定位槽的槽型绘制完成后，通过【偏移】【旋转】【拉伸】【修剪】【镜像】命令即可得到定位槽。定位槽的具体操作步骤如下。

第1步 单击【默认】选项卡→【修改】面板→【偏移】按钮，设置偏移距离为0.5，然后选择前面绘制的槽型为偏移对象，将它向内侧偏移，如下图所示。

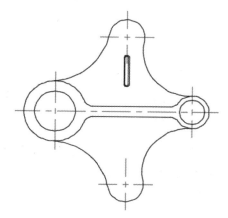

第2步 单击【默认】选项卡→【修改】面板→【旋转】按钮，如下图所示。

| 提示 | ::::::::::::::::::

除了通过面板调用【旋转】命令外，还可以通过以下方法调用【旋转】命令。

（1）选择【修改】→【旋转】命令。

（2）在命令行输入"ROTATE/RO"命令并按【Space】键。

第3步 选择槽型为旋转对象，然后按住【Shift】键右击，在弹出的快捷菜单上选择【几何中心】选项，如下图所示。

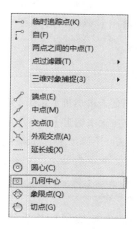

第4步 捕捉槽型的几何中心为旋转基点，如下图所示。

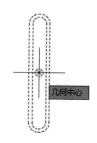

第5步 当命令行提示指定旋转角度时，输入"C"再输入旋转角度为"90°"。

指定旋转角度，或 [复制 (C)/ 参照 (R)] <0>:
c 旋转一组选定对象。
指定旋转角度，或 [复制 (C)/ 参照 (R)]
<0>: 90

第6步 槽型旋转并复制后，结果如下图所示。

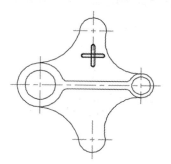

第7步 单击【默认】选项卡→【修改】面板→【拉伸】按钮，如下图所示。

| 提示 | ::::::::

　　除了通过面板调用【拉伸】命令外，还可以通过以下方法调用【拉伸】命令。

　　（1）选择【修改】→【拉伸】命令。

　　（2）在命令行输入"STRETCH/S"命令并按【Space】键。

第8步 从右向左拖曳鼠标指针选择拉伸的对象，如下图所示。

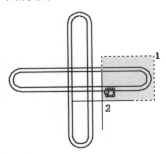

| 提示 | ::::::::

　　【拉伸】命令在选择对象时必须使用从右向左窗交选择对象，全部选中的对象进行移动操作时，部分选中的对象进行拉伸。例如本例中直线被拉伸，而圆弧则是移动。

第9步 选择对象后单击任意一点作为拉伸的基点，如下图所示。

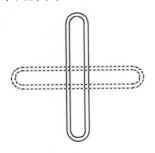

第10步 用相对坐标输入拉伸的第二点"@-3,0"，拉伸完成，结果如下图所示。

| 提示 | ::::::::

　　【拉伸】命令的指定距离与【移动】【复制】命令指定距离的方法相同。

第11步 重复第7～10步，将横向定位槽的另一端向右拉伸3，结果如下图所示。

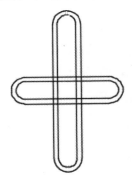

第12步 单击【默认】选项卡→【修改】面板→【修剪】按钮，选择横竖两个槽型为剪切边，如下图所示。

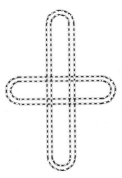

第13步 对横竖两个槽型进行修剪，将相交的

部分修剪掉，结果如下图所示。

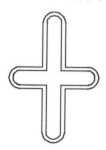

第 14 步 单击【默认】选项卡→【修改】面板→【镜像】按钮△，选择修剪后的槽型为镜像对象，如下图所示。

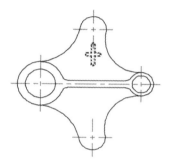

第 15 步 捕捉水平中心线上的两个端点为镜像线上的两点，如下图所示。

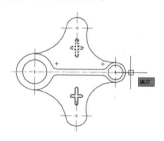

第 16 步 镜像后结果如下图所示。

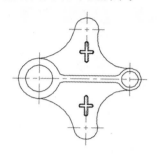

第 17 步 单击【默认】选项卡→【修改】面板→【旋转】按钮 C，选择所有图形为旋转对象，并捕捉下图所示的圆心为旋转基点。

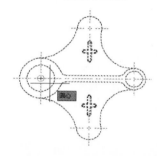

第 18 步 输入选择的角度"300"，结果如下图所示。

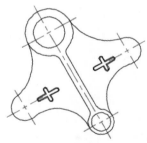

调用【旋转】命令后，选择不同的选项可以进行不同的操作。例如，既可以直接输入旋转角度旋转对象，也可以旋转的同时复制对象，还可以将选定的对象从指定参照角度旋转到绝对角度。旋转命令各选项的应用如表 5-4 所示。

表 5-4 旋转各选项的应用

命令选项	绘制步骤	结果图形	相应命令行显示
输入旋转角度旋转对象	（1）调用【旋转】命令 （2）指定旋转基点 （3）输入旋转角度		命令：_rotate UCS 当前的正角方向：ANGDIR= 逆时针 ANGBASE=0 选择对象：找到 7 个 选择对象：↙ 指定基点： // 捕捉圆心 指定旋转角度，或 [复制 (C)/ 参照 (R)] <0>: 270

命令选项	绘制步骤	结果图形	相应命令行显示
旋转的同时复制对象	（1）调用【旋转】命令 （2）指定旋转基点 （3）在命令行输入"C" （4）输入旋转角度		命令：_rotate UCS 当前的正角方向：ANGDIR= 逆时针 ANGBASE=0 选择对象：找到 7 个 选择对象：✓ 指定基点： // 捕捉圆心 指定旋转角度，或 [复制 (C)/ 参照 (R)] <270>: c 旋转一组选定对象。 指定旋转角度，或 [复制 (C)/ 参照 (R)] <0>: 270
起点、圆心、角度	（1）调用【旋转】命令 （2）指定旋转基点 （3）在命令行输入"R" （4）指定参照角度 （5）输入新的角度		命令：_rotate UCS 当前的正角方向：ANGDIR= 逆时针 ANGBASE=0 选择对象：指定对角点：找到 7 个 选择对象：✓ 指定基点： // 捕捉圆心 指定旋转角度，或 [复制 (C)/ 参照 (R)] <0>: r 指定参照角 <90>: // 捕捉上步的圆心为参照角的第一点 指定第二点：// 捕捉中点为参照角的第二点 指定新角度或 [点 (P)] <90>:90

5.1.7 绘制工装定位板的其他部分

工装定位板的其他部分主要需应用到【直线】【圆】【移动】【阵列】【复制】和【倒角】命令，其具体操作步骤如下。

第1步 单击【默认】选项卡→【绘图】面板→【直线】按钮 ∕，根据命令行提示进行如下操作。

命令：_line
指定第一个点：   // 捕捉圆的象限点
指定下一点或 [放弃 (U)]: @0,50
指定下一点或 [放弃 (U)]: @-50,0
指定下一点或 [闭合 (C)/ 放弃 (U)]: @0,-48
指定下一点或 [闭合 (C)/ 放弃 (U)]: tan 到
// 捕捉切点
指定下一点或 [闭合 (C)/ 放弃 (U)]: ✓

第2步 直线绘制完成后，结果如下图所示。

第3步 单击【默认】选项卡→【绘图】面板→【圆】按钮 ⊙，以直线的交点为圆心绘制一个半径为 4 的圆，结果如下图所示。

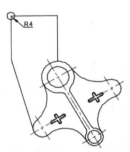

第4步 单击【默认】选项卡→【修改】面板→【移动】按钮 ✛，选择第 3 步绘制的圆为移动对象，单击任意一点作为移动的基点，然后输入移动的第二点"@10,-13"，结果如下图所示。

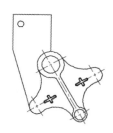

第 5 步　单击【默认】选项卡→【修改】面板→【阵列】→【矩形阵列】按钮　，如下图所示。

|提示|

除了通过面板调用【阵列】命令外，还可以通过以下方法调用【阵列】命令。

（1）选择【修改】→【阵列】命令，选择一种阵列。

（2）在命令行输入"ARRAY/AR"命令并按【Space】键。

第 6 步　选择移动后的圆为阵列对象，按【Space】键确认，在弹出的【阵列创建】选项卡下对行和列进行如下图所示的设置。

第 7 步　设置完成后单击【关闭阵列】按钮，结果如下图所示。

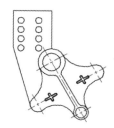

第 8 步　单击【默认】选项卡→【修改】面板→【复制】按钮　，选择左下角的圆为复制对象，如下图所示。

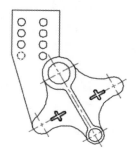

第 9 步　单击任意一点作为复制的基点，然后分别输入"@10，−10"和"@10，−35"作为两个复制对象的第二点，如下图所示。

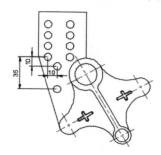

第 10 步　单击【默认】选项卡→【修改】面板→【倒角】按钮　，如下图所示。

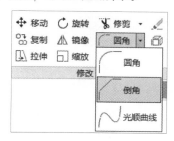

|提示|

除了通过面板调用【倒角】命令外，还可以通过以下方法调用【倒角】命令。

（1）选择【修改】→【倒角】命令。

（2）在命令行输入"CHAMFER/CHA"命令并按【Space】键。

第 11 步　根据命令行提示设置倒角的距离。

命令：_chamfer

（"修剪"模式）当前倒角距离 1 = 0.0000，距离 2 = 0.0000

选择第一条直线或 [放弃 (U)/ 多段线 (P)/ 距离 (D)/ 角度 (A)/ 修剪 (T)/ 方式 (E)/ 多个 (M)]: d

指定 第一个 倒角距离 <0.0000>: 5

指定 第二个 倒角距离 <5.0000>: ✓

选择第一条直线或 [放弃 (U)/ 多段线 (P)/ 距离 (D)/ 角度 (A)/ 修剪 (T)/ 方式 (E)/ 多个 (M)]: m

第12步 选择需要倒角的第一条直线，如下图所示。

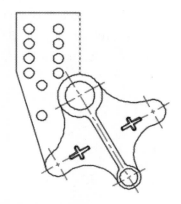

第13步 选择需倒角的第二条直线，如下图所示。

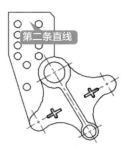

第14步 重复选择需要倒角的两条直线进行倒角，如下图所示。

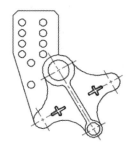

AutoCAD 中阵列的形式有 3 种，即矩形阵列、路径阵列和极轴（环形）阵列。选择的阵列类型不同，对应的"创建阵列"选项卡的操作也不相同。各种阵列的应用如表5-5所示。

表5-5　各种阵列的应用

阵列类型	绘制步骤	结果图形	备注
矩形阵列	（1）调用【矩形】命令 （2）选择阵列对象 （3）设置【创建阵列】选项板	单层 双层	（1）不关联 在弹出的【阵列创建】选项卡上如果设置为不关联，则创建后各对象是单独的对象，相互之间可以单独编辑 （2）关联 在弹出的【阵列创建】选项卡上如果设置为关联，则创建后各对象是一个整体（可以通过【分解】命令解除阵列的关联性） 选中任何一个对象，即可弹出【阵列】选项卡，在该选项卡中可以对阵列对象进行编辑，如更改列数、行数、层数，以及列间距、行间距及层间距 选择【编辑来源】选项，可以对阵列对象进行单个编辑 选择【替换项目】选项，可以对阵列中的某个或某几个对象进行替换 选中【重置矩阵】选项，则重新恢复到最初的阵列结果 （3）层数 如果阵列的层数为多层，可以通过三维视图，如西南等轴测、东南等轴测等视图观察阵列效果

续表

阵列类型	绘制步骤	结果图形	备注
路径阵列	（1）调用【路径阵列】命令 （2）选择阵列对象 （3）选择阵列路径 （4）设置【创建阵列】选项板	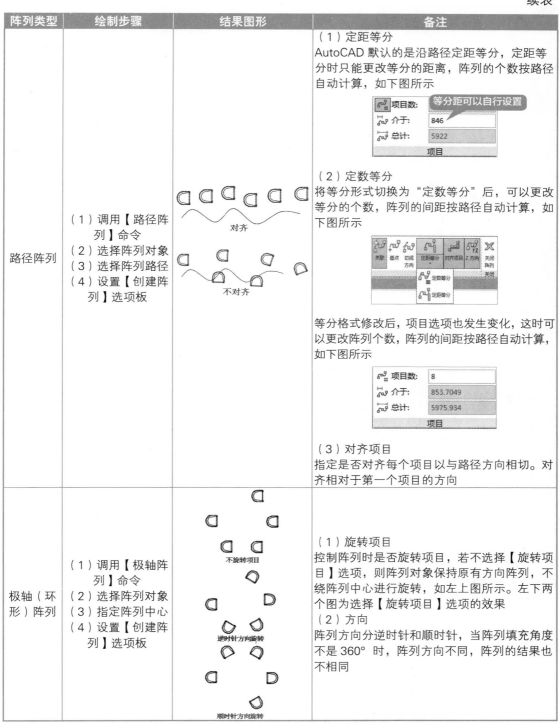	（1）定距等分 AutoCAD 默认的是沿路径定距等分，定距等分时只能更改等分的距离，阵列的个数按路径自动计算，如下图所示 （2）定数等分 将等分形式切换为"定数等分"后，可以更改等分的个数，阵列的间距按路径自动计算，如下图所示 等分格式修改后，项目选项也发生变化，这时可以更改阵列个数，阵列的间距按路径自动计算，如下图所示 （3）对齐项目 指定是否对齐每个项目以与路径方向相切。对齐相对于第一个项目的方向
极轴（环形）阵列	（1）调用【极轴阵列】命令 （2）选择阵列对象 （3）指定阵列中心 （4）设置【创建阵列】选项板		（1）旋转项目 控制阵列时是否旋转项目，若不选择【旋转项目】选项，则阵列对象保持原有方向阵列，不绕阵列中心进行旋转，如左上图所示。左下两个图为选择【旋转项目】选项的效果 （2）方向 阵列方向分逆时针和顺时针，当阵列填充角度不是 360° 时，阵列方向不同，阵列的结果也不相同

倒角（或斜角）是使用成角的直线连接两个二维对象，或者在三维实体的相邻面之间创建成角度的面。倒角除了本节中介绍的通过等距离创建外，还可以通过不等距离创建、通过角度创建及创建三维实体面之间的倒角等。倒角的各种创建方法如表 5-6 所示。

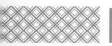
表 5-6　倒角的各种创建方法

对象分类	创建分类		创建过程	创建结果	备注
二维对象	通过距离创建	等距离	（1）调用【倒角】命令 （2）在命令行输入"D"并输入两个距离值 （3）选择第一个对象 （4）选择第二个对象		对于等距离时，两个对象的选择没有先后顺序。对于不等距离时，两个对象的选择顺序不同，结果也不相同 当距离为0时，使两个不相交的对象相交并创建尖角，如下图所示
		不等距离			
	通过角度创建		（1）调用【倒角】命令 （2）在命令行输入"A"并指定第一条直线的长度和第一条直线的倒角角度 （3）选择第一个对象 （4）选择第二个对象		通过角度创建倒角时，创建的结果与选择的第一个对象有关 当角度为0时，使两个不相交的对象相交并创建尖角，如下图所示
	倒角对象为多段线		（1）调用【倒角】命令 （2）在命令行输入"D"或"A" （3）如果输入"D"，指定两个倒角距离；如果输入"A"，指定第一个倒角距离和角度 （4）在命令行输入"P"，然后选择要倒角的多段线		
	不修剪		（1）调用【倒角】命令 （2）在命令行输入"D"或"A" （3）如果输入"D"，指定两个倒角距离；如果输入"A"，指定第一个倒角距离和角度 （4）在命令行输入"T"，然后选择不修剪 （5）选择两个要倒角的对象		

续表

对象分类	创建分类	创建过程	创建结果	备注
三维对象	边	（1）调用【倒角】命令 （2）选择边并确定该边所在的面 （3）指定两倒角距离 （4）选择边		选择边后，如果AutoCAD默认的面不是想要的面，可以输入"N"切换到相邻的面
	环	（1）调用【倒角】命令 （2）选择边并确定该边所在的面 （3）指定两倒角距离 （4）在命令行输入"L"，然后选择边		

5.2 绘制模具主视图

本节中的模具主视图是一个左右对称图形。因此，可以绘制图形的一侧，然后通过【镜像】命令得到整个图形。

5.2.1 创建图层

在绘图之前，首先参考本书 3.1 节创建两个图层，并将【轮廓线】图层置为当前层，如下图所示。

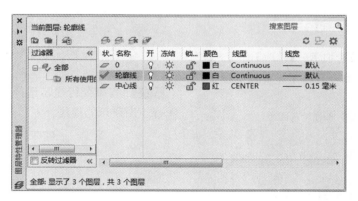

5.2.2 绘制左侧外轮廓

左侧轮廓线主要需用到【直线】【倒角】【偏移】和【夹点编辑】命令，前面介绍了通过等距离创建倒角，本节介绍通过角度和不等距离创建倒角，除了前面介绍的调用【拉伸】命令的方法外，还可以通过【夹点编辑】命令来执行拉伸操作。

左侧轮廓线的具体操作步骤如下。

第1步 单击【默认】选项卡→【绘图】面板→【直线】按钮 ／，根据命令行提示进行如下操作。

```
命令：_line
指定第一个点：        // 单击任意一点作为第
一点
指定下一点或 [ 放弃 (U)]: @-67.5,0
指定下一点或 [ 放弃 (U)]: @0,-19
指定下一点或 [ 闭合 (C)/ 放弃 (U)]: @-91,0
指定下一点或 [ 闭合 (C)/ 放弃 (U)]: @0,37.5
指定下一点或 [ 闭合 (C)/ 放弃 (U)]: @23,0
指定下一点或 [ 闭合 (C)/ 放弃 (U)]: @0,169
指定下一点或 [ 闭合 (C)/ 放弃 (U)]: @24,0
指定下一点或 [ 闭合 (C)/ 放弃 (U)]: @0,13
指定下一点或 [ 闭合 (C)/ 放弃 (U)]: @62.5,0
指定下一点或 [ 闭合 (C)/ 放弃 (U)]: @0,-27
指定下一点或 [ 闭合 (C)/ 放弃 (U)]: @49,0
指定下一点或 [ 闭合 (C)/ 放弃 (U)]: c
```

第2步 直线绘制完成，结果如下图所示。

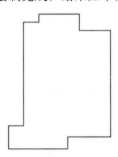

第3步 单击【默认】选项卡→【修改】面板→【倒角】按钮 ／，根据命令行提示进行如下设置。

```
命令：_chamfer
（"修剪"模式）当前倒角距离 1 = 0.0000,
距离 2 = 0.0000
选择第一条直线或 [ 放弃 (U)/ 多段线 (P)/ 距
离 (D)/ 角度 (A)/ 修剪 (T)/ 方式 (E)/ 多个 (M)]: a
指定第一条直线的倒角长度 <10.0000>: 23
指定第一条直线的倒角角度 <15>: 60
```

第4步 当命令行提示选择第一条直线时，选择下图所示的横线。

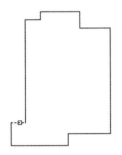

第5步 当命令行提示选择第二条直线时，选择左下图所示的竖直线，倒角创建完成，结果如右下图所示。

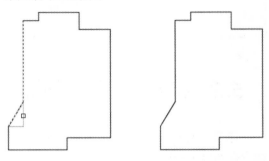

第6步 重复第3步，调用【倒角】命令，根据命令行提示进行如下设置。

```
命令：_chamfer
（"修剪"模式）当前倒角长度 = 23.0000,
角度 = 60
选择第一条直线或 [ 放弃 (U)/ 多段线 (P)/ 距
离 (D)/ 角度 (A)/ 修剪 (T)/ 方式 (E)/ 多个 (M)]: d
指定 第一个 倒角距离 <0.0000>: 16
指定 第二个 倒角距离 <16.0000>: 27
```

第7步 当命令行提示选择第一条直线时，选择下图所示的横线。

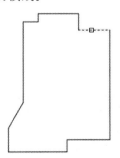

第8步 当命令行提示选择第二条直线时选择右下图所示的竖直线，倒角创建完成，结果如下图所示。

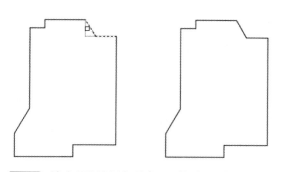

第 9 步 单击【默认】选项卡→【修改】面板→【偏移】按钮 ⊆，输入偏移距离"16.5"，然后选择最右侧竖直线将它向左偏移，如下图所示。

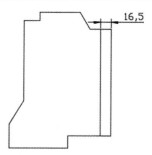

第 10 步　选中最右侧的直线，然后单击最上端夹点，如下图所示。

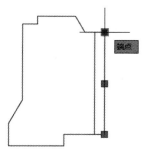

第 11 步　向上拖曳鼠标指针，在合适的位置单击，如下图所示。

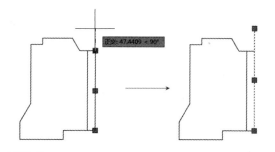

第 12 步　重复第 10 步和第 11 步，选中最下端

的夹点，然后向下拖曳鼠标指针，在合适的位置单击，确定直线的长度，如下图所示。

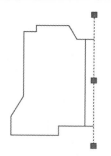

第 13 步　单击【默认】选项卡→【图层】面板→【图层】下拉按钮，并选择【中心线】图层，如下图所示，将竖直线切换到【轮廓线】图层上。

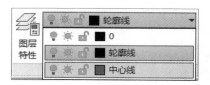

第 14 步　修改完成后按【Esc】键退出选择，结果如下图所示。

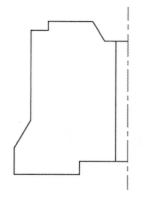

在没有执行任何命令的情况下，选择对象，对象上将出现一些实心小方块，这些小方块被称为夹点，默认显示为蓝色。可以对夹点执行【拉伸】【移动】【旋转】【缩放】或【镜像】命令。

关于通过夹点编辑对象的方法如表 5-7 所示。

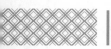

表 5-7　夹点编辑的各种操作

命令调用	选择命令	创建过程	创建结果	备注
在没有执行任何命令的情况下选择对象，选中对象上的某个夹点后右击，在弹出的快捷菜单上选择所需的命令。（对象不同，夹点能执行的操作也不相同。一般可以执行【拉伸】【移动】【旋转】【缩放】和【镜像】命令，有的还可以执行【拉长】等命令，如直线、圆弧）	拉伸	（1）选中某个夹点（2）拖曳鼠标指针在合适的位置，单击或输入拉伸长度	单击该夹点	拉伸是夹点编辑的默认操作，不需要通过右击选择命令，可以直接操作
	移动	（1）选中某个夹点（2）右击，选择【移动】命令（3）拖曳鼠标指针或输入相对坐标，指定移动距离	单击该夹点	
	旋转	（1）选中某个夹点（2）右击，选择【旋转】命令（3）拖曳鼠标指针指定旋转角度或输入旋转角度	单击该夹点	
	镜像	（1）选中某个夹点（2）右击，选择【镜像】命令（3）拖曳鼠标指针指定镜像线	单击该夹点	镜像后默认删除源对象
	缩放	（1）选中某个夹点（2）右击，选择【缩放】命令（3）输入缩放的比例	单击该夹点	

5.2.3　绘制模具左侧的孔

模具左侧的孔主要用到【偏移】【拉长】【圆】和【镜像】命令。

模具左侧孔的具体绘制步骤如下。

第1步　单击【默认】选项卡→【修改】面板→【偏移】按钮 ⊆，输入偏移距离"55"，然后选择最右侧竖直线将它向左偏移，如下图所示。

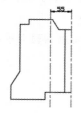

第2步　重复第1步，将右侧竖直线向左侧偏移42，如下图所示。

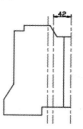

第3步 重复第1步，将底边水平直线向上偏移 87 和 137，如下图所示。

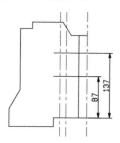

第4步 选择偏移后的两条直线，将它们切换到【中心线】图层，如下图所示。

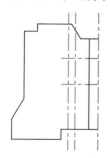

第5步 单击【默认】选项卡→【绘图】面板→【圆】→【圆心、半径】按钮⊙，捕捉中心线的交点为圆心，分别绘制半径为 12 和 8 的两个圆，如下图所示。

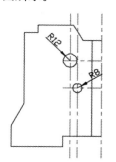

第6步 单击【默认】选项卡→【修改】面板→【拉长】按钮✍，如下图所示。

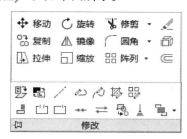

| 提示 |

除了通过面板调用【拉长】命令外，还可以通过以下方法调用【拉长】命令。

（1）选择【修改】→【拉长】命令。

（2）在命令行输入"LENGTHEN/ LEN"命令并按【Space】键。

第7步 当命令行提示选择测量方式时，选择【动态】拉长方式。

命令：_LENGTHEN
选择要测量的对象或 [增量 (DE)/ 百分比 (P)/ 总计 (T)/ 动态 (DY)] < 动态 (DY)>：✓

第8步 当命令行提示选择要修改的对象时，选择下图所示的中心线。

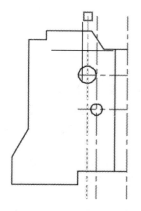

第9步 拖曳鼠标指针在合适的位置单击，确定新的端点。

拉长后的结果

第10步 重复第 6～8 步，对其他中心线也进行拉长，结果如下图所示。

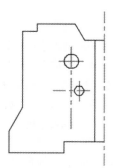

第 11 步　选择下图所示的中心线。

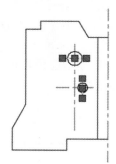

第 12 步　单击【默认】选项卡→【特性】面板右下角的 按钮，在弹出的【特性】面板中将【线型比例】改为 0.5，如下图所示。

第 13 步　按【Esc】键退出，结果如下图所示。

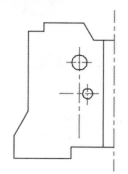

第 14 步　单击【默认】选项卡→【修改】面板→【镜像】按钮 ，选择下图所示的圆和中心线为镜像对象，然后捕捉水平中心线的端点为镜像线上的第一点，如下图所示。

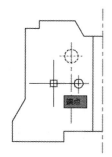

第 15 步　选择中心线的另一个端点为镜像线上第二点，然后选择不删除源对象，结果如下图所示。

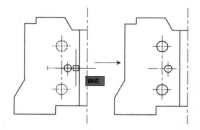

第 16 步　重复第 14 步和第 15 步，将 R 为 8 的圆和短竖直中心线沿长竖直中心线镜像，结果如下图所示。

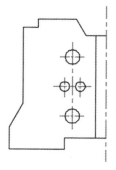

　　【拉长】命令可以更改对象的长度和圆弧的包含角。调用【拉长】命令后，根据命令行提示选择不同的选项，可以通过不同的方法对对象的长度进行修改。【拉长】命令更改对象长度的不同方法的具体操作步骤如表 5-8 所示。

表 5-8　拉长命令更改对象长度的各种方法

拉长方法	操作步骤	结果图形	相应命令行显示
增量	（1）选择【拉长】命令 （2）在命令行输入 "DE" （3）输入增量值 （4）选择要修改的对象	增量值为负值 增量值为正值	命令：_LENGTHEN 选择要测量的对象或 [增量 (DE)/ 百分比 (P)/ 总计 (T)/ 动态 (DY)] < 动态 (DY)>：de 输入长度增量或 [角度 (A)] <0.0000>：100 选择要修改的对象或 [放弃 (U)]： 选择要修改的对象或 [放弃 (U)]：✓
百分比	（1）选择【拉长】命令 （2）在命令行输入 "P" （3）输入百分比 （4）选择要修改的对象	百分比小于100 百分比大于100	命令：_LENGTHEN 选择要测量的对象或 [增量 (DE)/ 百分比 (P)/ 总计 (T)/ 动态 (DY)] < 动态 (DY)>：p 输入长度百分数 <100.0000>：20 选择要修改的对象或 [放弃 (U)]： 选择要修改的对象或 [放弃 (U)]：✓
总计	（1）选择【拉长】命令 （2）在命令行输入 "T" （3）输入总长 （4）选择要修改的对象	总长小于原长 总长大于原长	命令：_LENGTHEN 选择要测量的对象或 [增量 (DE)/ 百分比 (P)/ 总计 (T)/ 动态 (DY)] < 动态 (DY)>：t 指定总长度或 [角度 (A)] <1.0000>：60 选择要修改的对象或 [放弃 (U)]： 选择要修改的对象或 [放弃 (U)]：✓
动态	（1）选择【拉长】命令 （2）在命令行输入 "DY" （3）选择要修改的对象	缩短 加长	命令：_ LENGTHEN 选择要测量的对象或 [增量 (DE)/ 百分比 (P)/ 总计 (T)/ 动态 (DY)] < 百分比 (P)>：DY 选择要修改的对象或 [放弃 (U)]： 指定新端点：

| 提示 |

如果修改的对象是圆弧，那么还可以通过角度选项对其进行修改。

5.2.4　绘制模具左侧的槽

模具左侧的槽主要用到【偏移】【圆角】【打断于点】【旋转】和【延伸】命令，其具体绘制步骤如下。

第1步 单击【默认】选项卡→【修改】面板→【偏移】按钮，输入偏移距离 "100"，然后选择最右侧竖直线将它向左偏移，如下图所示。

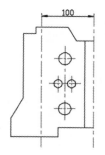

第2步 重复【偏移】命令，将右侧的竖直线向左侧偏移 72.5 和 94.5，结果如下图所示。

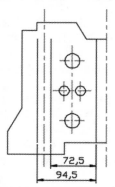

第3步 重复【偏移】命令，将顶部和底部两条水平直线向内侧偏移 23 和 13，结果如下图所示。

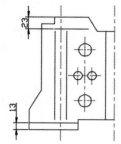

第4步 单击【默认】选项卡→【修改】面板→【圆角】按钮，然后对命令行提示进行如下设置。

```
命令：_FILLET
当前设置：模式 = 修剪，半径 = 0.0000
选择第一个对象或 [ 放弃 (U)/ 多段线 (P)/
半径 (R)/ 修剪 (T)/ 多个 (M)]: r 指定圆角半径
<0.0000>: 11
选择第一个对象或 [ 放弃 (U)/ 多段线 (P)/ 半
径 (R)/ 修剪 (T)/ 多个 (M)]: m
```

第5步 选择需要倒角的两条直线，注意选择直线的位置，如下图所示。

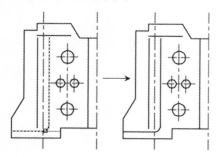

第6步 继续选择需要倒角的直线进行倒角，结果如下图所示。

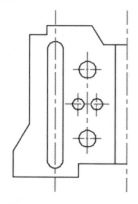

第7步 选中最左侧的竖直中心线，通过夹点拉伸对中心线的长度进行调节，结果如下图所示。

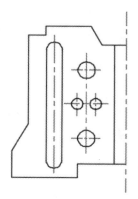

第8步 单击【默认】选项卡→【修改】面板→【偏移】按钮，将底边直线向上偏移 67，如下图所示。

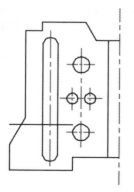

第9步 单击【默认】选项卡→【修改】面板→【打断于点】按钮，如下图所示。

提示

"打断"命令在指定第一个打断点后，当命令行提示指定第二个打断点时，输入"@"，效果等同于【打断于点】命令。

第 10 步　选择右侧的直线为打断对象，然后捕捉垂足为打断点，直线打断后分成两段，如下图所示。

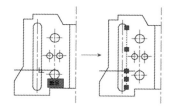

第 11 步　重复第 9 步和第 10 步，将槽的中心线和左侧直线也打断，并删除第 8 步偏移的直线，如下图所示。

第 12 步　单击【默认】选项卡→【修改】面板→【旋转】按钮，选中第 11 步所选中的对象为旋转对象，然后捕捉中心线的端点为基点，如下图所示。

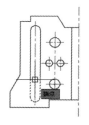

第 13 步　输入旋转角度"−30"，结果如下图所示。

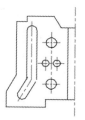

第 14 步　单击【默认】选项卡→【修改】面板→【延伸】按钮，如下图所示。

提示

除了通过面板调用【延伸】命令外，还可以通过以下方法调用【延伸】命令。

（1）选择【修改】→【延伸】命令。

（2）在命令行输入"EXTEND/EX"命令并按【Space】键。

第 15 步　当命令行提示选择边界的边时，选择下图所示的 4 条直线并按【Space】键确认，如下图所示。

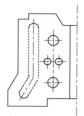

第 16 步　当命令行提示选择要延伸的对象时，选择右侧的两条直线使它们相交，如下图所示。

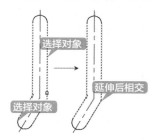

第17步 按住【Shift】键，然后单击左侧直线相交后超出的部分，将超出的部分修剪后按【Space】键退出【延伸】命令，结果如下图所示。

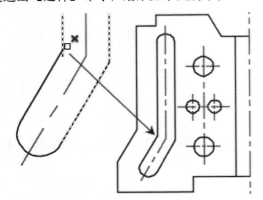

> | 提示 | ┊┊┊┊┊┊┊┊
>
> 当【延伸】命令提示选择延伸对象时，按住【Shift】键，此时【延伸】命令变成【修剪】命令。同理，当【修剪】命令提示选择修剪对象时，按住【Shift】键，此时【修剪】命令变成【延伸】命令。

修剪和延伸是一对相反的操作，修剪可以通过缩短对象，使修剪对象精确地终止于其他对象定义的边界。延伸则是通过拉长对象，使延伸对象精确地终止于其他对象定义的边界。

修剪与延伸的操作及注意事项如表5-9所示。

表5-9 修剪与延伸的操作及注意事项

修剪／延伸	操作步骤	操作过程及结果	备注
修剪	（1）调用【修剪】命令 （2）选择剪切的边 （3）选择需要修剪的对象		对象既可以作为剪切边，也可以是被修剪的对象。例如，下图中，圆是构造线的一条剪切边，同时它也正在被修剪
延伸	（1）调用【延伸】命令 （2）选择延伸的边界 （3）选择需要延伸的对象		延伸的对象如果是样条曲线，原始部分的形状会保留，但延伸部分是线性的并相切于原始样条曲线的结束位置

| 提示 |

如果修剪或延伸的是二维宽多段线，就在二维宽多段线的中心线上进行修剪和延伸。宽多段线的端点始终是正方形的。以某一角度修剪宽多段线会导致端点部分延伸出剪切边。

如果修剪或延伸锥形的二维多段线，请更改延伸末端的宽度以将原锥形延长到新端点。如果此修正给该线段指定一个负的末端宽度，则末端宽度被强制为 0。

选定边界　　　要延伸的多段线　　　结果

5.2.5 绘制模具的另一半

该模具是左右对称结构，绘制完左侧部分后，只需将左半部分沿中心线进行镜像，即可得到右半部分。

模具另一半的绘制具体操作步骤如下。

第 1 步 单击【默认】选项卡→【修改】面板→【镜像】按钮，选择左半部分为镜像对象，如下图所示。

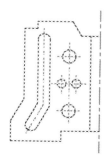

第 2 步 捕捉竖直中心的两个端点为镜像线上的两点，然后选择不删除源对象，镜像后结果如下图所示。

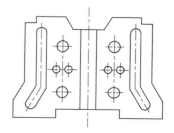

第 3 步 单击【默认】选项卡→【修改】面板→【合并】按钮，如下图所示。

| 提示 |

除了通过面板调用【合并】命令外，还可以通过以下方法调用【合并】命令。

（1）选择【修改】→【合并】命令。

（2）在命令行输入"JOIN/J"命令并按【Space】键

第 4 步 选择下图所示的 4 条直线为合并对象。

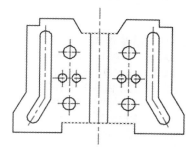

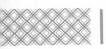
第5步 按【Space】（或【Enter】）键将选择的4条直线合并成两条多段线，合并前后对比如下图所示。

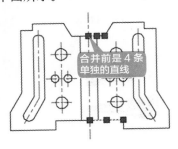

合并前是4条单独的直线

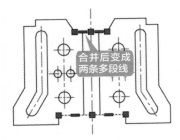

合并后变成两条多段线

| 提示 |

构造线、射线和闭合的对象无法合并。

合并多个对象，而无须指定源对象。其规则和生成的对象类型如下所示。

合并共线可产生直线对象。直线的端点之间可以有间隙。

合并具有相同圆心和半径的共面圆弧可产生圆弧或圆对象。圆弧的端点之间可以有间隙，以逆时针方向进行加长。如果合并的圆弧形成完整的圆，会产生圆对象。

将样条曲线、椭圆弧或螺旋合并在一起或合并到其他对象可产生样条曲线对象。这些对象可以不共面。

合并共面直线、圆弧、多段线或三维多段线可产生多段线对象。

合并不是弯曲对象的非共面对象可产生三维多段线。

举一反三

定位压盖

定位压盖是对称结构，因此在绘图时只需绘制1/4结构，然后通过阵列（或镜像）即可得到整个图形，绘制定位压盖主要需用到【直线】【圆】【偏移】【修剪】【阵列】和【圆角】等命令。

绘制定位压盖的具体操作步骤如表5-10所示。

表5-10 绘制定位压盖

步骤	创建方法	结 果	备 注
1	（1）创建两个图层:【中心线】图层和【轮廓线】图层 （2）将【中心线】图层置为当前层绘制中心线和辅助线（圆）		可以先绘制一条直线，然后以圆心为基点通过【阵列】命令得到所有直线
2	（1）将【轮廓线】图层置为当前层，绘制4个半径分别为20，25，50，60的圆 （2）通过【偏移】命令将45°中心线向两侧各偏移3.5 （3）通过【修建】命令对偏移后的直线进行修剪		偏移直线时将偏移结果放置到当前层

续表

步骤	创建方法	结　果	备　注
3	（1）在 45° 直线和辅助圆的交点处绘制两个半径分别为 5 和 10 的同心圆 （2）过半径为 10 和辅助圆的切点绘制两条直线		
4	（1）以两条直线为剪切边，对 R 为 10 的圆进行修剪 （2）修剪完后选择直线、圆弧、R 为 5 的圆及两条平行线段进行环形阵列 （3）阵列后对相交直线的锐角处进行 R 为 10 圆角		

◇ 巧用【复制】命令阵列对象

从 AutoCAD 2012 开始，【复制】命令在命令行提示指定第二点时输入"a"，即可将【复制】命令变成【线性阵列】命令，线性阵列很好地弥补了"ARRAY"的不足。

第1步 打开"素材 \CH05\ 巧用【复制】命令阵列对象"文件，如下图所示。

第2步 单击【默认】选项卡→【修改】面板→【复制】按钮，选择素材文件为复制对象，并捕捉下图所示的端点为复制的基点。

第3步 当命令行提示指定第二点时输入"a"，并输入要阵列的项目数为 4。

指定第二个点或 [阵列 (A)] ＜使用第一个点作为位移＞: a
　输入要进行阵列的项目数 : 4

第4步 拖曳鼠标指针指定阵列的间距，结果如下图所示。

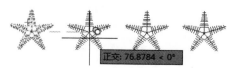

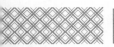

第5步 确定阵列间距后，当命令行再次提示指定第二点时输入"a"，并输入要阵列的项目数为 4，然后输入阵列的间距。

> 指定第二个点或 [阵列 (A)/退出 (E)/放弃 (U)]
> <退出>: a
> 　　输入要进行阵列的项目数或 [4]: ✓
> 　　指定第二个点或 [布满 (F)]: @70<45
> 　　指定第二个点或 [阵列 (A)/退出 (E)/放弃 (U)]
> <退出>: ✓

第6步 阵列完成后，结果如下图所示。

◇ 重点：为什么无法延伸到选定的边界

延伸后明明是相交的，可就是无法将延伸对象延伸到选定的边界，这可能是选择了延伸边不延伸的原因。

（1）不开启"延伸边"时的操作。

第1步 打开"素材 \CH05\ 延伸到选定的边界"文件，如下图所示。

第2步 单击【默认】选项卡→【修改】面板→【延伸】按钮，然后选择两条直线为延伸边界的边，如下图所示。

第3步 然后单击一条直线将它向另一条直线延伸，命令行提示"路径不与边界边相交"。

> 　　选择要延伸的对象，或按住 Shift 键选择要修剪的对象，或 [栏选 (F)/ 窗交 (C)/ 投影 (P)/ 边 (E)/放弃 (U)]:
> 　　路径不与边界边相交。

（2）开启"延伸边"时的操作。

第1步 打开"素材 \CH05\ 延伸到选定的边界"文件，如下图所示。

第2步 单击【默认】选项卡→【修改】面板→【延伸】按钮，然后选择两条直线为延伸边界的边，如下图所示。

第3步 当命令行提示选择要延伸的对象时，输入"E"，并将模式设置为延伸模式。

> 　　选择要延伸的对象，或按住 Shift 键选择要修剪的对象，或 [栏选 (F)/ 窗交 (C)/ 投影 (P)/ 边 (E)/放弃 (U)]: e
> 　　输入隐含边延伸模式 [延伸 (E)/ 不延伸 (N)]
> <不延伸>: e

第4步 分别选择两条直线使它们相交，结果如下图所示。

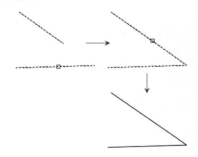

第6章
绘制和编辑复杂对象

⊜ 本章导读

　　AutoCAD 可以满足用户的多种绘图需要，一种图形可以通过多种绘制方式来绘制，如平行线可以用两条直线来绘制，但是用多线绘制会更为快捷准确。本章将介绍如何绘制和编辑复杂的二维图形。

⬩ 思维导图

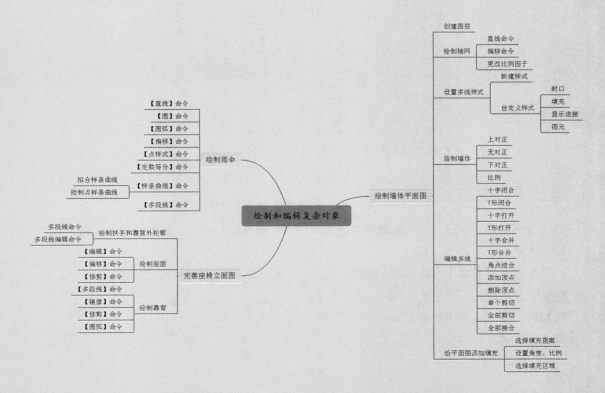

6.1 绘制墙体平面图

墙体是建筑物的重要组成部分，它的作用是承重、围护或分隔空间。在 AutoCAD 中，主要用【多线】和【多线编辑】命令来绘制墙体。

本节以某住宅平面图的墙体为例，介绍多线编辑的应用，住宅平面图绘制完成后，结果如下图所示。

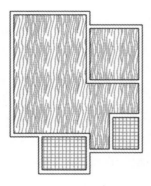

6.1.1 创建图层

在绘图之前，首先参考本书 3.1 节创建如下图所示的轴线、墙线和填充 3 个图层，并将【轴线】图层置为当前层。

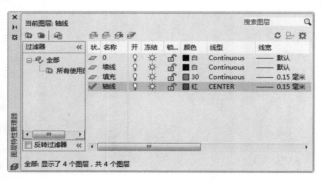

6.1.2 绘制轴网

轴网相当于定位线，在绘制建筑图墙体时，一般先绘制轴网，然后通过连接轴网的各交点绘制墙体。

轴网主要通过【直线】和【偏移】命令来绘制，绘制轴网的具体操作步骤如下。

第1步 单击【默认】选项卡→【绘图】面板→【直线】按钮 ／，绘制一条长度为 9800 的水平直线，如下图所示。

9800

第2步 重复第1步，继续绘制直线，当命令行提示指定直线的第一点时，按住【Shift】键，右击，在弹出的快捷菜单上选择【自】选项，如下图所示。

第3步 捕捉第1步绘制的直线的端点作为基点，如下图所示。

第4步 然后分别输入直线的第一点和第二点。

> < 偏移 >: @850,850
>
> 指定下一点或 [放弃 (U)]: @0,-12080
>
> 指定下一点或 [放弃 (U)]: ↙

第5步 竖直中心线绘制完成，结果如下图所示。

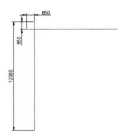

第6步 单击【默认】选项卡→【修改】面板→【偏移】按钮◚，将水平直线依次向右偏移，偏移距离如下图所示。

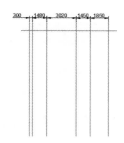

第7步 重复【偏移】命令，将水平直线依次向下偏移，偏移距离如下图所示。

第8步 单击【默认】选项卡→【特性】面板→【线型】下拉按钮，选择【其他】选项，在弹出的【线型管理器】对话框中将【全局比例因子】改为"20"，如下图所示。

第9步 线型比例因子修改后轴网显示如下图所示。

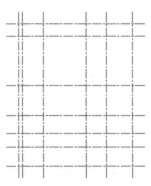

6.1.3 重点：设置多线样式

多线样式控制元素的数目、每个元素的特性，以及背景色和每条多线的端点封口。
设置多线样式的具体操作步骤如下。

第1步 选择【格式】→【多线样式】命令，如下图所示。

> **提示**
>
> 　　除了通过菜单调用【多线样式】命令外，还可以在命令行输入"MLSTYLE"并按【Space】键调用多线命令。

第2步 在弹出的【多线样式】对话框上单击【新建】按钮，如下图所示。

第3步 在弹出的【创建新的多线样式】对话框中输入样式名称"墙线"，如下图所示。

第4步 单击【继续】按钮,弹出【新建多线样式:墙线】对话框，设置多线封口样式为直线，如下图所示。

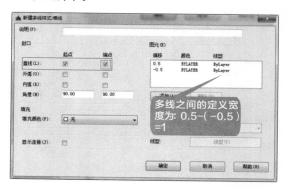

多线之间的定义宽度为: 0.5-(-0.5)=1

第5步 完成后单击【确定】按钮，系统会自动返回【多线样式】对话框，在预览区域即可看到多线呈封口样式，如下图所示。

多线呈封口样式

第6步 在【样式】列表框中选择【墙线】多线样式，并单击【置为当前】按钮将其置为当前，然后单击【确定】按钮。

　　【多线样式】对话框用于创建、修改、保存和加载多线样式。【多线样式】对话框中各选项的含义及对应的结果如表6-1所示。

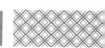
表 6-1 【多线样式】对话框各选项的含义及对应的结果

选项列表		各选项对应的结果	备注
说明			为多线样式添加说明
封口	直线	无直线　有直线	显示穿过多线每一端的直线段
	外弧	无外弧　有外弧	显示多线的最外端元素之间的圆弧
	内弧	无内弧　有内弧	显示成对的内部元素之间的圆弧。如果有奇数个元素，则不连接中心线。例如，如果有 6 个元素，内弧连接元素 2 和（5）元素 3 和 4。如果有 7 个元素，内弧连接元素 2 和（6）元素 3 和 5。未连接元素 4
	角度	无角度　有角度	指定端点封口的角度
填充		无填充　有填充	控制多线的背景填充。如果选择【选择颜色】选项，将显示【选择颜色】对话框
显示连接		"显示连接"关闭　"显示连接"打开	控制每条多线段顶点处连接的显示。接头也称为斜接
图元	偏移、颜色和线型	偏移　颜色　线型 0.5　BYLAYER　ByLayer -0.5　BYLAYER　ByLayer	显示当前多线样式中的所有元素。样式中的每个元素由其相对于多线的中心、颜色及其线型定义。元素始终按它们的偏移值降序显示
	添加	偏移　颜色　线型 0.5　BYLAYER　ByLayer 0　BYLAYER　ByLayer -0.5　BYLAYER　ByLayer 添加(A)　删除(D)	将新元素添加到多线样式。只有为除 STANDARD 以外的多线样式选择了颜色或线型后，此选项才可用
	删除		从多线样式中删除元素
	偏移	0.1　0.0　-0.1　-0.3　-0.45	为多线样式中的每个元素指定偏移值
	颜色		显示并设置多线样式中元素的颜色。如果选择【选择颜色】选项，将显示【选择颜色】对话框
	线型	红色虚线　0.1　0.0　-0.1　-0.3　-0.45	显示并设置多线样式中元素的线型。如果选择【线型】选项，将显示【选择线型特性】对话框，该对话框列出了已加载的线型。要加载新线型，单击【加载】按钮，将显示【加载或重载线型】对话框

6.1.4 重点：绘制墙体

墙体主要通过【多线】命令来绘制，绘制墙体的具体操作步骤如下。

第1步 单击【默认】选项卡→【图层】面板→【图层】下拉按钮，选择【墙线】选项，并将【墙线】图层设置为当前层，如下图所示。

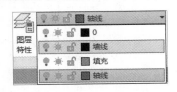

第2步 选择【绘图】→【多线】命令，如下图所示。

> | 提示 |
>
> 除了通过菜单调用【多线】命令外，还可以在命令行输入"MLINE/ML"并按【Space】键调用【多线】命令。

第3步 根据命令行提示对多线的比例及对正方式进行设置。

```
命令：ML
    当前设置：对正 = 上，比例 = 30.00，样式 =
墙线
    指定起点或 [ 对正 (J)/ 比例 (S)/ 样式 (ST)]: s ✓
    输入多线比例 <30.00>: 240 ✓
    当前设置：对正 = 上，比例 = 240.00，样式
= 墙线
    指定起点或 [ 对正 (J)/ 比例 (S)/ 样式 (ST)]:j
    输入对正类型 [ 上 (T)/ 无 (Z)/ 下 (B)] < 上 >:z
    当前设置：对正 = 无，比例 = 240.00，样式
= 墙线
```

> | 提示 |
>
> 本例中的定义宽度为"0.5-（-0.5）=1"，所以当设置比例为240时，绘制的多线之间的宽度为240。

第4步 设置完成后在绘图区域捕捉轴线的交点绘制多线，结果如下图所示。

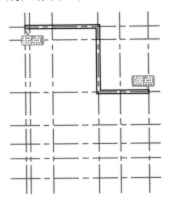

第5步 按【Space】键重复【多线】命令，继续绘制墙体（直接绘制，比例和对正方式不用再设置），结果如下图所示。

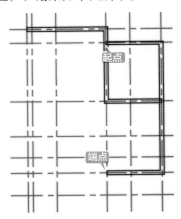

第6步 按【Space】键重复【多线】命令，继续绘制墙体，结果如下图所示。

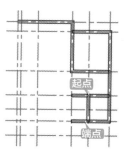

第7步 按【Space】键重复【多线】命令，继续绘制墙体，结果如下图所示。

第8步 按【Space】键重复【多线】命令，继续绘制墙体，结果如下图所示。

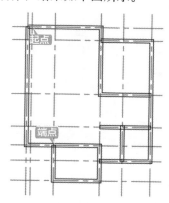

多线的对正方式有上对正、无对正、下对正三种，不同的对正方式绘制出来的多线也不相同。比例控制多线的全局宽度，该比例不影响线型比例。对正方式和比例如表6-2所示。

表 6-2　对正方式和比例

对正方式／比例	图例显示	备注
上对正		当对正方式为上对正时，在鼠标指针下方绘制多线，因此在指定点处将会出现具有最大正偏移值的直线
无对正		当对正方式为无对正时，将鼠标指针作为原点绘制多线，因此 MLSTYLE 命令中"元素特性"的偏移 0.0 将在指定点处
下对正		当对正方式为下对正时，在鼠标指针上方绘制多线，因此在指定点处将出现具有最大负偏移值的直线
比例	比例为 1　　比例为 2	该比例基于在多线样式定义中建立的宽度。比例因子为 2 绘制多线时，其宽度是样式定义的宽度的两倍。负比例因子将翻转偏移线的次序：当从左至右绘制多线时，偏移最小的多线绘制在顶部。负比例因子的绝对值也会影响比例。比例因子为 0 将使多线变为单一的直线

6.1.5 重点：编辑多线

多线有自己的编辑工具，通过【多线编辑工具】对话框，可以对多线进行【十字闭合】【T形闭合】【十字打开】【T形打开】【十字合并】【T形合并】等操作。在进行多线编辑时，注意选择多线的顺序，选择编辑对象的顺序不同，编辑的结果也不相同。

第1步 选择【修改】→【对象】→【多线】命令，弹出【多线编辑工具】对话框，如下图所示。

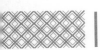

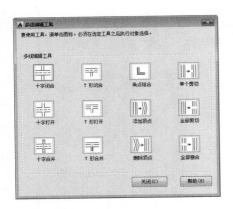

提示

除了通过菜单命令调用【多线编辑工具】对话框外，还可以在命令行输入"MLEDIT"并按【Space】键调用【多线编辑工具】对话框。

第2步 双击【角点结合】选项，选择相交的两条多线，对相交的角点进行编辑，如下图所示。

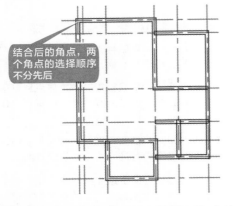

结合后的角点，两个角点的选择顺序不分先后

第3步 选择需要【角点结合】的第一条多线，如下图所示。

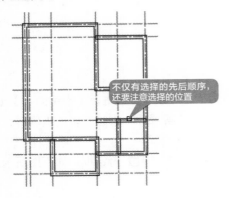

不仅有选择的先后顺序，还要注意选择的位置

第4步 选择需要【角点结合】的第二条多线，如下图所示。

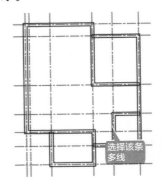

选择该条多线

第5步 按【Esc】键退出【角点结合】编辑。再次调用【多线编辑工具】对话框后双击【T形打开】选项，然后选择【T形打开】的第一条多线，如下图所示。

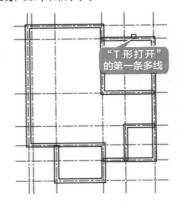

"T形打开"的第一条多线

第6步 选择【T形打开】的第二条多线，结果如下图所示。

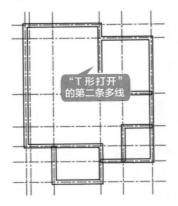

"T形打开"的第二条多线

第7步 继续执行【T形打开】操作，选择第一条多线，如下图所示。

第8步 选择【T 形打开】的第二条多线，结果如下图所示。

第9步 继续执行【T 形打开】操作，选择第一条多线，如下图所示。

第10步 选择【T 形打开】的第二条多线，结果如下图所示。

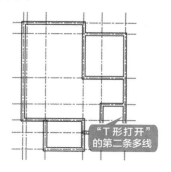

第11步 继续执行【T 形打开】操作，选择第一条多线，如下图所示。

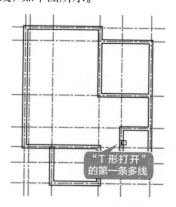

第12步 选择【T 形打开】的第二条多线，结果如下图所示。

第13步 继续执行【T 形打开】操作，选择第一条多线，如下图所示。

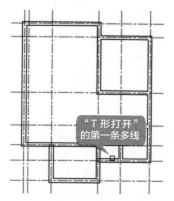

第14步 选择【T 形打开】的第二条多线，结果如下图所示。

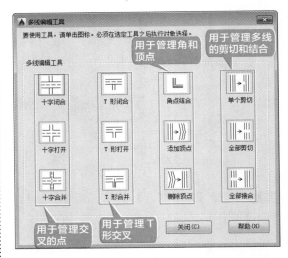

第15步 继续执行【T形打开】操作，选择第一条多线，如下图所示。

第16步 选择【T形打开】的第二条多线，然后按【Esc】键退出【T形打开】编辑，结果如下图所示。

多线本身之间的编辑是通过【多线编辑工具】对话框来进行的，对话框中的第一列用于管理交叉的点，第二列用于管理T形交叉，第三列用于管理角和顶点，最后一列用于管理多线的剪切和结合，如下图所示。

【多线编辑工具】对话框中各选项的含义如下。

【十字闭合】：在两条多线之间创建闭合的十字交点。

【十字打开】：在两条多线之间创建打开的十字交点。打断将插入第一条多线的所有元素和第二条多线的外部元素。

【十字合并】：在两条多线之间创建合并的十字交点。选择多线的次序并不重要。

【T形闭合】：在两条多线之间创建闭合的T形交点。将第一条多线修剪或延伸到与第二条多线的交点处。

【T形打开】：在两条多线之间创建打开的T形交点。将第一条多线修剪或延伸到与第二条多线的交点处。

【T形合并】：在两条多线之间创建合并的T形交点。将多线修剪或延伸到与另一条多线的交点处。

【角点结合】：在多线之间创建角点结合。将多线修剪或延伸到它们的交点处。

【添加顶点】：向多线上添加一个顶点。

【删除顶点】：从多线上删除一个顶点。

【单个剪切】：在选定多线元素中创建可见打断。

【全部剪切】：创建穿过整条多线的可见打断。

【全部接合】：将已被剪切的多线段重新接合起来。

【多线编辑工具】对话框各选项操作示例如表 6-3 所示。

表 6-3　【多线编辑工具】对话框各选项操作示例

编辑方法	示例图形	备注
用于编辑交叉点（第一列）	十字闭合 十字打开 十字合并	该列的选择有先后顺序，先选择的将被修剪掉
用于 T 形编辑交叉（第二列）	T 形闭合 T 形打开 T 形合并	该列的选择有先后顺序，先选择的将被修剪掉，与选择位置也有关系，选取的位置被保留
用于编辑角和顶点（第三列）	角点结合 添加顶点　新增加 4 个顶点 删除顶点	"角点结合"与选择的位置有关，选取的位置被保留
用于编辑多线的剪切和结合（第四列）	单个剪切　选择任意两点 全部剪切 全部接合　选择两个断开处	此列中的操作与选择点的先后没有关系

6.1.6 重点：给平面图添加填充

墙体绘制完毕后，给房间的各个区域添加填充，通过填充图案可以更好地对各房间的功用进行区分。

给平面图添加填充的具体操作步骤如下。

第1步 单击【默认】选项卡→【图层】面板中的【图层】下拉按钮，然后单击【轴线】图层前面的"💡"，将其关闭（变成蓝色），如下图所示。

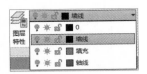

第2步 【轴线】图层关闭后，轴线将不再显示，结果如下图所示。

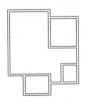

第3步 重复第1步，选择【填充】图层，并将它置为当前层，如下图所示。

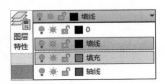

第4步 单击【默认】选项卡→【绘图】面板→【图案填充】按钮，弹出【图案填充创建】选项卡，如下图所示。

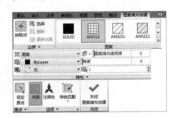

第5步 单击【图案】右侧的下拉按钮，弹出图案填充的图案选项，选择【木纹面5】图案为填充图案，如下图所示。

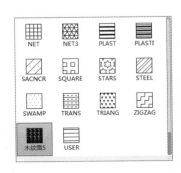

第6步 然后将角度设置为"90°"，比例设置为"2000"，如下图所示。

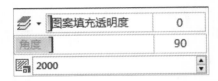

第7步 在需要填充的区域单击，填充完毕后，单击【关闭图案填充创建】按钮，结果如下图所示。

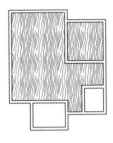

第8步 重复第4～7步，选择【ANSI37】图案为填充图案，填充角度为"45°"，填充比例为"75"，填充完毕后，结果如下图所示。

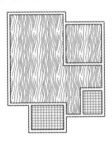

6.2 完善座椅立面图

本节中的座椅正立面图的底座部分已经绘制完成了，只需绘制靠背、座面和扶手的正立面即可。

6.2.1 绘制扶手和靠背外轮廓

扶手和靠背外轮廓是左右对称结构，因此在绘制时，可以只绘制一半，通过【镜像】命令得到另一半。绘制扶手和靠背外轮廓主要用到【多段线】和【多段线编辑】命令。

扶手和靠背外轮廓的具体操作步骤如下。

第1步 打开"素材\CH06\座椅正立面"文件，如下图所示。

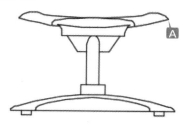

第2步 单击【默认】选项卡→【绘图】面板→【多段线】按钮，根据命令行提示进行如下操作。

```
命令：_PLINE
指定起点：          // 捕捉图中的 A 点
当前线宽为 0.0000
指定下一点或 [ 圆弧 (A)/ 半宽 (H)/ 长度
(L)/ 放弃 (U)/ 宽度 (W)]: @50,0
指定下一点或 [ 圆弧 (A)/ 闭合 (C)/ 半宽 (H)/
长度 (L)/ 放弃 (U)/ 宽度 (W)]: @0,245
指定下一点或 [ 圆弧 (A)/ 闭合 (C)/ 半宽 (H)/
长度 (L)/ 放弃 (U)/ 宽度 (W)]: a
指定圆弧的端点 ( 按住 Ctrl 键以切换方向 ) 或
[ 角度 (A)/ 圆心 (CE)/ 闭合 (CL)/ 方向 (D)/
半宽 (H)/ 直线 (L)/ 半径 (R)/ 第二个点 (S)/ 放弃 (U)/
宽度 (W)]: a
指定夹角：180
指定圆弧的端点 ( 按住 Ctrl 键以切换方向 )
或 [ 圆心 (CE)/ 半径 (R)]: r
指定圆弧的半径：25
```

```
指定圆弧的弦方向 ( 按住 Ctrl 键以切换方向 )
<90>: @-50,0
指定圆弧的端点 ( 按住 Ctrl 键以切换方向 ) 或
[ 角度 (A)/ 圆心 (CE)/ 闭合 (CL)/ 方向 (D)/
半宽 (H)/ 直线 (L)/ 半径 (R)/ 第二个点 (S)/ 放弃 (U)/
宽度 (W)]: L
指定下一点或 [ 圆弧 (A)/ 闭合 (C)/ 半宽 (H)/
长度 (L)/ 放弃 (U)/ 宽度 (W)]: c
```

第3步 多段线绘制完成后如下图所示。

第4步 按【Space】键重复调用【多段线】命令，绘制靠背右侧外轮廓，根据命令行提示进行如下操作。

```
命令：PLINE
指定起点：  // 捕捉第 3 步绘制的多段线圆弧
的中点
当前线宽为 0.0000
指定下一个点或 [ 圆弧 (A)/ 半宽 (H)/ 长度
(L)/ 放弃 (U)/ 宽度 (W)]: @0,80
指定下一点或 [ 圆弧 (A)/ 闭合 (C)/ 半宽 (H)/
长度 (L)/ 放弃 (U)/ 宽度 (W)]: a
```

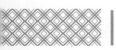
指定圆弧的端点 (按住 Ctrl 键以切换方向) 或

[角度 (A)/ 圆心 (CE)/ 闭合 (CL)/ 方向 (D)/

半宽 (H)/ 直线 (L)/ 半径 (R)/ 第二个点 (S)/ 放弃 (U)/

宽度 (W)]: ce

指定圆弧的圆心 : @–240,7

指定圆弧的端点 (按住 Ctrl 键以切换方向)

或 [角度 (A)/ 长度 (L)]: a

指定夹角 (按住 Ctrl 键以切换方向): 26

指定圆弧的端点 (按住 Ctrl 键以切换方向) 或

[角度 (A)/ 圆心 (CE)/ 闭合 (CL)/ 方向 (D)/

半宽 (H)/ 直线 (L)/ 半径 (R)/ 第二个点 (S)/ 放弃 (U)/

宽度 (W)]: ce

指定圆弧的圆心 : @–125,–70

指定圆弧的端点 (按住 Ctrl 键以切换方向)

或 [角度 (A)/ 长度 (L)]: a

指定夹角 (按住 Ctrl 键以切换方向): 54

指定圆弧的端点 (按住 Ctrl 键以切换方向) 或

[角度 (A)/ 圆心 (CE)/ 闭合 (CL)/ 方向 (D)/

半宽 (H)/ 直线 (L)/ 半径 (R)/ 第二个点 (S)/ 放弃 (U)/

宽度 (W)]: r

指定圆弧的半径 : 1200

指定圆弧的端点 (按住 Ctrl 键以切换方向)

或 [角度 (A)]: a

指定夹角 : 8

指定圆弧的弦方向 (按住 Ctrl 键以切换方向)

<173>:

　　// 水平拖曳鼠标，在圆弧左侧单击确定圆

弧的位置

指定圆弧的端点 (按住 Ctrl 键以切换方向) 或

[角度 (A)/ 圆心 (CE)/ 闭合 (CL)/ 方向 (D)/

半宽 (H)/ 直线 (L)/ 半径 (R)/ 第二个点 (S)/ 放弃 (U)/

宽度 (W)]: ↙

第 5 步　靠背绘制完成，结果如下图所示。

第 6 步　单击【默认】选项卡→【修改】面板→【镜像】按钮▲，选择刚绘制的两条多段线为镜像对象，然后捕捉中点为镜像线上第一点，沿竖直方向指定镜像线的第二点，如下图所示。

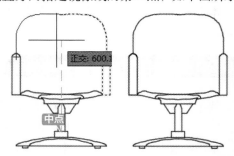

第 7 步　单击【默认】选项卡→【修改】面板→【修剪】按钮，选择两条多段线为剪切边，然后对它们进行修剪，如下图所示。

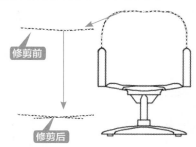

第 8 步　单击【默认】选项卡→【修改】面板→【编辑多段线】按钮，如下图所示。

| 提示 |

除了通过面板调用【多段线编辑】命令外，还可以通过以下方法调用【多段线编辑】命令。

（1）选择【修改】→【对象】→【多段线】命令。

（2）在命令行输入 "PEDIT/PE" 命令并按【Space】键。

（3）双击多段线。

第9步 根据命令行提示进行如下操作。

命令：_PEDIT

选择多段线或 [多条 (M)]: m

选择对象：找到 1 个

选择对象：找到 1 个，总计 2 个

选择对象：✓

输入选项 [闭合 (C)/ 打开 (O)/ 合并 (J)/ 宽度 (W)/ 拟合 (F)/ 样条曲线 (S)/ 非曲线化 (D)/ 线型生成 (L)/ 反转 (R)/ 放弃 (U)]: j

合并类型 ＝ 延伸

输入模糊距离或 [合并类型 (J)] <0.0000>: ✓

多段线已增加 2 条线段

输入选项 [闭合 (C)/ 打开 (O)/ 合并 (J)/ 宽度 (W)/ 拟合 (F)/ 样条曲线 (S)/ 非曲线化 (D)/ 线型生成 (L)/ 反转 (R)/ 放弃 (U)]: ✓

第10步 合并后的多段线成为一体，选中后通过【夹点编辑】对图形进行调整，如下图所示。

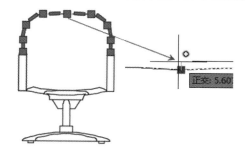

第11步 单击【默认】选项卡→【修改】面板→【圆角】按钮，将圆角半径设置为8，然后对扶手进行圆角，如下图所示。

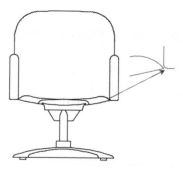

第12步 选中底座的两条圆弧，通过【夹点编辑】，将端点拉伸到圆角后圆弧的中点，如下图所示。

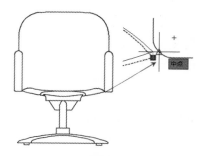

由于多段线的使用相当复杂，因此专门有一个特殊的命令——pedit 来对其进行编辑。执行【多段线编辑】命令后，命令行提示如下。

输入选项 [闭合 (C)/ 合并 (J)/ 宽度 (W)/ 编辑顶点（E）/ 拟合 (F)/ 样条曲线 (S)/ 非曲线化 (D)/ 线型生成 (L)/ 反转 (R)/ 放弃 (U)]:

【多段线编辑】命令各选项的含义如表 6-4 所示。

表 6-4　多段线编辑命令各选项的含义解释

选项	含义	图例	备注
闭合 / 打开	如果多段线是开放的，选择闭合后，多段线将首尾连接。如果多段线是闭合的，选择打开后，将删除闭合线段	"闭合" 之前 "闭合" 之后	

选项	含义	图例	备注
合并	对于要合并多段线的对象，除非第一个"PEDIT"命令提示下选择【多个】选项，否则，它们的端点必须重合。在这种情况下，如果模糊距离设置得足以包括端点，则可以将不相接的多段线合并	合并前 合并后	合并类型 扩展：通过将线段延伸或剪切至最接近的端点来合并选定的多段线 添加：通过在最接近的端点之间添加直线段来合并选定的多段线 两者：如有可能，通过延伸或剪切来合并选定的多段线。否则，通过在最接近的端点之间添加直线段来合并选定的多段线
宽度	为整个多段线指定新的统一宽度 可以选择【编辑顶点】→【宽度】选项来更改线段的起点宽度和端点宽度	改变宽度 统一宽度	
编辑顶点	插入：在多段线的标记顶点之后添加新的顶点	标记的顶点 "插入"之前　　"插入"之后	【下一个】：将标记"X"移动到下一个顶点。即使多段线闭合，标记也不会从端点绕回起点 【上一个】：将标记"X"移动到上一个顶点。即使多段线闭合，标记也不会从起点绕回端点 【打断】：将"X"标记移到任何其他顶点时，保存已标记的顶点位置如果指定的一个顶点在多段线的端点上，得到的将是一条被截断的多段线。如果指定的两个顶点都在多段线端点上，或者只指定一个顶点且也在端点上，则不能选择【打断】选项。 【退出】：退出【编辑顶点】模式
	移动：移动标记的顶点	标记的顶点 "移动"之前　　"移动"之后	
	重生成：重生成多段线	"重生成"之前　　"重生成"之后	
	拉直：将"X"标记移到任何其他顶点时，保存已标记的顶点位置 如果要删除多段线中连接两条直线段的弧线段并延伸直线段以使它们相交，则使用"FILLET"命令，并令其圆角半径为 0（零）	"拉直"之前　　"拉直"之后	
	切向：将切线方向附着到标记的顶点以便用于以后的曲线拟合		
	宽度：修改标记顶点之后线段的起点宽度和端点宽度。必须重生成多段线才能显示新的宽度	标记的顶点　修改了的线段宽度	

续表

选项	含义	图例	备注
拟合	创建圆弧拟合多段线（由圆弧连接每对顶点的平滑曲线）。曲线经过多段线的所有顶点并使用任何指定的切线方向	 原始　　拟合曲线	
样条曲线	使用选定多段线的顶点作为近似 B 样条曲线的曲线控制点或控制框架。该曲线将通过第一个和最后一个控制点，被拉向其他控制点但并不一定通过它们。在框架特定部分指定的控制点越多，曲线上这种拉拽的倾向就越大	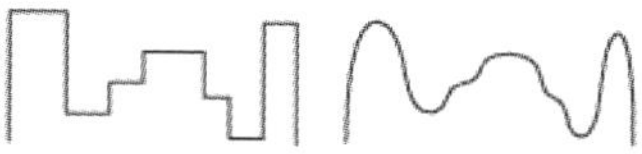 "样条化"之前　　"样条化"之后	
非曲线化	删除由拟合曲线或样条曲线插入的多余顶点，拉直多段线的所有线段。保留指定给多段线顶点的切向信息，用于随后的曲线拟合		
线型生成	生成经过多段线顶点的连续图案线型。关闭此选项，将在每个顶点处以点画线开始和结束生成线型。"线型生成"不能用于带变宽线段的多段线	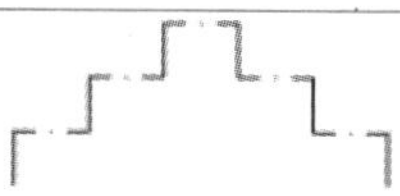 "线型生成"设置为"关"　　　"线型生成"设置为"开"	
反转	反转多段线顶点的顺序		

6.2.2 绘制座面

　　座面主要需用到多段线的【编辑】命令、【偏移】命令和【修剪】命令。座面上孔的具体操作步骤如下。

第1步 单击【默认】选项卡→【修改】面板→【编辑多段线】按钮，根据命令行提示进行如下操作。

> 命令：_pedit
> 选择多段线或 [多条 (M)]: m
> 选择对象：找到 1 个
> ……总计 6 个　　// 选择的 6 个对象
> 选择对象：✓
> 是否将直线、圆弧和样条曲线转换为多段线？
> [是 (Y)/ 否 (N)]? <Y> ✓

> 输入选项 [闭合 (C)/ 打开 (O)/ 合并 (J)/ 宽度 (W)/ 拟合 (F)/ 样条曲线 (S)/ 非曲线化 (D)/ 线型生成 (L)/ 反转 (R)/ 放弃 (U)]: j
> 合并类型 = 延伸
> 输入模糊距离或 [合并类型 (J)] <0.0000>:
> 　多段线已增加 5 条线段
> 输入选项 [闭合 (C)/ 打开 (O)/ 合并 (J)/ 宽度 (W)/ 拟合 (F)/ 样条曲线 (S)/ 非曲线化 (D)/ 线型生成 (L)/ 反转 (R)/ 放弃 (U)]: ✓

第2步 转换成多段线合并后如下图所示。

合并后成为一个整体

第3步 单击【默认】选项卡→【修改】面板→【偏移】按钮 ⊆，将合并后的多段线向上分别偏移 25 和 80，结果如下图所示。

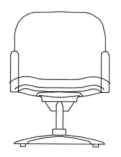

第4步 单击【默认】选项卡→【修改】面板→【修剪】按钮 ✂，选择两个扶手为剪切边，将超出扶手的多段线修剪掉，结果如下图所示。

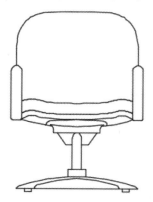

6.2.3 绘制靠背

绘制靠背主要用到【多段线】【镜像】【修剪】及【圆弧】命令。
靠背的具体操作步骤如下。

第1步 单击【默认】选项卡→【绘图】面板→【多段线】按钮 ___⤴，根据命令行提示进行如下操作。

```
命令：_PLINE
    指定起点：    // 捕捉下图所示的端点 A
    当前线宽为 0.0000
    指定下一点或 [ 圆弧 (A)/ 半宽 (H)/ 长度
(L)/ 放弃 (U)/ 宽度 (W)]: @0,115
    指定下一点或 [ 圆弧 (A)/ 闭合 (C)/ 半宽 (H)/
长度 (L)/ 放弃 (U)/ 宽度 (W)]: a
    指定圆弧的端点 ( 按住 Ctrl 键以切换方向 ) 或
[ 角度 (A)/ 圆心 (CE)/ 闭合 (CL)/ 方向 (D)/
半宽 (H)/ 直线 (L)/ 半径 (R)/ 第二个点 (S)/ 放弃 (U)/
宽度 (W)]: ce
    指定圆弧的圆心：@70,0
    指定圆弧的端点 ( 按住 Ctrl 键以切换方向 )
```

```
或 [ 角度 (A)/ 长度 (L)]: a
    指定夹角 ( 按住 Ctrl 键以切换方向 ): -34
    指定圆弧的端点 ( 按住 Ctrl 键以切换方向 ) 或
[ 角度 (A)/ 圆心 (CE)/ 闭合 (CL)/ 方向 (D)/
半宽 (H)/ 直线 (L)/ 半径 (R)/ 第二个点 (S)/ 放弃 (U)/
宽度 (W)]: ce
    指定圆弧的圆心：@240,-145
    指定圆弧的端点 ( 按住 Ctrl 键以切换方向 )
或 [ 角度 (A)/ 长度 (L)]: a
    指定夹角 ( 按住 Ctrl 键以切换方向 ): -25
    指定圆弧的端点 ( 按住 Ctrl 键以切换方向 ) 或
[ 角度 (A)/ 圆心 (CE)/ 闭合 (CL)/ 方向 (D)/
半宽 (H)/ 直线 (L)/ 半径 (R)/ 第二个点 (S)/ 放弃 (U)/
宽度 (W)]: ce
    指定圆弧的圆心：@65,-95
    指定圆弧的端点 ( 按住 Ctrl 键以切换方向 )
```

或 [角度 (A)/ 长度 (L)]: a

　　指定夹角 (按住 Ctrl 键以切换方向): -30

　　指定圆弧的端点 (按住 Ctrl 键以切换方向) 或

　　[角度 (A)/ 圆心 (CE)/ 闭合 (CL)/ 方向 (D)/

半宽 (H)/ 直线 (L)/ 半径 (R)/ 第二个点 (S)/ 放弃 (U)/

宽度 (W)]: ↙

第 2 步 结果如下图所示。

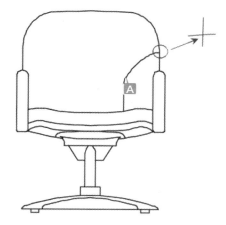

第 3 步 单击【默认】选项卡→【修改】面板→【镜像】按钮 ⚠ ，选择刚绘制的多段线为镜像对象，将它沿中心线镜像到另一侧，结果如下图所示。

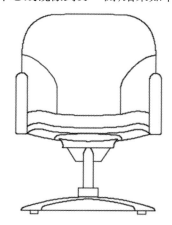

第 4 步 单击【默认】选项卡→【绘图】面板→【圆弧】→【起点、端点、半径】按钮 ，选择左侧多段线圆弧的中点为起点，如下图所示。

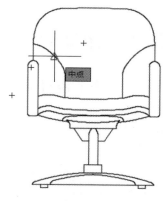

第 5 步 选择右侧多段线圆弧的中点为端点，如下图所示。

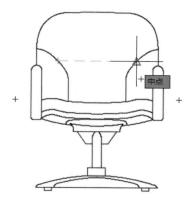

第 6 步 输入圆弧的半径 "375" ，结果如下图所示。

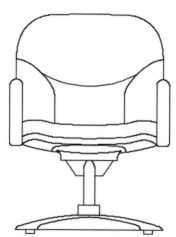

6.3 绘制雨伞

雨伞的绘制主要需用到【直线】【圆】【圆弧】【偏移】【点样式【定数等分】【样条曲线】和【多段线】命令。

雨伞的具体操作步骤如下。

第1步 单击【默认】选项卡→【绘图】面板→【直线】按钮 ╱，绘制两条垂直的直线，竖直线过水平直线的中点，长度不做要求，如下图所示。

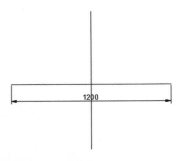

第2步 单击【默认】选项卡→【绘图】面板→【圆】→【圆心、半径】按钮 ⊙，以水平直线的左端点为圆心，绘制一个半径为680的圆，如下图所示。

第3步 单击【默认】选项卡→【绘图】面板→【圆弧】→【三点】按钮 ╱，捕捉水平直线的两个端点和圆与水平直线的端点，绘制的圆弧如下图所示。

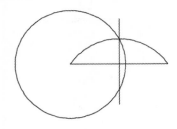

第4步 选择圆和竖直直线，然后按【Delete】键将其删除，结果如下图所示。

第5步 单击【默认】选项卡→【修改】面板→【偏移】按钮 ⊂，将水平直线向上偏移50，如下图所示。

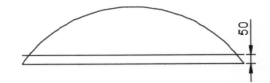

第6步 选择【格式】→【点样式】命令，在弹出的【点样式】对话框中对点样式进行设置，设置完成后单击【确定】按钮，如下图所示。

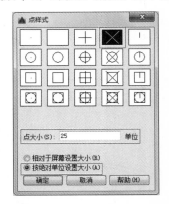

第7步 单击【默认】选项卡→【绘图】面板→【定数等分】按钮，分别将两条直线进行5等分和10等分，如下图所示。

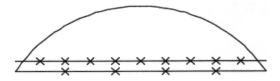

第8步 单击【默认】选项卡→【绘图】面板→【样条曲线拟合】按钮，如下图所示。

| 提示 |

　　除了通过面板调用【样条曲线】命令外，还可以通过以下方法调用【样条曲线】命令。

　　（1）选择【绘图】→【样条曲线】→【拟合点】命令。

　　（2）在命令行输入"SPLINE/SPL"命令并按【Space】键。

第9步 连接下图中的端点和节点绘制样条曲线。

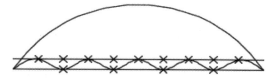

第10步 单击【默认】选项卡→【修改】面板→【删除】按钮，如下图所示。

| 提示 |

　　除了通过面板调用【删除】命令外，还可以通过以下方法调用【删除】命令。

　　（1）选择【修改】→【删除】命令。

　　（2）在命令行输入"ERASE/E"命令并按【Space】键。

第11步 选择直线和定数等分点，然后按【Space】键将它们删除，结果如下图所示。

第12步 单击【默认】选项卡→【绘图】面板→【圆弧】→【起点、端点、半径】按钮，以圆弧的中点和样条曲线的节点为起点和端点绘制圆弧，圆弧的半径如下图所示。

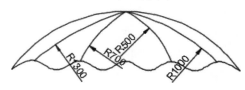

| 提示 |

　　R1300 和 R700 的起点为圆弧的中点，端点为样条曲线的节点。R500 和 R1000 的起点为样条曲线的节点，端点为圆弧的中点。

第13步 单击【默认】选项卡→【绘图】面板→【多段线】按钮，根据命令行提示进行如下操作。

> 命令：_pline
> 指定起点：fro 基点：　　　// 捕捉所有圆弧的交点
> <偏移>：@0,80
> 当前线宽为 0.0000
> 指定下一个点或 [圆弧 (A)/ 半宽 (H)/ 长度 (L)/ 放弃 (U)/ 宽度 (W)]：w
> 指定起点宽度 <0.0000>：5
> 指定端点宽度 <5.0000>：15
> 指定下一点或 [圆弧 (A)/ 半宽 (H)/ 长度 (L)/ 放弃 (U)/ 宽度 (W)]：@0,−80
> 指定下一点或 [圆弧 (A)/ 闭合 (C)/ 半宽 (H)/ 长度 (L)/ 放弃 (U)/ 宽度 (W)]：w
> 指定起点宽度 <15.0000>：0

指定端点宽度 <0.0000>: ↙

指定下一点或 [圆弧 (A)/ 闭合 (C)/ 半宽 (H)/ 长度 (L)/ 放弃 (U)/ 宽度 (W)]: @0,−770

指定下一点或 [圆弧 (A)/ 闭合 (C)/ 半宽 (H)/ 长度 (L)/ 放弃 (U)/ 宽度 (W)]: w

指定起点宽度 <0.0000>: 10

指定端点宽度 <10.0000>: ↙

指定下一点或 [圆弧 (A)/ 闭合 (C)/ 半宽 (H)/ 长度 (L)/ 放弃 (U)/ 宽度 (W)]: @0,−150

指定下一点或 [圆弧 (A)/ 闭合 (C)/ 半宽 (H)/ 长度 (L)/ 放弃 (U)/ 宽度 (W)]: a

指定圆弧的端点 (按住 Ctrl 键以切换方向) 或 [角度 (A)/ 圆心 (CE)/ 闭合 (CL)/ 方向 (D)/ 半宽 (H)/ 直线 (L)/ 半径 (R)/ 第二个点 (S)/ 放弃 (U)/ 宽度 (W)]: ce

指定圆弧的圆心 : @−50,0

指定圆弧的端点 (按住 Ctrl 键以切换方向) 或 [角度 (A)/ 长度 (L)]: a

指定夹角 (按住 Ctrl 键以切换方向): −180

指定圆弧的端点 (按住 Ctrl 键以切换方向) 或 [角度 (A)/ 圆心 (CE)/ 闭合 (CL)/ 方向 (D)/ 半宽 (H)/ 直线 (L)/ 半径 (R)/ 第二个点 (S)/ 放弃 (U)/ 宽度 (W)]: ↙

第 14 步 多段线绘制完成后如下图所示。

第 15 步 单击【默认】选项卡→【修改】面板→【修剪】按钮，选择大圆弧和样条曲线为剪切边，将二者之间的多段线修剪掉，结果如下图所示。

| 提示 |

样条曲线是经过或接近影响曲线形状的一系列点的平滑曲线。样条曲线使用拟合点或控制点进行定义。默认情况下，拟合点与样条曲线重合，而控制点定义控制框。控制框提供了一种便捷的方法，用来设置样条曲线的形状。左下图为拟合样条曲线，右下图为通过控制点创建的样条曲线。

与多段线一样，样条曲线也有专门的编辑工具——SPLINEDIT。调用样条曲线编辑命令的方法通常有以下几种。

（1）单击【默认】选项卡→【修改】面板中的【编辑样条曲线】按钮。

（2）选择【修改】→【对象】→【样条曲线】命令。

（3）在命令行中输入"SPLINEDIT/SPE"命令并按【Space】键确认。

（4）双击要编辑的样条曲线。

执行样条曲线编辑命令后，命令行提示如下。

输入选项 [闭合 (C)/ 合并 (J)/ 拟合数据 (F)/ 编辑顶点 (E)/ 转换为多段线 (P)/ 反转 (R)/ 放弃 (U)/ 退出 (X)] < 退出 >:

【样条曲线编辑】命令各选项的含义如表 6−5 所示。

表6-5 样条曲线编辑命令各选项的含义解释

选项	含义	图例	备注
闭合 / 打开	闭合：通过定义与第一个点重合的最后一个点，闭合开放的样条曲线。默认情况下，闭合的样条曲线沿整个曲线保持曲率连续性 打开：通过删除最初创建样条曲线时指定的第一个和最后一个点之间的最终曲线段，可打开闭合的样条曲线	闭合前 闭合后	
合并	将选定的样条曲线与其他样条曲线、直线、多段线和圆弧在重合端点处合并，以形成一个较大的样条曲线	合并前　　合并后	
拟合数据	添加：将拟合点添加到样条曲线	选定的拟合点　　新指定的点 结果	选择一个拟合点后，要指定以下一个拟合点（将自动亮显）方向添加到样条曲线的新拟合点 如果在开放的样条曲线上选择了最后一个拟合点，则新拟合点将添加到样条曲线的端点 如果在开放的样条曲线上选择第一个拟合点，则可以选择将新拟合点添加到第一个点之前或之后
	扭折：在样条曲线上的指定位置添加节点和拟合点，将不会保持在该点的相切或曲率连续性		
	移动：将拟合点移动到新位置	新指定的点 结果	
	清理：使用控制点替换样条曲线的拟合数据		
	相切：更改样条曲线的开始和结束切线。指定点以建立切线方向。可以使用对象捕捉，如垂直或平行		指定切线：（适用于闭合的样条曲线）在闭合点处指定新的切线方向 系统默认值：计算默认端点切线
	公差：使用新的公差值将样条曲线重新拟合至现有的拟合点	零公差　　正公差	
	退出：返回前一个提示		

续表

选项	含义	图例	备注
编辑顶点	提高阶数：增大样条曲线的多项式阶数（阶数加1）。将增加整个样条曲线控制点的数量。最大值为26		
	权值：更改指定控制点的权值		新权值：根据指定控制点的新权值重新计算样条曲线。权值越大，样条曲线越接近控制点
转换为多段线	将样条曲线转换为多段线精度值决定生成的多段线与样条曲线的接近程度。有效值为介于 0～99 的任意整数		较高的精度值会降低性能
反转	反转样条曲线的方向		

编辑曲线图标

本例主要通过【多线编辑】命令、【多段线编辑】命令和【样条曲线编辑】命令对图形进行修改编辑。

编辑曲线图标的具体操作步骤如表 6-6 所示。

表 6-6　编辑曲线图标的具体操作步骤

步骤	创建方法	结　　果	备　　注
1	打开随书附带的"素材 \CH06\ 编辑曲线图标"文件		
2	通过【多线编辑】对话框的"角点结合"将拐角处合并		使用"角点结合"时注意选择的顺序和位置

续表

步骤	创建方法	结　　果	备　注
3	（1）将所有的图形对象分解 （2）通过【多段线编辑】命令将分解后的对象转换为多段线 （3）将所有多段线进行合并 （4）合并后将多段线转换为样条曲线		步骤 2 和步骤 3 是在一次命令调用下完成的
4	（1）使用【样条曲线编辑】命令对顶点进行编辑，并将其移到合适的位置 （2）重新将样条曲线转换为多段线 （3）调用【多段线编辑】命令，将线宽改为 10		

高手支招

◇ **重点：使用特性匹配编辑对象**

使用【特性匹配】命令可以在不知道对象图层名称的情况下直接更改对象特性，包括颜色、图层、线型、线宽和打印样式等，方法就是将源对象的特性复制到另一个对象中。

AutoCAD 2019 中调用【特性匹配】的方法通常有以下 3 种。

（1）单击【默认】选项卡→【特性】面板中的【特性匹配】按钮📋。

（2）选择【修改】→【特性匹配】命令。

（3）在命令行中输入"MATCHPROP/MA"命令并按【Space】键确认。

第1步 打开"素材 \CH06\ 特性匹配编辑对象 .dwg"文件，如下图所示。

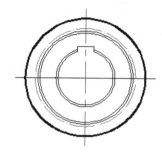

第2步 单击【默认】选项卡→【特性】面板中的【特性匹配】按钮📋，如下图所示。

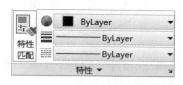

第3步 选择竖直中心线为源对象，如下图所示。

第4步 当鼠标指针变成刷子形状时选择水平

中心线（目标对象），如下图所示。

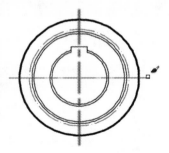

第5步 结果如下图所示。

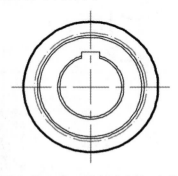

第6步 重复第2步，选择内侧细实线的圆为"源对象"，如下图所示。

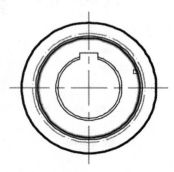

第7步 当鼠标指针变成刷子形状时选择最外侧粗实线的圆（目标对象），如下图所示。

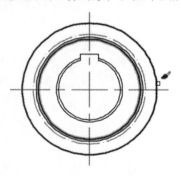

第8步 当外侧粗实线的圆变成细实线后按【Space】键退出【特性匹配】命令，结果如下图所示。

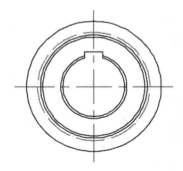

◇ 重点：利用夹点编辑对象

在没有调用命令的情况下选取对象时，对象上会出现高亮显示的夹点，单击这些夹点，可以对对象进行移动、拉伸、旋转、缩放、镜像等编辑。

下面对【夹点编辑】进行详细介绍，具体操作步骤如下。

第1步 打开"素材\CH06\夹点编辑.dwg"文件，如下图所示。

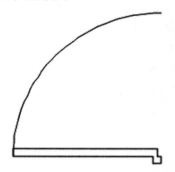

第2步 选中图形，显示夹点如下图所示。

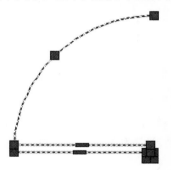

第3步 选中下图所示的夹点并右击，在弹出的快捷菜单中选择【旋转】选项。

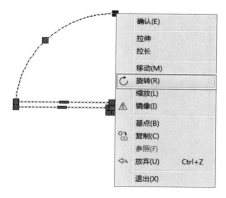

第4步 在命令行输入旋转角度"270"，结果如下图所示。

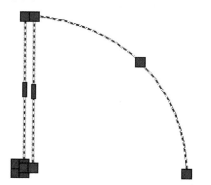

第5步 选中下图所示的夹点并右击。

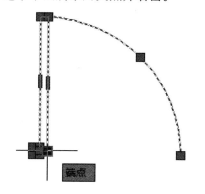

第6步 在弹出的快捷菜单中选择【缩放】选项，如下图所示。

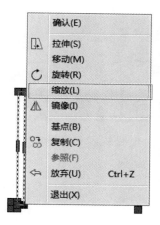

第7步 在命令行输入缩放比例"0.5"，命令行显示如下。

第8步 结果如下图所示。

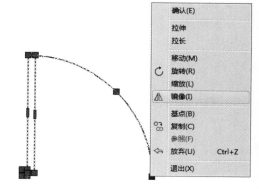

第9步 选中下图所示的夹点并右击，在弹出的快捷菜单中选择【镜像】选项，如下图所示。

第10步 在命令行输入"C"，以复制的方式镜像对象。

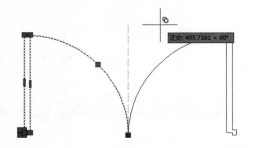

第 11 步
拖曳鼠标指针指定第二点，如下图
所示。

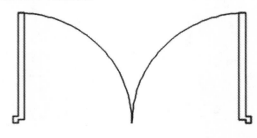

第 12 步
按【Esc】键，退出【夹点编辑】后
结果如下图所示。

第7章
文字与表格

⊜ 本章导读

在制图中，文字是不可或缺的组成部分，经常用文字来书写图纸的技术要求。除了技术要求外，对于装配图还要创建图纸明细栏来说明装配图的组成，而在 AutoCAD 中创建明细栏是利用【表格】命令来创建的。

● 思维导图

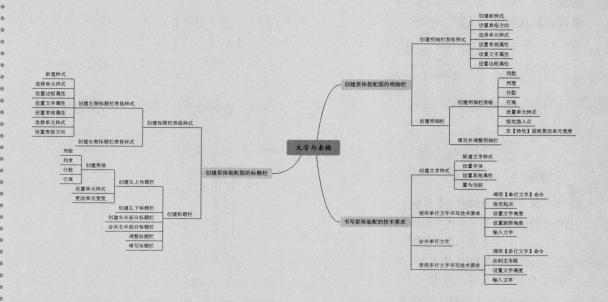

7.1 重点：创建泵体装配图的标题栏

标准标题栏的行和列各自交错，整体绘制起来难度很大，本节采取将其分为左上、左下和右三部分，分别绘制后组合到一起。

7.1.1 创建标题栏表格样式

在用 AutoCAD 绘制表格之前，首先要创建适合绘制所需表格的表格样式。
标题栏表格样式的具体操作步骤如下。

1. 创建左侧标题栏表格样式

第1步 打开"素材\CH07\齿轮泵装配图"文件，如下图所示。

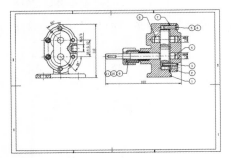

第2步 单击【默认】选项卡→【注释】面板→【表格样式】按钮，如下图所示。

提示

除了通过面板调用【表格样式】命令外，还可以通过以下方法调用【表格样式】命令。

（1）选择【格式】→【表格样式】命令。

（2）在命令行输入"TABLESTYLE/TS"命令并按【Space】键。

（3）单击【注释】选项卡→【表格】面板→右下角的 ↘ 按钮。

第3步 在弹出的【表格样式】对话框中单击【新建】按钮，在弹出的【创建新的表格样式】对话框中输入新样式名"标题栏表格样式（左）"，如下图所示。

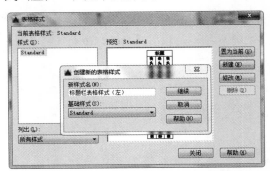

第4步 单击【继续】按钮，在弹出的对话框中单击【单元样式】→【常规】→【对齐】选项的下拉按钮，选择【正中】选项，如下图所示。

第5步 选择【文字】选项卡，将【文字高度】设置为"3"，如下图所示。

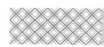

第6步 单击【单元样式】下拉按钮，在弹出的下拉列表中选择【标题】选项，如下图所示。

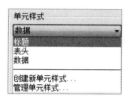

第7步 选择【文字】选项卡，将【文字高度】设置为"3"，如下图所示。

第8步 重复第6步和第7步，将表头的【文字高度】也设置为"3"，如下图所示。

第9步 设置完成后单击【确定】按钮，返回【表格样式】对话框后，即可看到新建的表格样式已经在"样式"列表中了，如下图所示。

2. 创建右侧标题栏表格样式

第1步 "标题栏表格样式（左）"创建完成返回【表格样式】对话框后，单击【新建】按钮，以"标题栏表格样式（左）"为基础样式创建"标题栏表格样式（右）"，如下图所示。

第2步 在弹出的【新建表格样式】对话框中单击【常规】→【表格方向】选项的下拉按钮，选择【向上】选项，如下图所示。

第3步 将表格方向数据单元格放在上面，表头和标题放在下面，如下图所示。

第4步 选择【单元样式】→【常规】选项卡，将"数据"单元格的【水平】和【垂直】页边距都设置为"0"，如下图所示。

第5步 选择【文字】选项卡，将"数据"单元格的【文字高度】设置为"1.5"，如下图所示。

第6步 单击【单元样式】下拉按钮，在弹出的下拉列表中选择【标题】选项，将标题的【文字高度】设置为"4.5"，如下图所示。

第7步 选择【常规】选项卡，将【水平】页边距设置为"1"，【垂直】页边距设置为"1.5"，如下图所示。

第8步 重复第7步，将表头的【水平】页边距设置为"1"，【垂直】页边距设置为"1.5"，如下图所示。

第9步 重复第6步，将表头的【文字高度】也设置为"4.5"，如下图所示。

第10步 设置完成后单击【确定】按钮，返回【表格样式】对话框后选择【标题栏表格样式(左)】选项，然后单击【置为当前】按钮，将其设置为当前样式，最后单击【关闭】按钮退出【表格样式】对话框，如下图所示。

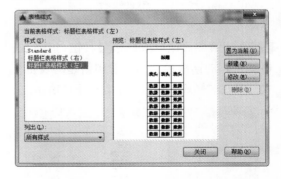

　　【表格样式】对话框用于创建、修改表格样式。表格样式包括背景色、页边距、边界、文字和其他表格特征的设置。【表格样式】对话框中各选项的含义如表7-1所示。

表 7-1　表格样式对话框各选项的含义

选项	含义	示例
起始表格	使用户可以在图形中指定一个表格用作样例来设置此表格样式的格式。选择表格后，可以指定要从该表格复制到表格样式的结构和内容 单击【删除表格】图标，可以将表格从当前指定的表格样式中删除	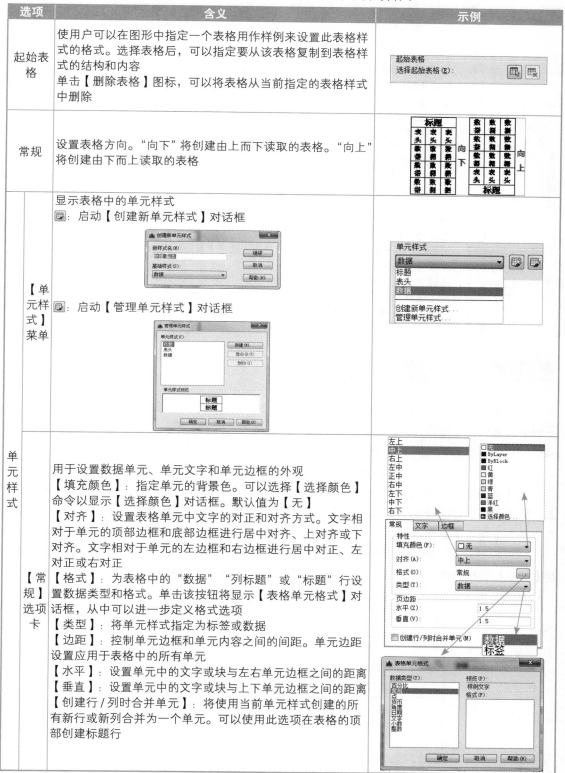
常规	设置表格方向。"向下"将创建由上而下读取的表格。"向上"将创建由下而上读取的表格	
【单元样式】菜单	显示表格中的单元样式 ▣：启动【创建新单元样式】对话框 ▣：启动【管理单元样式】对话框	
单元样式【常规】选项卡	用于设置数据单元、单元文字和单元边框的外观 【填充颜色】：指定单元的背景色。可以选择【选择颜色】命令以显示【选择颜色】对话框。默认值为【无】 【对齐】：设置表格单元中文字的对正和对齐方式。文字相对于单元的顶部边框和底部边框进行居中对齐、上对齐或下对齐。文字相对于单元的左边框和右边框进行居中对正、左对正或右对正 【格式】：为表格中的"数据""列标题"或"标题"行设置数据类型和格式。单击该按钮将显示【表格单元格式】对话框，从中可以进一步定义格式选项 【类型】：将单元样式指定为标签或数据 【边距】：控制单元边框和单元内容之间的间距。单元边距设置应用于表格中的所有单元 【水平】：设置单元中的文字或块与左右单元边框之间的距离 【垂直】：设置单元中的文字或块与上下单元边框之间的距离 【创建行/列时合并单元】：将使用当前单元样式创建的所有新行或新列合并为一个单元。可以使用此选项在表格的顶部创建标题行	

续表

选项		含义	示例
单元样式	【文字】选项卡	【文字样式】：列出可用的文本样式。单击【文字样式】按钮，显示【文字样式】对话框，从中可以创建或修改文字样式 【文字高度】：设定文字高度 【文字颜色】：指定文字颜色。选择列表底部的【选择颜色】选项，可显示【选择颜色】对话框 【文字角度】：设置文字角度。默认的文字角度为 0°。可以输入 −359° ～ +359° 的任意角度	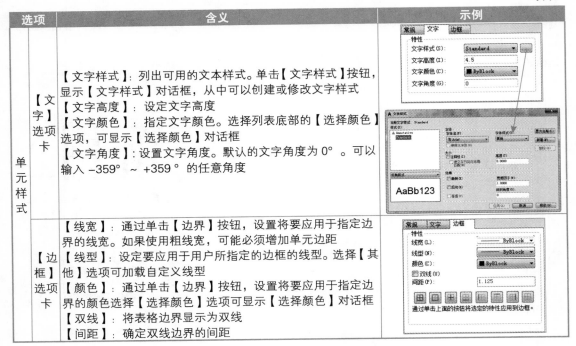
	【边框】选项卡	【线宽】：通过单击【边界】按钮，设置将要应用于指定边界的线宽。如果使用粗线宽，可能必须增加单元边距 【线型】：设定要应用于用户所指定的边框的线型。选择【其他】选项可加载自定义线型 【颜色】：通过单击【边界】按钮，设置将要应用于指定边界的颜色选择【选择颜色】选项可显示【选择颜色】对话框 【双线】：将表格边界显示为双线 【间距】：确定双线边界的间距	

7.1.2 创建标题栏

完成表格样式设置后，就可以调用【表格】命令来创建表格。在创建表格之前，先介绍一下表格的列和行与表格样式中设置的页边距、文字高度之间的关系。

最小列宽 =2× 水平页边距 + 文字高度
最小行高 =2× 垂直页边距 +4/3× 文字高度

在【插入表格】对话框中，当设置的列宽大于最小列宽时，以指定的列宽创建表格；当设置的列宽小于最小列宽时，以最小列宽创建表格。行高必须为最小行高的整数倍。创建完成后可以通过【特性】面板对列宽和行高进行调整，但不能小于最小列宽和最小行高。

创建标题栏时，将标题栏分为 3 部分创建，然后进行组合，其中左上标题栏和左下标题栏用【标题栏表格样式（左）】命令创建，右半部分标题栏用【标题栏表格样式（右）】命令创建。

标题栏创建完成后，结果如下图所示。

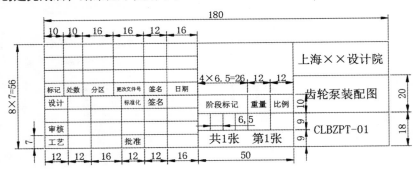

创建标题栏的具体操作步骤如下。

1. 创建左上标题栏

第1步 单击【默认】选项卡→【注释】面板→【表格】按钮⊞，如下图所示。

| 提示 | ┈┈┈┈┈┈┈

除了使用上面的方法调用【表格】命令外，还可以通过以下方法调用【表格】命令。

（1）单击【注释】选项卡→【表格】面板→【表格】按钮⊞。

（2）选择【绘图】→【表格】命令。

（3）在命令行输入"TABLE"命令并按【Space】键。

第2步 在弹出的【插入表格】对话框中设置，将【列数】设置为"6"，【列宽】设置为"16"；【行数】设置为"2"，【行高】设置为"1"，如下图所示。

第3步 单击【第一行单元样式】右侧的下拉按钮，选择【数据】选项，单击【第二单元样式】右侧的下拉按钮，选择【数据】选项，如下图所示。

设置单元样式
第一行单元样式：标题
第二行单元样式：标题
所有其他行单元样式：数据

| 提示 | ┈┈┈┈┈┈┈

7.1.1 小节在创建表格样式时已经将【标题栏表格样式（左）】设置为当前样式，所以默认为以该样式创建表格。

表格的行数 = 数据行数 + 标题 + 表头

第4步 设置完成后可以看到【预览】选项区域的单元格样式全变成了数据单元格，如下图所示。

☑预览(P)

数据	数据	数据
数据	数据	数据
数据	数据	数据
数据	数据	数据
数据	数据	数据
数据	数据	数据
数据	数据	数据
数据	数据	数据
数据	数据	数据
数据	数据	数据

第5步 其他设置保持默认设置，单击【确定】按钮退出【插入表格】对话框，然后在合适位置单击，指定表格插入点，如下图所示。

第6步 插入表格后按【Esc】键退出文字输入状态，如下图所示。

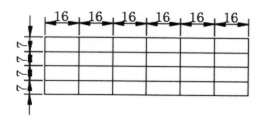

第7步 按【Ctrl+1】组合键，弹出【特性】面板后，按住鼠标左键并拖曳选择前两列表格，如下图所示。

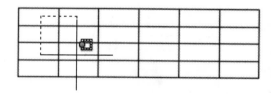

第8步 在【特性】面板上将单元格的宽度更改为10，如下图所示。

第9步 结果前两列的宽度变为"10",如下图所示。

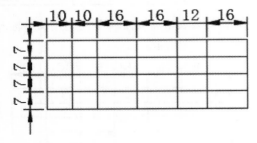

第10步 重复第7步和第8步,选中第5列,将单元格的宽度更改为12。按【Esc】键退出选择状态,结果如下图所示。

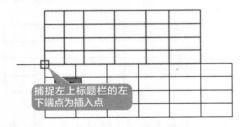

2. 创建左下标题栏

第1步 重复"创建左上标题栏"的第1~4步,创建完表格后指定插入点,如下图所示。

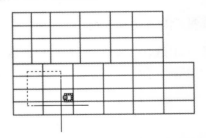

捕捉左上标题栏的左下端点为插入点

第2步 插入后按住鼠标左键并拖曳选择前两

列表格,如下图所示。

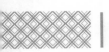

第3步 在【特性】面板上将单元格的宽度更改为"12",如下图所示。

第4步 再选中第4列和第5列,将单元格的宽度也更改为"12"。然后按【Esc】键退出选择状态,结果如下图所示。

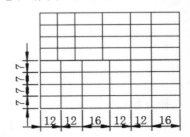

3. 创建右半部分标题栏

第1步 单击【默认】选项卡→【注释】面板→【表格】按钮,如下图所示。

第2步 单击左上角【标题栏表格样式】下拉列表,选择【标题栏表格样式(右)】选项,如下图所示。

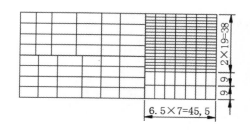

第3步 将【列数】设置为"7"，【列宽】设置为"6.5"；【行数】设置为"19"，【行高】设置为"1"，其他设置不变，如下图所示。

4. 合并右半部分标题栏

第1步 按住鼠标左键并拖曳选择最右侧前9行数据单元格，如下图所示。

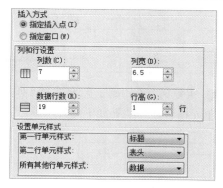

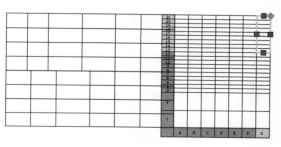

第4步 设置完成后，【预览】选项区域的单元格样式如下图所示。

第2步 单击【表格单元】选项卡→【合并】面板→【合并全部】按钮，如下图所示。

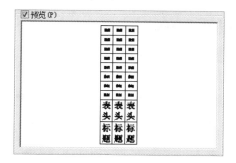

| 提示 |

选择表格后会自动弹出【表格单元】选项卡。

第5步 创建完表格后指定"左下标题栏"的右下端点为插入点，如下图所示。

第3步 合并后结果如下图所示。

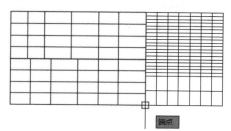

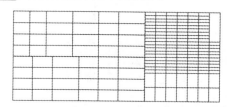

第6步 插入后表格后按【Esc】键退出文字输入状态，结果如下图所示。

第4步 重复第1步和第2步，选中最右侧的10～19行数据单元格，将其合并，如下图所示。

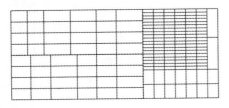

第5步 重复第1步和第2步，选中最右侧的"标题"和"表头"单元格，将其合并，结果如下图所示。

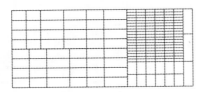

第6步 选择左侧5列上端前14行数据单元格，如下图所示。

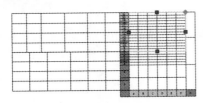

第7步 单击【表格单元】选项卡→【合并】面板→【合并全部】按钮，将其合并后，结果如下图所示。

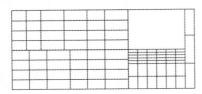

第8步 选择左侧4列3～7行数据单元格，如下图所示。

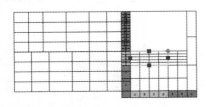

第9步 单击【表格单元】选项卡→【合并】面板→【合并全部】按钮，将其合并后，结果如下图所示。

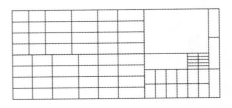

第10步 重复第1步和第2步，将剩余的第5列和第6列数据单元格分别进行合并，结果如下图所示。

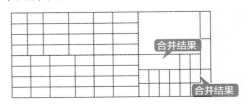

第11步 重复第1步和第2步，将左侧5列的"标题"单元格合并，结果如下图所示。

5. 调整标题栏

第1步 按住鼠标左键并拖曳鼠标指针，选择最右侧表格，如下图所示。

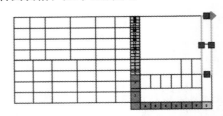

第2步 在【特性】面板上将单元格的宽度更改为50，如下图所示。

第3步 继续选择需要修改列宽的表格，如下图所示。

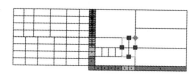

第4步 在【特性】面板上将单元格的宽度更改为12，如下图所示。

第5步 单元格的宽度修改完毕后，结果如下图所示。

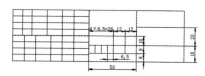

6. 填写标题栏

第1步 双击要填写文字的单元格，然后输入相应的内容，如下图所示。

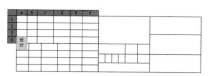

第2步 如果输入的内容较多或字体较大超出了表格，可以选中输入的文字，然后在弹出的【文字编辑器】选项卡的【样式】面板上修改文字的高度，如下图所示。

第3步 选中文字高度后，按【↑】【↓】【←】

【→】 键到下一个单元格，如下图所示。

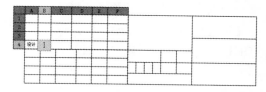

第4步 继续输入文字，并对文字的大小进行调节，使输入的文字适应表格大小，结果如下图所示。

第5步 选中确定不需要修改的文字内容，如下图所示。

第6步 单击【表格单元】→【单元格式】面板→【单元锁定】下拉按钮，选择【内容和格式已锁定】选项，如下图所示。

第7步 选中锁定后的内容或格式，将出现🔒图标，只有重新解锁后，才能修改该内容，如下图所示。

第8步 重复第5步和第6步，将所有不需要修改的内容锁定，然后单击【默认】选项卡→【修改】面板→【移动】按钮 ✦✦，选择所有的标题栏为移动对象，并捕捉右下角的端点为基点，如下图所示。

第二点，标题栏移动到位后，结果如下图所示。

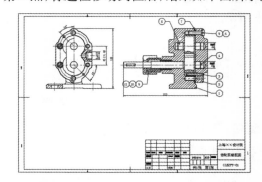

第9步 捕捉图框内边框的右下端点为位移的

【插入表格】对话框各选项的含义如表7-2所示。

表 7-2　插入表格对话框各选项的含义

选项	含义	示例
表格样式	在要从中创建表格的当前图形中选择表格样式。通过单击下拉列表旁边的按钮，用户可以创建新的表格样式	
插入选项	【从空白表格开始】：创建可以手动填充数据的空表格 【从数据链接开始】：从外部电子表格中的数据创建表格 【从数据提取开始】：启动"数据提取"向导	
预览	控制是否显示预览。如果从空表格开始，则预览将显示表格样式的样例。如果创建表格链接，则预览将显示结果表格。处理大型表格时，清除此选项以提高性能	
插入方式	【指定插入点】：指定表格左上角的位置。可以使用定点设备，也可以在命令提示下输入坐标值。如果表格样式将表格的方向设定为由下而上读取，则插入点位于表格的左下角 【指定窗口】：指定表格的大小和位置。可以使用定点设备，也可以在命令提示下输入坐标值。选择此选项时，行数、列数、列宽和行高取决于窗口的大小，以及列和行的设置	
行和列设置	【列数】：指定列数。选择【指定窗口】选项并指定列宽时，【自动】选项将被选定，且列数由表格的宽度控制。如果已指定包含起始表格的表格样式，则可以选择要添加到此起始表格的其他列的数量 【列宽】：指定列的宽度。选择【指定窗口】选项并指定列数时，则选择了【自动】选项，且列宽由表格的宽度控制。最小列宽为一个字符	

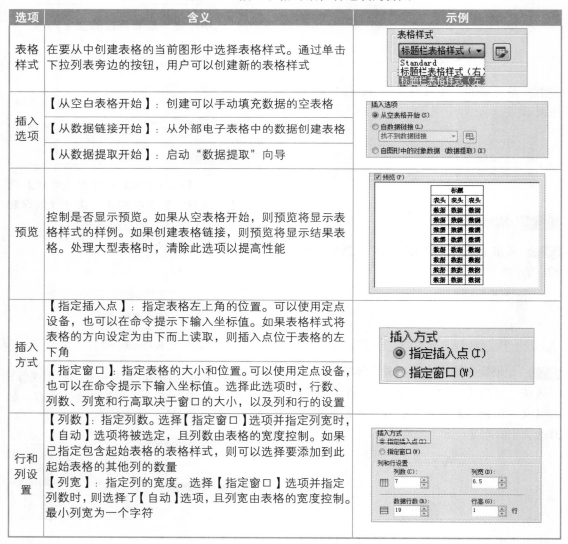

续表

选项	含义	示例
行和列设置	【数据行数】：指定行数。选择【指定窗口】选项并指定行高时，则选择了【自动】选项，且行数由表格的高度控制。带有标题行和表头行的表格样式最少应有三行。最小行高为一个文字行。如果已指定包含起始表格的表格样式，则可以选择要添加到此起始表格的其他数据行的数量 【行高】：按照行数指定行高。文字行高基于文字高度和单元边距，这两项均在表格样式中设置。选择【指定窗口】选项并指定行数时，则选择了【自动】选项，且行高由表格的高度控制	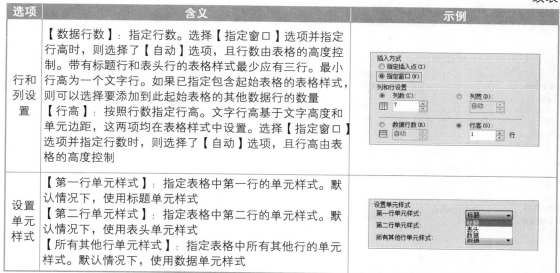
设置单元样式	【第一行单元样式】：指定表格中第一行的单元样式。默认情况下，使用标题单元样式 【第二行单元样式】：指定表格中第二行的单元样式。默认情况下，使用表头单元样式 【所有其他行单元样式】：指定表格中所有其他行的单元样式。默认情况下，使用数据单元样式	

创建表格后，单击表格上的任意网格线可以选中表格，在单元格内单击则可以选中单元格。

选中表格后可以修改其列宽和行高、更改其外观、合并单元格、取消合并单元格及创建表格打断。选中单元格后可以更改单元格的高度、宽度，以及拖曳单元格夹点复制数据等。

关于修改表和单元格的操作如如表 7-3 所示。

表 7-3　修改表和单元格

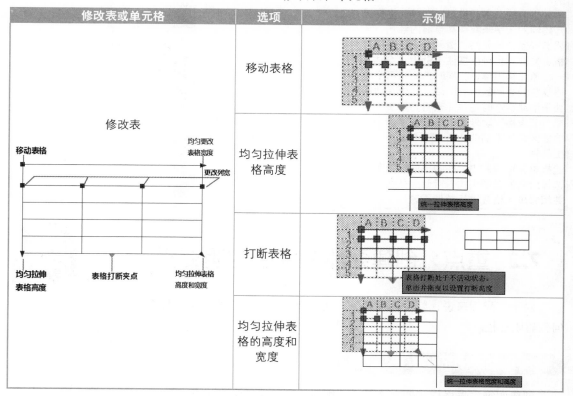

续表

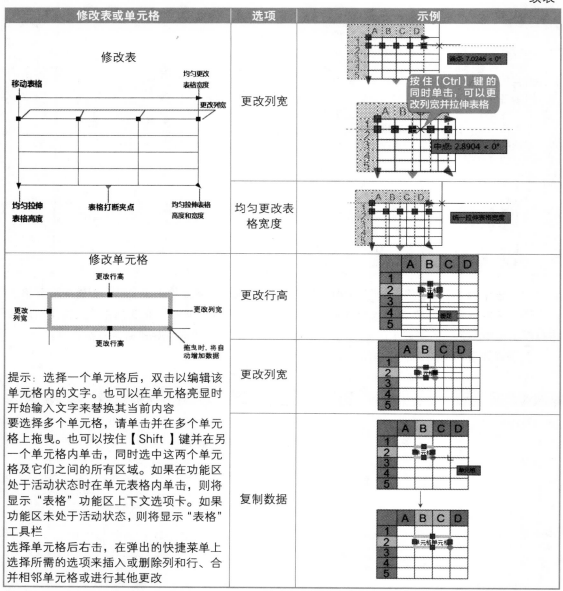

修改表或单元格	选项	示例
修改表	更改列宽	按住【Ctrl】键的同时单击，可以更改列宽并拉伸表格
	均匀更改表格宽度	
修改单元格	更改行高	
提示：选择一个单元格后，双击以编辑该单元格内的文字。也可以在单元格亮显时开始输入文字来替换其当前内容 要选择多个单元格，请单击并在多个单元格上拖曳。也可以按住【Shift】键并在另一个单元格内单击，同时选中这两个单元格及它们之间的所有区域。如果在功能区处于活动状态时在单元格表格内单击，则将显示"表格"功能区上下文选项卡。如果功能区未处于活动状态，则将显示"表格"工具栏 选择单元格后右击，在弹出的快捷菜单上选择所需的选项来插入或删除列和行、合并相邻单元格或进行其他更改	更改列宽	
	复制数据	

7.2 重点：创建泵体装配图的明细栏

对于装配图来说，除了标题栏外，还要有明细栏，前面介绍了标题栏的绘制，本节介绍如何创建明细栏。

7.2.1 创建明细栏表格样式

创建明细栏表格样式的方法与前面相似，具体操作步骤如下。

第1步 单击【默认】选项卡→【注释】面板→【表格样式】按钮。

第2步 在弹出的【表格样式】对话框中单击【新建】按钮，以7.1节创建的"标题栏表格样式（左）"为基础样式，在对话框中输入新样式名"明细栏表格样式"，如下图所示。

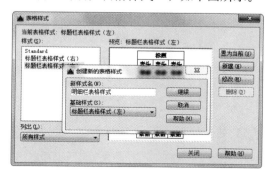

第3步 在弹出的【新建表格样式】对话框中单击【常规】→【表格方向】右侧的下拉按钮，选择【向上】选项，如下图所示。

第4步 选择【单元样式】→【文字】选项卡，将"数据"单元格的【文字高度】设置为"2.5"，如下图所示。

第5步 单击【单元样式】下拉按钮，在弹出的下拉列表中选择【标题】选项，然后将"标题"的【文字高度】设置为"2.5"，如下图所示。

第6步 重复第5步，将"表头"的【文字高度】设置为"2.5"，如下图所示。

第7步 设置完成后单击【确定】按钮，返回【表格样式】对话框后选择【明细栏表格样式】选项，然后单击【置为当前】按钮，将其设置为当前样式，最后单击【关闭】按钮退出【表格样式】对话框，如下图所示。

7.2.2 创建明细栏

【明细栏表格样式】创建完成后就可以开始创建明细栏了，创建明细栏的方法与创建标题栏的方法相似，其具体绘制步骤如下。

1. 创建明细题栏表格

第1步 单击【默认】选项卡→【注释】面板→【表格】按钮。

第2步 在弹出的【插入表格】对话框中，将【列数】设置为"5，【列宽】设置为"10"；【数据行数】设置为"10，【行高】设置为"1"。最后将单元样式全部设置为【数据】，如下图所示。

第3步 其他设置保持默认设置，单击【确定】按钮退出【插入表格】对话框，然后在合适位置单击，指定表格插入点，如下图所示。

第4步 插入表格后按【Esc】键退出文字输入状态，按【Ctrl+1】组合键，弹出【特性】面板后，按住鼠标左键并拖曳选择第2列和第3列表格，如下图所示。

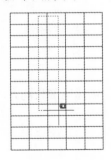

第5步 在【特性】面板上将单元格的宽度更改为25，如下图所示。

第6步 结果如下图所示。

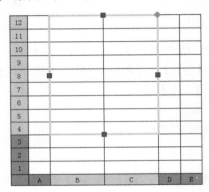

第7步 重复第4步和第5步，选中第5列，将单元格的宽度更改为"20"。按【Esc】键退出选择状态后，结果如下图所示。

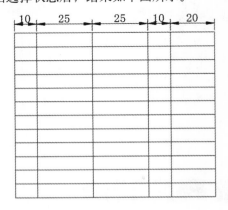

2. 填写并调整明细栏

第1步 双击左下角的单元格，输入相应的内容后按【↑】键，将鼠标指针移动到上一单元格并输入序号"1"，如下图所示。

第2步 输入完成后在空白处单击退出输入状态，然后单击"1"所在的单元格，选中单元格后按住【Ctrl】键单击右上角的菱形夹点并向上拖曳，如下图所示。

第3步 AutoCAD 将自动生成序号，如下图所示。

第4步 重复第 1 步填写表格的其他内容，如下图所示。

11	85.15.10	压紧螺母	1	Q235
10	GC006	填料压盖	1	Q235
9	85.15.06	填料		
8	GS005	输出齿轮轴	1	45+淬火
7	GV004	石棉垫	1	石棉
6	GBT65-2000	螺栓	6	性能4.8级
5	GB/T93-1987	弹簧垫圈	6	
4	GS003	输入齿轮轴	1	45+淬火
3	GB/T119-2000	定位销	2	35
2	GC002	泵盖	1	HT150
1	GP001	泵体	1	HT150
序号	代号	名称	数量	材料

第5步 选中位置不在"正中"的文字，如下图所示。

12	11	85.15.10	压紧螺母	1	Q235
11	10	GC006	填料压盖	1	Q235
10	9	85.15.06	填料		
9	8	GS005	输出齿轮轴	1	45+淬火
8	7	GV004	石棉垫	1	石棉
7	6	GBT65-2000	螺栓	6	性能4.8级
6	5	GB/T93-1987	弹簧垫圈	6	
5	4	GS003	输入齿轮轴	1	45+淬火
4	3	GB/T119-2000	定位销	2	35
3	2	GC002	泵盖	1	HT150
2	1	GP001	泵体	1	HT150
1	序号	代号	名称	数量	材料
	A	B	C	D	E

第6步 选择【表格单元】选项卡→【单元样式】面板→【对齐】下拉列表→【正中】选项，如下图所示。

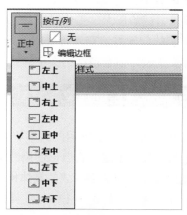

第7步 将序号对齐方式更改为"正中"后，结果如下图所示。

11	85.15.10	压紧螺母	1	Q235
10	GC006	填料压盖	1	Q235
9	85.15.06	填料		
8	GS005	输出齿轮轴	1	45+淬火
7	GV004	石棉垫	1	石棉
6	GBT65-2000	螺栓	6	性能4.8级
5	GB/T93-1987	弹簧垫圈	6	
4	GS003	输入齿轮轴	1	45+淬火
3	GB/T119-2000	定位销	2	35
2	GC002	泵盖	1	HT150
1	GP001	泵体	1	HT150
序号	代号	名称	数量	材料

第8步 重复第5步和第6步，将其他不在"正中"对齐的文字也更改为"正中"对齐，结果如下图所示。

11	85.15.10	压紧螺母	1	Q235
10	GC006	填料压盖	1	Q235
9	85.15.06	填料		
8	GS005	输出齿轮轴	1	45+淬火
7	GV004	石棉垫	1	石棉
6	GBT65-2000	螺栓	6	性能4.8级
5	GB/T93-1987	弹簧垫圈	6	
4	GS003	输入齿轮轴	1	45+淬火
3	GB/T119-2000	定位销	2	35
2	GC002	泵盖	1	HT150
1	GP001	泵体	1	HT150
序号	代号	名称	数量	材料

第9步 单击【默认】选项卡→【修改】面板→【移动】按钮，选择明细栏为移动对象，并捕捉右下角的端点为基点，如下图所示。

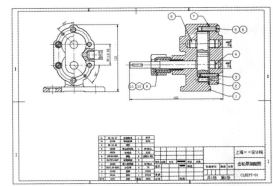

第10步 捕捉标题栏的左下端点为位移的第二点，明细栏移动到位后如下图所示。

7.3 书写泵体装配的技术要求

当设计要求在图上难以用图形与符号表达时，则通过书写"技术要求"的方法进行表达，如热处理要求，材料硬度控制，齿轮、蜗轮等的各项参数与精度要求，渗氮、镀层要求，特别加工要求，试验压力、工作温度，工作压力、设计标准等。

文字的创建方法有两种，即单行文字和多行文字，不管用哪种方法创建文字，在创建文字之前都要先设定适合自己的文字样式。

7.3.1 重点：创建文字样式

AutoCAD 中默认使用的文字样式为 Standard，通过【文字样式】对话框可以对文字样式进行修改，或者创建适合自己使用的文字样式。

创建技术要求文字样式的具体操作步骤如下。

第1步 单击【默认】选项卡→【注释】面板→【文字样式】按钮A，如下图所示。

第2步 在弹出的【文字样式】对话框中单击【新建】按钮，在弹出的【新建文字样式】对话框中输入新样式名"机械样板文字"样式，如下图所示。

第3步 单击【确定】按钮，这时文字样式列

表中就多了一个"机械样板文字"样式，如下图所示。

第4步 选择【机械样板文字】选项，然后单击【字体名】下拉列表，选择【仿宋】选项，如下图所示。

第5步 选择【机械样板文字】选项，然后单击【置为当前】按钮，弹出如下图所示的修改提示框。

第6步 单击【是】按钮，最后单击【关闭】按钮即可。

　　【文字样式】对话框用于创建、修改或设置命名文字样式，关于【文字样式】对话框中各选项的含义如表7-4所示。

表7-4　文字样式对话框中各选项的含义

选项	含义	示例	备注
样式	列表显示图形中所有的文字样式	样式(S): Annotative 注释性文字 样式　　字	样式名前的 ⚖ 图标指示文字样式为注释性

续表

选项	含义	示例	备注
样式列表过滤器	下拉列表指定所有样式还是仅使用中的样式显示在样式列表中	所有样式 / 所有样式 / 正在使用的样式	
字体名	AutoCAD 提供了两种字体，即编译的形（.shx）字体和 True Type 字体从列表中选择字体名称后，该程序将读取指定字体的文件	字体名（F）：Tahoma 等	如果更改现有文字样式的方向或字体文件，当图形重生成时所有具有该样式的文字对象都将使用新值
字体样式	指定字体格式，如斜体、粗体或常规字体。选中【使用大字体】复选框后，该选项变为【大字体】，用于选择大字体文件	字体样式（Y）：常规 / 常规 / 斜体 / 粗体 / 粗斜体	"大字体"是指亚洲语言的大字体文件，只有在【字体名】下拉列表框中选择了【shx】字体，才能启用【使用大字体】选项。如果选择了【shx】字体，并且选中【使用大字体】复选框，【字体样式】下拉列表中将有与之相对应的选项供其使用
注释性	注释性对象和样式用于控制注释对象在模型空间或布局中显示的尺寸和比例	大小 □注释性（I） 高度（T）0.0000 □使文字方向与布局匹配（M）　不勾选"注释性"	
使用文字方向与布局匹配	指定图纸空间视口中的文字方向与布局方向匹配。如果取消选中【注释性】复选框，则该复选框不可用	大小 ☑注释性（I）图纸文字高度（T）0.0000 □使文字方向与布局匹配（M）　勾选"注释性"	
高度	字体高度一旦设定，在输入文字时将不再提示输入文字高度，只能用已设置的文字高度，所以如果不是指定用途的文字一般不设置高度	注意：在相同的高度设置下，TrueType 字体显示的高度可能会小于 shx 字体 如果选中【注释性】复选框，则输入的值将设置图纸空间中的文字高度	
颠倒	颠倒显示字符	AaBb123	
反向	反向显示字符	AaBb123	
垂直	显示垂直对齐的字符	A a B b	只有在选择字体支持双向时【垂直】选项才可用。TrueType 字体的垂直定位不可用
宽度因子	设置字符间距。输入小于 1.0 的值将压缩文字。输入大于 1.0 的值则扩大文字	AaBb123 AaBb123 AaBb123　宽度比例因子分别为：1.2、1和0.8 的显示效果	
倾斜角度	设置文字的倾斜角	AaBb123	该值范围：-85~ 85

> **提示**
>
> 使用 TrueType 字体在屏幕上可能显示为粗体。屏幕显示不影响打印输出，字体将按指定的字符格式打印。

7.3.2 使用单行文字书写技术要求

技术要求既可以用单行文字创建也可以用多行文字创建。

使用【单行文字】命令可以创建一行或多行文字，在创建多行文字时，通过按【Enter】键来结束每一行，其中，每行文字都是独立的对象，可对其进行移动、调整格式或进行其他修改。

使用单行文字书写技术要求的具体操作步骤如下。

第1步 单击【默认】选项卡→【注释】面板→【文字】下拉按钮→【单行文字】按钮A，如下图所示。

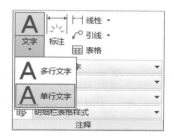

| 提示 |

　　除了通过面板调用【单行文字】命令外，还可以通过以下方法调用【单行文字】命令。

　　（1）选择【格式】→【文字】→【单行文字】命令。

　　（2）在命令行输入"TEXT/DT"命令并按【Space】键。

　　（3）单击【注释】选项卡→【文字】面板→【文字】下拉按钮→【单行文字】按钮A。

第2步 在绘图窗口中单击指定文字的起点，在命令行中指定文字高度及旋转角度，并分别按【Enter】键确认。

```
命令：_TEXT
    当前文字样式："机械样板文字" 文字高度:
5.0000 注释性：否 对正：左
    指定文字的起点 或 [ 对正 (J)/ 样式 (S)]:
    指定高度 <5.0000>: 6
    指定文字的旋转角度 <0>: ↙
```

第3步 输入下图所示的文字内容，书写完成后按【Esc】键退出命令。

技术要求·
1．两齿轮轴的啮合长度3/4以上，用手转动齿轮轴应能灵活转动；
2．未加工面涂漆；
3．制造与验收条件符合国家标准。

第4步 按【Ctrl+1】组合键，弹出【特性】面板后，即可看到技术要求的内容，如下图所示。

技术要求：
1．两齿轮轴的啮合长度3/4以上，用手转动齿轮轴应能灵活转动；
2．未加工面涂漆，
3．制造与验收条件符合国家标准。

| 提示 |

　　单行文字的每一行都是独立的，可以单独选取。

第5步 在【特性】面板中将文字高度更改为4，如下图所示。

第6步 文字高度改变后，结果如下图所示。

技术要求：
1．两齿轮轴的啮合长度3/4以上，用手转动齿轮轴应能灵活转动；
2．未加工面涂漆，
3．制造与验收条件符合国家标准。

提示

在【特性】面板中不仅可以更改文字的高度，还可以更改文字的内容、样式、注释性、旋转、宽度因子及倾斜等，如果仅仅是更改文字的内容，还可以通过以下方法来实现。

（1）选择【修改】→【对象】→【文字】→【编辑】命令。

（2）在命令行中输入"DDEDIT/ED"命令并按【Space】键确认。

（3）在绘图区域中双击单行文字对象。

（4）选择文字对象，在绘图区域中右击，在快捷菜单中选择【编辑】命令。

第7步 执行【单行文字】命令后，AutoCAD命令行提示如下。

```
命令：_TEXT
当前文字样式："机械样板文字" 文字高度：
5.0000 注释性：否 对正：左
指定文字的起点 或 [ 对正 (J)/ 样式 (S)]：
```

命令行各选项的含义如表 7-5 所示。

表 7-5 命令行各选项含义

选项	含义
起点	指定文字对象的起点，在单行文字的文字编辑器中输入文字。仅在当前文字样式不是注释性且没有固定高度时，才显示"指定高度"提示。仅在当前文字样式为注释性时才显示"指定图纸文字高度"提示
样式	指定文字样式，文字样式决定文字字符的外观，创建的文字使用当前文字样式。输入？将列出当前文字样式、关联的字体文件、字体高度及其他参数
对正	控制文字的对正，也可在"指定文字的起点"提示下输入这些选项。在命令行中输入文字的对正参数"J"并按【Enter】键确认，命令行提示如下。 输入选项 [左(L)/ 居中(C)/ 右(R)/ 对齐(A)/ 中间(M)/ 布满(F)/ 左上(TL)/ 中上(TC)/ 右上(TR)/ 左中(ML)/ 正中(MC)/ 右中(MR)/ 左下(BL)/ 中下(BC)/ 右下(BR)]： 【左（L）】：在由用户给出的点指定的基线上左对正文字。 【居中（C）】：从基线的水平中心对齐文字，此基线是由用户给出的点指定的。（旋转角度是指基线以中点为圆心旋转的角度，它决定了文字基线的方向，可通过指定点来决定该角度。文字基线的绘制方向为从起点到指定点，如果指定的点在圆心的左边，将绘制出倒置的文字） 【右（R）】：在由用户给出的点指定的基线上右对正文字。 【对齐（A）】：通过指定基线端点来指定文字的高度和方向。（字符的大小根据其高度按比例调整，文字字符串越长，字符越窄） 【中间（M）】：文字在基线的水平中点和指定高度的垂直中点上对齐。中间对齐的文字不保持在基线上。 【布满（F）】：指定文字按照由两点定义的方向和一个高度值布满一个区域。只适用于水平方向的文字。 【左上（TL）】：在指定为文字顶点的点上左对正文字。只适用于水平方向的文字。 【中上（TC）】：以指定为文字顶点的点居中对正文字。只适用于水平方向的文字。 【右上（TR）】：以指定为文字顶点的点右对正文字。只适用于水平方向的文字。 【左中（ML）】：在指定为文字中间点的点上靠左对正文字。只适用于水平方向的文字。 【正中（MC）】：在文字的中央水平和垂直居中对正文字。只适用于水平方向的文字。（【正中】选项与【中间】选项不同，【正中】选项使用大写字母高度的中点，而【中间】选项使用的中点是所有文字包括下行文字在内的中点） 【右中（MR）】：以指定为文字的中间点的点右对正文字。只适用于水平方向的文字。 【左下（BL）】：以指定为基线的点左对正文字。只适用于水平方向的文字。 【中下（BC）】：以指定为基线的点居中对正文字。只适用于水平方向的文字。 【右下（BR）】：以指定为基线的点靠右对正文字。只适用于水平方向的文字。

续表

选项	含义
对正	对齐方式就是输入文字时的基点，也就是说，如果选择【右中对齐】选项，那么文字右侧中点就会靠着基点对齐，文字的对齐方式如左下图所示。如果选择对齐方式后的文字，就会出现两个夹点，一个夹点在固定左下方，而另一个夹点就是基点的位置，如右下图所示。 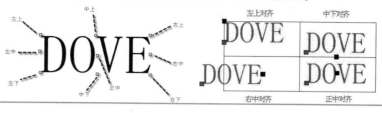

7.3.3 新功能：合并单行文字

合并文字一直是 AutoCAD 的难点，需在命令行输入"TXT2MTXT"命令来执行【合并文字】命令。

第 1 步 选择前面输入的技术要求，如下图所示。

技术要求：

1. 两齿轮轴的啮合长度3/4以上，手转动齿轮轴应能灵活转动；

2. 未加工面涂漆；（文字是多个独立的个体）

3. 制造与验收条件符合国家标准。

第 2 步 在命令行输入"TXT2MTXT"命令并按【Space】键，根据命令行提示输入"SE"命令，在弹出的对话框中进行如下图所示的设置。

命令：TXT2MTXT
选择要合并的文字对象 …
选择对象或 [设置 (SE)]: se

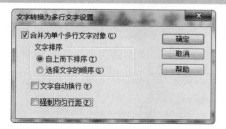

第 3 步 设置完成后单击【确定】按钮，然后选中下图所示的所有文字。

技术要求：

1. 两齿轮轴的啮合长度3/4以上，手转动齿轮轴应能灵活转动；

2. 未加工面涂漆；

3. 制造与验收条件符合国家标准。

第 4 步 按【Enter】键，将所选的单行文字合并成单个多行文字，然后在合并后的文字上任意单击，即可选中所有文字，如下图所示。

技术要求：
1. 两齿轮轴的啮合长度3/4以上，手转动齿轮轴应能灵活转动；
2. 未加工面涂漆；
3. 制造与验收条件符合国家标准。（整个文字选中后只有一个夹点）

| 提示 |

在安装 AutoCAD 时，如果安装了【EXPRESS TOOLS】（一般完全安装情况下都有该选项卡），则可以通过【EXPRESS TOOLS】选项卡上的命令来执行单行文字的合并。

单击【EXPRESS TOOLS】选项卡→【TEXT】面板→【Convert to Mtext】按钮，如下图所示。

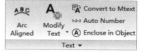

7.3.4 使用多行文字书写技术要求

多行文字又称为段落文字，这是一种更易于管理的文字对象，可以由两行以上的文字组成，而且无论多少行，文字都是作为一个整体处理。

使用多行文字书写技术要求的具体操作步骤如下。

第1步 单击【默认】选项卡→【注释】面板→【文字】下拉按钮→【多行文字】按钮A，如下图所示。

> **提示**
>
> 除了通过面板调用【多行文字】命令外，还可以通过以下方法调【多行文字】命令。
>
> （1）选择【格式】→【文字】→【多行文字】命令。
>
> （2）在命令行输入"MTEXT/T"命令并按【Space】键。
>
> （3）单击【注释】选项卡→【文字】面板→【文字】下拉按钮→【多行文字】按钮A。

第2步 在绘图区域中单击指定文本输入框的第一个角点，然后拖曳鼠标指针并单击，指定文本输入框的另一个角点，如下图所示。

第3步 系统弹出【文字编辑器】窗口，如下图所示。

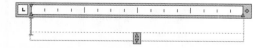

第4步 在弹出的【文字编辑器】选项卡的【样

式】面板中将文字高度设置为6，如下图所示。

第5步 在【文字编辑器】窗口中输入文字内容，如下图所示。

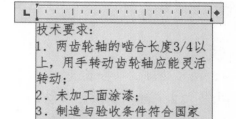

第6步 选中技术要求的内容，如下图所示。

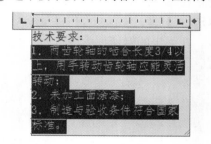

第7步 在【文字编辑器】选项卡的【样式】面板中将文字高度设置为4，如下图所示。

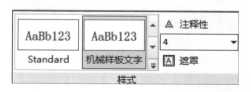

第8步 将技术要求的文字更改为4后如下图所示。

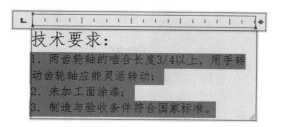

第9步 选中"3/4"，然后单击【文字编辑器】选项卡【格式】面板的堆叠按钮 ᵇₐ，如下图所示。

第10步 堆叠后结果如下图所示。

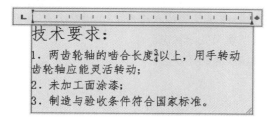

第11步 将鼠标指针放到标尺的右端，当鼠标指针变成↔符号时按住鼠标向左拖曳，如下图所示。

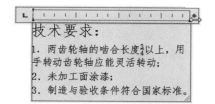

第12步 输入完成后在空白区域单击，退出文

字输入状态，结果如下图所示。

| 提示 |

多行文字分解后变成多个单行文字。

调用【多行文字】命令后拖曳鼠标指针到适当的位置后单击，系统弹出一个顶部带有标尺的【文字输入】窗口（在位文字编辑器）。输入完成后，单击【关闭文字编辑器】按钮，此时文字显示在用户指定的位置，如下图所示。

在输入多行文字时，每行文字输入完成后，系统会自动换行；拖曳右侧的按钮可以调整文字输入窗口的宽度；另外，当输入窗口中的文字过多时，系统将自动调整文字输入窗口的高度，从而使输入的多行文字全部显示。在输入多行文字时，按【Enter】键的功能是切换到下一段落，只有按【Ctrl+Enter】组合键才可结束输入操作。

在创建多行文字时，除了【在位文字编辑器】外，同时还多了一个【文字编辑器】选项卡，如下图所示。在该选项卡中可对文字进行编辑操作。

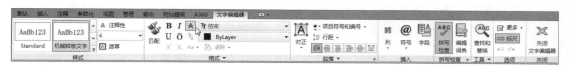

（1）【样式】面板中各选项含义。

【文字样式】：向多行文字对象应用文字样式，默认情况下，"标准"文字样式处于活动状态。

【注释性】：打开或关闭当前多行文字对象的"注释性"。

【文字高度】：使用图形单位设定新文字的字符高度或更改选定文字的高度。如果当前文字样式没有固定高度，则文字高度是 TEXTSIZE 系统变量中存储的值。多行文字对象可以包含不同高度的字符。

【背景遮罩】按钮█：显示【背景遮罩】对话框（不适用于表格单元）。

（2）【格式】面板中各选项含义。

【匹配】按钮❀：将选定文字的格式应用到多行文字对象中的其他字符。再次单击该按钮或按【Esc】键退出匹配格式。

【粗体】按钮**B**：打开或关闭新文字或选定文字的粗体格式。此选项仅适用于使用 TrueType 字体的字符。

【斜体】按钮*I*：打开或关闭新文字或选定文字的斜体格式。此选项仅适用于使用 TrueType 字体的字符。

【删除线】按钮**A**：打开或关闭新文字或选定文字的删除线。

【下画线】按钮**U**：打开或关闭新文字或选定文字的下画线。

【上画线】按钮**O**：为新建文字或选定文字打开或关闭上画线。

【堆叠】按钮▪：在多行文字对象和多重引线中堆叠分数和公差格式的文字。使用斜线（/）垂直堆叠分数，使用磅字符（#）沿对角方向堆叠分数，或者使用插入符号（^）堆叠公差。

【上标】按钮**x²**：将选定的文字转为上标或将其切换为关闭状态。

【小标】按钮**x₂**：将选定的文字转为下标或将其切换为关闭状态。

【大写】按钮**ᵃA**：将选定文字更改为大写。

【小写】按钮**Aₐ**：将选定文字更改为小写。

【清除】按钮█：可以删除字符格式、段落格式或所有格式。

【字体】（下拉列表）：为新输入的文字指定字体或更改选定文字的字体。TrueType 字体按字体族的名称列出，AutoCAD 编译的形（Shx）字体按字体所在文件的名称列出，自定义字体和第三方字体在编辑器中显示为 Autodesk 提供的代理字体。

【颜色】（下拉列表）：指定新文字的颜色或更改选定文字的颜色。

【倾斜角度】按钮**0/**：确定文字是向前倾斜还是向后倾斜，倾斜角度表示的是相对于 90° 方向的偏移角度。输入一个 –85 ~ 85 的数值使文字倾斜，倾斜角度的值为正时文字向右倾斜，倾斜角度的值为负时文字向左倾斜。

【追踪】按钮**a·b**：增大或减小选定字符之间的空间，1.0 设置是常规间距。

【宽度因子】按钮**o**：扩展或收缩选定字符，1.0 设置代表此字体中字母的常规宽度。

（3）【段落】面板中各选项含义。

【对正】按钮**A**：显示对正下拉菜单，有 9 个对齐选项可用，【左上】选项为默认设置。

【项目符号和编号】按钮█：显示用于创建列表的选项。（不适用于表格单元）缩进列表以与第一个选定的段落对齐。

【行距】按钮█：显示建议的行距选项或【段落】对话框，在当前段落或选定段落中设置行距（行距是多行段落中，文字的上一行底部和下一行顶部之间的距离）。

【默认】按钮、【左对齐】按钮、【居中】按钮、【右对齐】按钮、【对正】按钮、【分散对齐】按钮：设置当前段落或选定段落的左、中或右文字边界的对正和对齐方式，包含在一行的末尾输入的空格，并且这些空格会影响行的对正。

【段落】：单击【段落】右下角的按钮，将显示【段落】对话框。

（4）【插入】面板中各选项含义。

【列】按钮：显示弹出菜单，该菜单提供 3 个栏选项，即不分栏、静态栏和动态栏。

【符号】按钮@：在鼠标指针位置插入符号或不间断空格，也可以手动插入符号。子菜单中列出了常用符号及其控制代码或 Unicode 字符串，单击【其他】按钮，将显示【字符映射表】对话框，其中包含了系统中每种可用字体的整个字符集。选中所有要使用的字符后，单击【复制】按钮，关闭对话框，在编辑器中右击并选择【粘贴】选项。不支持在垂直文字中使用符号。

【字段】按钮：显示【字段】对话框，从中可以选择要插入文字中的字段，关闭该对话框后，字段的当前值将显示在文字中。

（5）【拼写检查】面板中各选项含义。

【拼写检查】按钮：确定输入时拼写检查处于打开还是关闭状态。

【编辑词典】按钮：显示【词典】对话框，从中可添加或删除在拼写检查过程中使用的自定义词典。

（6）【工具】面板中各选项含义。

【查找和替换】按钮：显示【查找和替换】对话框。

【输入文字】：显示【选择文件】对话框（标准文件选择对话框），选择任意 ASCII 或 RTF 格式的文件。输入的文字保留原始字符格式和样式特性，但可以在编辑器中编辑输入的文字并设置其格式。选择要输入的文本文件后，可以替换选定的文字或全部文字，或者在文字边界内将插入的文字附加到选定的文字中。输入文字的文件必须小于 32KB。编辑器自动将文字颜色设定为【BYLAYER】。当插入黑色字符且背景色是黑色时，编辑器自动将其修改为白色或当前颜色。

【全部大写】：将所有新建文字和输入的文字转换为大写，自动大写不影响已有的文字。要更改现有文字的大小写，请选中文字并右击。

（7）【选项】面板中各选项含义。

【更多】按钮：显示其他文字选项列表。

【标尺】按钮：在编辑器顶部显示标尺，拖曳标尺末尾的箭头可更改多行文字对象的宽度。列模式处于活动状态时，还显示高度和列夹点。也可以从标尺中选择制表符，单击【制表符选择】按钮将更改制表符样式：左对齐、居中、右对齐和小数点对齐。进行选择后，可以在标尺或【段落】对话框中调整相应的制表符。

【放弃】按钮：放弃在【文字编辑器】功能区上下文选项卡中执行的动作，包括对文字内容或文字格式的更改。

【重做】按钮：重做在【文字编辑器】功能区上下文选项卡中执行的动作，包括对文字内容或文字格式的更改。

（8）【关闭】面板中各选项含义。

【关闭文字编辑器】按钮：结束【MTEXT】命令并关闭【文字编辑器】功能区上下文选项卡。

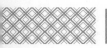

举一反三

创建电器元件表

一套电器设备需由很多元器件组成，电器元件表也是电器电路图的必备要素之一。电器元件表的创建方法与前面介绍的创建泵体装配图的标题栏、明细栏相似，都是先创建表格样式，然后再插入表格并对表格进行调整，最后输入文字。

创建电器元件表的具体操作步骤和顺序如表 7-6 所示。

表 7-6　创建电器元件表的具体操作步骤

步骤	创建方法	结　果	备　注
1	创建电器元件表格样式		将对齐方式设置为【正中】，其他设置不变
2	通过【插入表格】对话框插入表格，插入表格列数为8，列宽为20，数据行数为6，行高为1行，第1、第2单元格式分别为标题和表头		因为8列中，有5列的宽度只需要20即可，所以这里将列宽设置为20，后面调整列宽的个数最少
3	通过【特性】面板对列宽进行调整		
4	输入电器元件的名称、个数、单位及备注情况	电器元件表	如果输入的文字不在正中，可以通过单元格式的对齐方式进行调整

步骤4结果表格内容：

序号	符号	名称	型号	规格	单位	数量	备注
1	M	异步电动机	Y	300V，15KW	台	1	
2	KM	交流接触器	CJ10	300V，40A	个	1	
3	FU2	熔断器	PC1	250V，1A		1	配熔丝1A
4	FU1	熔断器	RT0	380V，40A		3	配熔丝30A
5	K	热继电器	JR3	40A		1	整定值25A
6	S1 S2	按钮	LA2	250V，3A		2	一常开，一常闭触点

◇ 新功能：如何识别 PDF 文件中的 SHX 文字

将 PDF 文件导入 AutoCAD 后，PDF 的 SHX 文字(形文字)通常是以图形形式存在的，通过【PDFSHXTEXT】命令，可以识别 PDF 中的 SHX 文字，并将其转换为文字对象。

第 1 步 新建一个 ".dwg" 图形文件，然后单击【插入】→【PDF 输入】按钮，选择 "素材 \CH07\ 识别 PDF 中的 SHX 文字 .dwg" 文件，如下图所示。

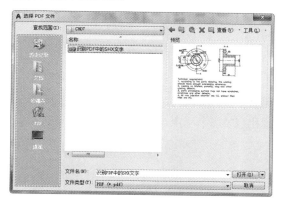

第 2 步 单击【打开】按钮，系统弹出【输入 PDF】对话框，如下图所示。

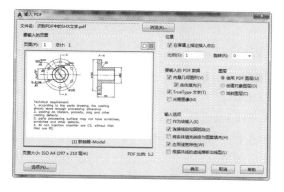

第 3 步 设置完成后，单击【确定】按钮，在 AutoCAD 绘图区指定插入点，将 PDF 文件

插入后，选择文字内容，可以看到显示为几何图形，如下图所示。

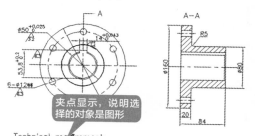

夹点显示，说明选择的对象是图形

Technical requirement:
1, according to the parts drawing, the casting should leave enough processing allowance.
2, casting no blisters, porosity, slag and other casting defects.
3, parts processing surface may not have scratches, scratches and other defects.
4, All non injection chamfer are C2, without fillet fillet are R2.

第 4 步 退出选择，然后在命令行输入 "PDFSHXTEXT" 命令，根据命令行提示进行如下操作。

> 命令：PDFSHXTEXT
> 选择要转换为文字的几何图形 ...
> 选择对象或 [设置 (SE)]：指定对角点：找到 434 个
>
> // 选择图中所有的文字对象
> 选择对象或 [设置 (SE)]：✓
> 正在将几何图形转换为文字 ...
> 组 1: 已成功 – ROMANS 100%
> 1 个 (共 1 个) 组已转换为文字
> 已创建 9 个文字对象

文字识别完成后,弹出识别结果,如下图所示。

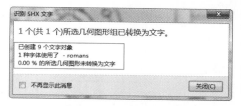

第 5 步 单击【关闭】按钮，选择文字内容，可以看到每行文字作为单行文字被选中，如下图所示。

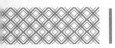
Technical requirement:
1. according to the parts drawing, the casting should leave enough processing allowance.
2. casting no blisters, porosity, slag and other casting defects.
3. parts processing surface may not have scratches, scratches and other defects.
4. All non injection chamfer are C2, without fillet fillet are R2.

| 提示 |::::::

目前 AutoCAD 只识别 PDF 中的英文 SHX 文字，并且在英文版的 AutoCAD 中该命令已经界面化，可以通过【Insert】选项卡→【Import】面板→【Recognize SHX Text】按钮来调用该命令。

如果找不到相应的 SHX 文字，在第 4 步操作中，当提示"选择对象或 [设置 (SE)]"时，输入"SE"，在弹出的【PDF 文字识别设置】对话框中选中更多要进行比较的 SHX 字体，如下图所示。

选中所有 SHX 字体，如果仍不能识别，则可以单击【添加】按钮，在弹出的【选择 SHX 字体文件】对话框中选择 AutoCAD 内存的 SHX 字体，如下图所示。

◇ 重点：AutoCAD 中的文字为什么是"？"

AutoCAD 字体通常可以分为标准字体和大字体，标准字体一般存放在 AutoCAD 安装目录下的 FONT 文件夹中，而大字体则存放在 AutoCAD 安装目录下的 FONTS 文件夹中。假如字体库中没有所需字体，AutoCAD 文件中的文字对象则会以乱码或"？"显示，如果需要将乱码文字进行正常显示则需要进行替换。

下面以实例形式对文字字体的替换过程进行详细介绍，具体操作步骤如下。

第 1 步 打开"素材 \CH07\AutoCAD 字体 .dwg"文件，如下图所示。

第 2 步 选择【格式】→【文字样式】命令，弹出【文字样式】对话框，如下图所示。

第 3 步 在【样式】选项区域中选择【PC_TEXTSTYLE】选项，然后取消选中【使用大字体】复选框，在【字体】选项区域中单击【字体名】下拉按钮，选择【华文行楷】选项，如下图所示。

第4步 单击【应用】按钮并关闭【文字样式】对话框，结果如下图所示。

图样标记

| 提示 | ::::::::

　　如果字体没有显示，选择【视图】→【重生成】命令即可显示出新设置的字体。

◇ 关于镜像文字

　　在 AutoCAD 中可以根据需要决定文字镜像后的显示方式，可以使镜像后的文字保持原方向，也可以使其镜像显示。

　　下面以实例形式对文字的镜像显示进行详细介绍，具体操作步骤如下。

第1步 打开"素材 \CH07\ 镜像文字 .dwg"文件，如下图所示。

设计软件

镜像文字

第2步 在命令行输入"MIRRTEXT"，按

【Enter】键确认，并设置其新值为 0，命令行提示如下。

> 命令：MIRRTEXT
> 输入 MIRRTEXT 的新值 <0>：0　　✓

第3步 在命令行输入"MI"并按【Space】键调用【镜像】命令，在绘图窗口中选择"设计软件"作为镜像对象，如下图所示。

设计软件

镜像文字

第4步 按【Enter】键确认，并在绘图窗口中单击指定镜像线的第一点，如下图所示。

设计软件

镜像文字

指定镜像线的第一点

第5步 在绘图窗口中垂直拖曳鼠标指针并单击指定镜像线的第二点，如下图所示。

设计软件　　　设计软件

镜像文字

指定镜像线的第二点

第6步 命令行提示如下。

> 要删除源对象吗？ [是 (Y)/ 否 (N)] <N>：　　✓

第7步 在命令行输入"N"，结果如下图所示。

设计软件　　　设计软件

镜像结果

镜像文字

第8步 在命令行输入"MIRRTEXT"命令，按【Enter】键确认，并设置其新值为 1，命令行提示如下。

> 命令：MIRRTEXT
> 输入 MIRRTEXT 的新值 <0>：1　　✓

第9步 在命令行输入"MI"，并按【Space】

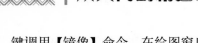
键调用【镜像】命令，在绘图窗口中选择"镜像文字"作为镜像对象，如下图所示。

设计软件　　　　设计软件

镜像文字

第10步 按【Enter】键确认，并在绘图窗口中单击指定镜像线的第一点，如下图所示。

设计软件 ━┼━ 设计软件

镜像文字

第11步 在绘图窗口中垂直拖曳鼠标指针并单击指定镜像线的第二点，如下图所示。

设计软件　　　　设计软件

镜像文字 ━┼━ 宇文劏镜

第12步 命令行提示如下。

要删除源对象吗? [是 (Y)/ 否 (N)] <N>:　✓

第13步 在命令行输入"N"命令，结果如下图所示。

设计软件　　　　　　设计软件

镜像文字　　　　　宇文劏镜
镜像结果

第8章
尺寸标注

本章导读

没有尺寸标注的图形被称为哑图，现在的各大行业中已经极少采用了。另外需要注意的是，零件的大小取决于图纸所标注的尺寸，并不是以实际绘图尺寸作为依据的。因此，图纸中的尺寸标注可以被看作是数字化信息的表达。

思维导图

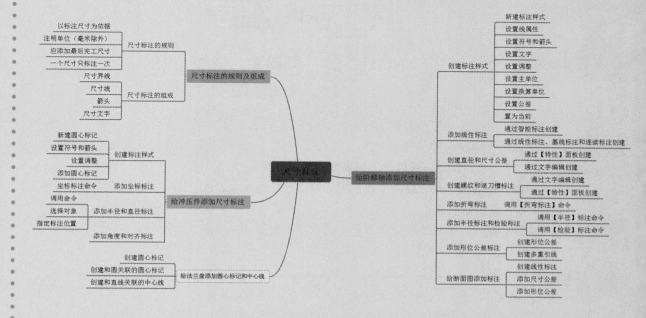

8.1 尺寸标注的规则及组成

绘制图形的根本目的是反映对象的形状，而图形中各个对象的大小和相互位置只有经过尺寸标注才能表现出来。AutoCAD 提供了一套完整的尺寸标注命令，用户使用它们足以完成图纸中要求的尺寸标注。

8.1.1 尺寸标注的规则

在 AutoCAD 中，对绘制的图形进行尺寸标注时应当遵循以下规则。

（1）对象的真实大小应以图样上所标注的尺寸数值为依据，与图形的大小及绘图的准确度无关。

（2）图形中的尺寸以毫米（mm）为单位时，不需要标注计量单位的代号或名称。如果采用其他的单位，则必须注明相应计量单位的代号或名称。

（3）图形中所标注的尺寸应为该图形所表示对象的最后完工尺寸，否则应另加说明。

（4）对象的每一个尺寸一般只标注一次。

8.1.2 尺寸标注的组成

在工程绘图中，一个完整的尺寸标注一般由尺寸线、尺寸界限、尺寸箭头和尺寸文字 4 个部分组成，如下图所示。

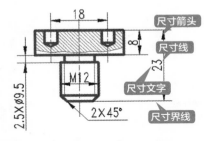

尺寸界线：用于指明所要标注的长度或角度的起始位置和结束位置。

尺寸线：用于指定尺寸标注的范围。在 AutoCAD 中，尺寸线可以是一条直线（如线性标注和对齐标注），也可以是一段圆弧（如角度标注）。

尺寸箭头：箭头位于尺寸线的两端，用于指定尺寸的界限。系统提供了多种箭头样式，并且允许创建自定义的箭头样式。

尺寸文字：是尺寸标注的核心，用于表明标注对象的尺寸、角度或旁注等内容。创建尺寸标注时，既可以使用系统自动计算出的实际测量值，也可以根据需要输入尺寸文字。

> **┃提示┃**:::::
>
> 通常，机械图的尺寸线末端符号用箭头，而建筑图尺寸线末端则用 45° 短线；另外，机械图尺寸线一般没有超出标记，而建筑图尺寸线是否超出标记可以自行设置。

8.2 给阶梯轴添加尺寸标注

阶梯轴是机械设计中常见的零件，本节通过【智能】标注、【线性】标注、【基线】标注、【连续】标注、【直径】标注、【半径】标注、【公差】标注、【形位公差】标注等命令给阶梯轴添加标注，标注完成后最终结果如下图所示。

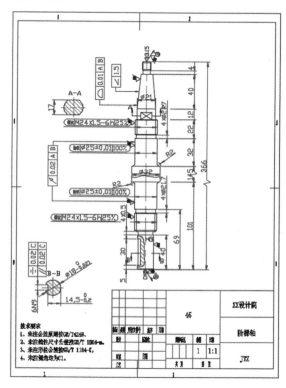

8.2.1 重点：创建标注样式

尺寸标注样式用于控制尺寸标注的外观，如箭头的样式、文字的位置及尺寸界线的长度等，通过设置尺寸标注可以确保所绘图纸中的尺寸标注符合行业或项目标准。

尺寸标注样式是通过【标注样式管理器】对话框设置的，调用该对话框的方法有以下 5 种。

（1）选择【格式】→【标注样式】命令。

（2）选择【标注】→【标注样式】命令。

（3）在命令行中输入"DIMSTYLE/D"命令并按【Space】键确认。

（4）单击【默认】选项卡→【注释】面板中的【标注样式】按钮 ⤢。

（5）单击【注释】选项卡→【标注】面板右下角的 ⌟ 按钮。

创建阶梯轴标注样式的具体操作步骤如下。

第1步 打开"素材 \CH08\ 阶梯轴"文件，如下图所示。

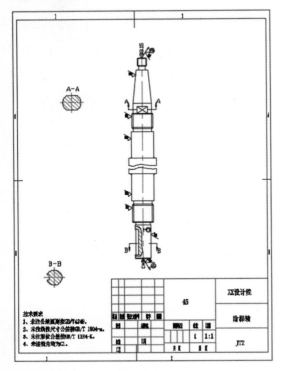

第2步 单击【默认】选项卡→【注释】面板中的【标注样式】按钮，如下图所示。

第3步 在弹出的【标注样式管理器】对话框中单击【新建】按钮，在弹出的【创建新标注样式】对话框中输入新样式名"阶梯轴标注"，如下图所示。

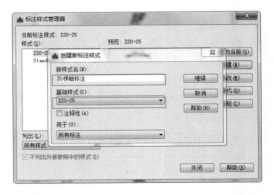

第4步 选择【调整】选项卡，将全局比例更改为2，如下图所示。

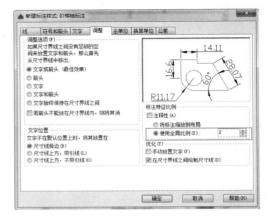

第5步 单击【确定】按钮，返回【标注样式管理器】对话框，选择【阶梯轴标注】样式，然后单击【置为当前】按钮，将【阶梯轴标注】样式置为当前后，单击【关闭】按钮，如下图所示。

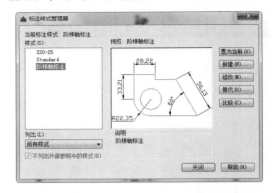

【标注样式管理器】对话框用于创建、修改标注样式，标注样式包括标注的线、箭头、文字、单位等特征的设置。【标注样式管理器】对话框各选项的含义如表8-1所示。

表 8-1　标注样式对话框各选项的含义

示例	各选项含义
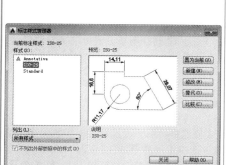 	【样式】：列出了当前所有创建的标注样式，其中：Annotative、ISO-25、Standard 是 AutoCAD 固有的 3 种标注样式 【置为当前】：样式列表中选择一项，然后单击该按钮，将会以选择的样式为当前样式进行标注 【新建】：单击该按钮，弹出【创建新标注样式】对话框，如下图所示 【修改】：单击该按钮，将弹出【修改标注样式】对话框，该对话框的内容与新建对话框的内容相同，区别在于一个是重新创建一个标注样式，一个是在原有基础上进行修改 【替代】：单击该按钮，可以设定标注样式的临时替代值。对话框中的选项与【新建标注样式】对话框中的选项相同 【比较】：单击该按钮，将显示【比较标注样式】对话框，从中可以比较两个标注样式或列出一个样式的所有特性
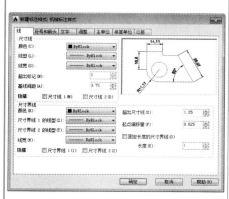	在【线】选项卡中可以设置尺寸线、尺寸界线、符号、箭头、文字外观、调整箭头、标注文字及尺寸界线间的位置等内容 1. 设置尺寸线 在【尺寸线】选项区域中可以设置尺寸线的颜色、线型、线宽、超出标记及基线间距等属性，如下图所示  【颜色】下拉列表框：用于设置尺寸线的颜色 【线型】下拉列表框：用于设置尺寸线的线型，下拉列表中列出了各种线型的名称 【线宽】下拉列表框：用于设置尺寸线的宽度，下拉列表中列出了各种线宽的名称和宽度 【超出标记】微调框：只有当尺寸线箭头设置为【建筑标记】【倾斜】【积分】和【无】时该选项才可以用，用于设置尺寸线超出尺寸界线的距离 【基线间距】微调框：设置以基线方式标注尺寸时，相邻两尺寸线之间的距离 【隐藏】选项区域：通过选中【尺寸线 1】或【尺寸线 2】复选框，可以隐藏第 1 段或第 2 段尺寸线及其相应的箭头，相对应的系统变量分别为 Dimsd1 和 Dimsd2 2. 设置尺寸界线 在"尺寸界线"选项区域中可以设置尺寸界线的颜色、线宽、超出尺寸线的长度和起点偏移量，隐藏控制等属性，如下图所示

示例	各选项含义
	【颜色】下拉列表框：用于设置尺寸界线的颜色 【尺寸界线1的线型】下拉列表框：用于设置第一条尺寸界线的线型（Dimltext1 系统变量） 【尺寸界线2的线型】下拉列表框：用于设置第二条尺寸界线的线型（Dimltext2 系统变量） 【线宽】下拉列表框：用于设置尺寸界线的宽度 【超出尺寸线】微调框：用于设置尺寸界线超出尺寸线的距离 【起点偏移量】微调框：用于确定尺寸界线的实际起始点相对于指定尺寸界线起始点的偏移量 【固定长度的尺寸界线】复选框：用于设置尺寸界线的固定长度 【隐藏】选项区域：通过选中【尺寸界线1】或【尺寸界线2】复选框，可以隐藏第 1 段或第 2 段尺寸界线，相对应的系统变量分别为 Dimse1 和 Dimse2
	在【符号和箭头】选项卡中可以设置箭头、圆心标记、弧长符号和折弯半径标注的格式和位置 1. 设置箭头 在【箭头】选项区域中可以设置标注箭头的外观。通常情况下，尺寸线的两个箭头应一致 AutoCAD 提供了多种箭头样式，用户可以从对应的下拉列表框中选择箭头，并在【箭头大小】微调框中设置它们的大小（也可以使用变量 Dimasz 设置），用户也可以使用自定义的箭头 2. 设置符号 在【圆心标记】选项区域中可以设置直径标注和半径标注的圆心标记和中心线的外观。在建筑图形中，一般不创建圆心标记或中心线 【弧长符号】选项区域：可控制弧长标注中圆弧符号的显示 【折断标注】选项区域：在【折断大小】微调框中可以设置折断标注的大小 【半径折弯标注】选项区域：控制折弯（Z 字形）半径标注的显示。折弯半径标注通常在半径太大，致使中心点位于图幅外部时使用 【折弯角度】：用于连接半径标注的尺寸界线和尺寸线的横向直线的角度，一般为 45° 【线性折弯标注】选项区域：在【折弯高度因子】的【文字高度】微调框中可以设置折弯因子的文字高度
	在【新建标注样式】对话框的【文字】选项卡中可以设置标注文字的外观、位置和对齐方式 1. 设置文字外观 在【文字外观】选项区域中可以设置文字的样式、颜色、高度和分数高度比例，以及控制是否绘制文字边框 【文字样式】：用于选择标注的文字样式 【文字颜色】和【填充颜色】：分别设置标注文字的颜色和标注文字背景的颜色 【文字高度】：用于设置标注文字的高度。但是如果选择的文字样式已经在【文字样式】对话框中设定了具体高度而不是 0，则该选项不能用

续表

示例	各选项含义
	【分数高度比例】：用于设置标注文字中的分数相对于其他标注文字的比例，AutoCAD 将该比例值与标注文字高度的乘积作为分数的高度。仅在【主单位】选项卡中选择【分数】选项作为【单位格式】时，此选项才可用 【绘制文字边框】：用于设置是否给标注文字加边框。 2. 设置文字位置 在【文字位置】选项区域中可以设置文字的垂直、水平位置及距尺寸线的偏移量 【垂直】下拉列表框：包含【居中】【上】【外部】【JIS】和【下】5 个选项，用于控制标注文字相对尺寸线的垂直位置。选择某项时，在【文字】选项卡的预览框中可以观察到尺寸文本的变化 【水平】下拉列表框：包含【居中】【第一条尺寸界线】【第二条尺寸界线】【第一条尺寸界线上方】【第二条尺寸界线上方】5 个选项，用于设置标注文字相对于尺寸线和尺寸界线在水平方向的位置 【观察方向】下拉列表框：包含【从左到右】和【从右到左】两个选项，用于设置标注文字的观察方向 【从尺寸线偏移】：是设置尺寸线断开时标注文字周围的距离；若不断开即为尺寸线与文字之间的距离 3. 设置文字对齐 在【文字对齐】选项区域中可以设置标注文字放置方向 【水平】：标注文字水平放置 【与尺寸线对齐】：标注文字方向与尺寸线方向一致 【ISO 标准】：标注文字按 ISO 标准放置，当标注文字在尺寸界线之内时，它的方向与尺寸线方向一致，而在尺寸界线外时将水平放置
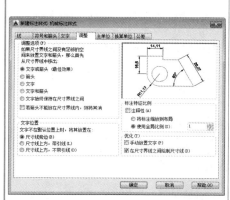	在【新建标注样式】对话框的【调整】选项卡中可以设置标注文字、尺寸线、尺寸箭头的位置 1. 调整选项 在【调整选项】选项区域中可以确定当尺寸界线之间没有足够的空间同时放置标注文字和箭头时，应首先从尺寸界线之间移出的对象 【文字或箭头（最佳效果）】：按最佳布局将文字或箭头移动到尺寸界线外部。当尺寸界线间的距离仅能够容纳文字时，将文字放在尺寸界线内，而箭头放在尺寸界线外。当尺寸界线间的距离仅能够容纳箭头时，将箭头放在尺寸界线内，而文字放在尺寸界线外。当尺寸界线间的距离既不够放文字又不够放箭头时，文字和箭头都放在尺寸界线外 【箭头】：AutoCAD 尽量将箭头放在尺寸界线内；否则，将文字和箭头都放在尺寸界线外 【文字】：AutoCAD 尽量将文字放在尺寸界线内，箭头放在尺寸界线外 【文字和箭头】：当尺寸界线间距不足以放下文字和箭头时，文字和箭头都放在尺寸界线外 【文字始终保持在尺寸界线之间】：始终将文字放在尺寸界线之间 【若箭头不能放在尺寸界线内，则将其消除】：若尺寸界线内没有足够的空间，则隐藏箭头

示例	各选项含义
	2. 文字位置 在【文字位置】选项区域中用户可以设置标注文字从默认位置移动时，标注文字的位置 【尺寸线旁边】：将标注文字放在尺寸线旁边 【尺寸线上方，带引线】：将标注文字放在尺寸线的上方，并加上引线 【尺寸线上方，不带引线】：将文本放在尺寸线的上方，但不加引线 3. 标注特征比例 【标注特征比例】选项区域中可以设置全局标注比例值或图纸空间比例 【使用全局比例】：可以为所有标注样式设置一个比例，指定大小、距离或间距，包括文字和箭头大小，该值改变的仅仅是这些特征符号的大小并不改变标注的测量值 【将标注缩放到布局】：可以根据当前模型空间视口与图纸空间之间的缩放关系设置比例 4. 优化 在【优化】选项区域中可以对标注文本和尺寸线进行细微调整。 【手动放置文字】：选择该复选框则忽略标注文字的水平设置，在标注时将标注文字放置在用户指定的位置 【在尺寸界线之间绘制尺寸线】：选择该复选框将始终在测量点之间绘制尺寸线，AutoCAD 将箭头放在测量点之外
	在【主单位】选项卡中可以设置主单位的格式与精度等属性 1. 线性标注 在【线性标注】选项区域中可以设置线性标注的单位格式与精度。 【单位格式】：用来设置除角度标注之外的各标注类型的尺寸单位，包括【科学】【小数】【工程】【建筑】【分数】及【Windows桌面】等选项 【精度】：用来设置标注文字中的小数位数 【分数格式】：用于设置分数的格式，包括【水平】【对角】和【非堆叠】3 种方式。当【单位格式】设置为【建筑】或【分数】时，此选项才可用 【小数分隔符】：用于设置小数的分隔符，包括【逗点】【句点】和【空格】3 种方式 【舍入】：用于设置除角度标注以外的尺寸测量值的舍入值，类似于数学中的四舍五入 【前缀】和【后缀】：用于设置标注文字的前缀和后缀，用户在相应的文本框中输入文本符即可 2. 测量单位比例 【比例因子】：设置测量尺寸的缩放比例，AutoCAD 的实际标注值为测量值与该比例的积；选中【仅应用到布局标注】复选框，可以设置该比例关系是否仅应用于布局。该值不应用到角度标注，也不应用到舍入值或正负公差值 3. 消零 【消零】选项区域中可以设置是否显示尺寸标注中的"前导"和"后续"的 0 【前导】：选中该复选框，标注中前导"0"将不显示，如"0.5"将显示为".5" 【后续】：选中该复选框，标注中后续"0"将不显示，如"5.0"将显示为"5"

续表

示例	各选项含义
	4. 角度标注 在【角度标注】选项区域中可以使用【单位格式】下拉列表框设置标注角度时的单位；使用【精度】下拉列表框设置标注角度的尺寸精度；使用【消零】选项设置是否消除角度尺寸的前导和后续的 0 提示：标注特征比例改变的是标注的箭头、起点偏移量、超出尺寸线及标注文字的高度等参数值 测量单位比例改变的是标注的尺寸数值。例如，将测量单位更改为 2，那么当标注实际长度为 5 时，显示的数值为 10
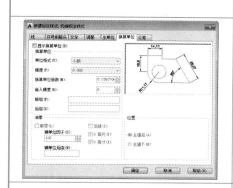	在【换算单位】选项卡中可以设置换算单位的格式 AutoCAD 中，通过换算标注单位，可以转换使用不同测量单位制的标注，通常是将英制标注换算成等效的公制标注，或者将公制标注换算成等效的英制标注。在标注文字中，换算标注单位显示在主单位旁边的方括号中 选中【显示换算单位】复选框，这时对话框的其他选项才可用，用户可以在【换算单位】选项区域中设置换算单位中的各选项，方法与设置主单位的方法相同 在【位置】选项区域中可以设置换算单位的位置，包括【主值后】和【主值下】两种方式
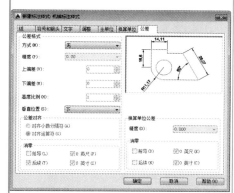	【公差】选项卡用于设置是否标注公差，以及用何种方式进行标注 【方式】下拉列表框：确定以何种方式标注公差，包括【无】【对称】【极限偏差】【极限尺寸】和【基本尺寸】选项 【精度】下拉列表框：用于设置尺寸公差的精度 【上偏差】【下偏差】微调框：用于设置尺寸的上下偏差，相应的系统变量分别为 Dimtp 及 Dimtm 【高度比例】微调框：用于确定公差文字的高度比例因子。确定后，AutoCAD 将该比例因子与尺寸文字高度之积作为公差文字的高度，也可以使用变量 Dimtfac 设置 【垂直位置】下拉列表框：用于控制公差文字相对于尺寸文字的位置，有【上】【中】【下】3 种方式 【消零】选项区域：用于设置是否消除公差值的前导或后续的 0 在【换算单位公差】选项区域可以设置换算单位的精度和是否消零。 提示：公差有两种，即"尺寸公差"和"形位公差"，尺寸公差指的是实际制作中尺寸上允许的误差。"形位公差"指的是形状和位置上的误差 【标注样式管理器】对话框中设置的"公差"是尺寸公差，而且一旦设置了公差，那么在接下来的标注过程中，所有的标注值都将附加上这里设置的公差值。因此，实际工作中一般不采用【标注样式管理器】对话框中的公差设置，而是采用选择【特性】面板中的公差选项来设置公差 关于"形位公差"的有关介绍请参见本章后面的相关内容

8.2.2 添加线性标注

线性标注既可以通过【智能标注】命令来创建，也可以通过【线性】标注、【基线】标注、【连续】标注命令来创建。

1. 通过智能标注创建线性标注

智能标注支持的标注类型包括垂直标注、水平标注、对齐标注、旋转的线性标注、角度标注、半径标注、直径标注、折弯半径标注、弧长标注、基线标注和连续标注。

调用智能标注的方法有以下 3 种。

（1）单击【默认】选项卡→【注释】面板→【标注】按钮。

（2）单击【注释】选项卡→【标注】面板→【标注】按钮。

（3）在命令行中输入"DIM"命令并按【Space】键确认。

通过【智能标注】命令给阶梯轴添加线性标注的具体操作步骤如下。

第 1 步 单击【默认】选项卡→【图层】面板→【图层】下拉按钮，将影响标注的【0】图层、【文字】图层和【细实线】图层关闭，如下图所示。

第 2 步 单击【默认】选项卡→【注释】面板→【标注】按钮，然后捕捉如下图所示的轴端点作为尺寸标注的第一点。

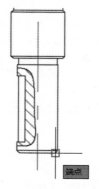

第 3 步 捕捉第一段阶梯轴另一端的端点为尺

寸标注的第二点，如下图所示。

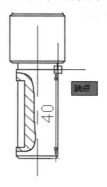

第 4 步 拖曳鼠标指针，在合适的位置单击作为放置标注的位置，如下图所示。

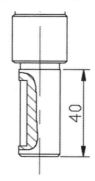

第 5 步 重复标注，如下图所示。

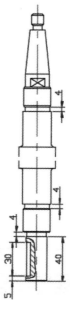

第 6 步 不退出智能标注情况下，在命令行输入"b"，然后捕捉如下图所示的尺寸界线作

为基线标注的第一个尺寸界线，如下图所示。

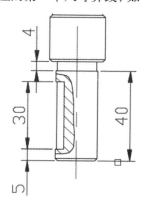

第7步 拖曳鼠标指针，捕捉如下图所示的端点作为第一个基线标注的第二个尺寸界线的原点。

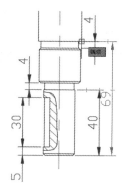

第8步 继续捕捉阶梯轴的端点作为第二个基线标注的第二个尺寸界线的原点，如下图所示。

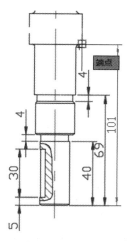

第9步 继续捕捉阶梯轴的端点作为第二个基线标注的第三个尺寸界线的原点，如下图所示。

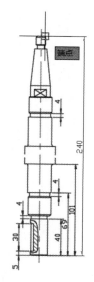

第10步 基线标注完成后（不要退出智能标注），连续按两次【Space】键，当出现"选择对象或第一个尺寸界线原点"提示时在命令行输入"c"。

> 选择对象或指定第一个尺寸界线原点或 [角度 (A)/ 基线 (B)/ 连续 (C)/ 坐标 (O)/ 对齐 (G)/ 分发 (D)/ 图层 (L)/ 放弃 (U)]: c ↙

第11步 选择标注为"101"的尺寸线的界线为第一个连续标注的第一个尺寸界线，如下图所示。

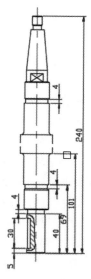

第12步 捕捉下图所示的端点作为第一个连续标注的第二个尺寸界线的原点。

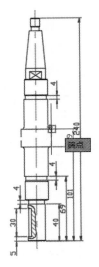

第 13 步 重复第 12 步，继续捕捉其他连续标注的尺寸界线的原点，结果如下图所示。

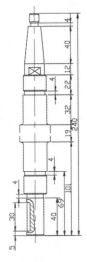

第 14 步 连续标注完成后（不要退出智能标注），连续按两次【Space】键，当出现"选择对象或第一个尺寸界线原点"提示时在命令行输入"d"，然后输入"o"。

选择对象或指定第一个尺寸界线原点或 [角度 (A)/ 基线 (B)/ 连续 (C)/ 坐标 (O)/ 对齐 (G)/ 分发 (D)/ 图层 (L)/ 放弃 (U)]: d ✓
当前设置：偏移 (DIMDLI) = 3.750000
指定用于分发标注的方法 [相等 (E)/ 偏移 (O)]
< 相等 >:o ✓

第 15 步 当命令行提示选择基准标注时选择尺

寸为"40"的标注，如下图所示。

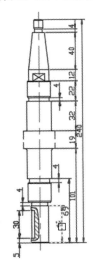

第 16 步 当命令行提示选择要分发的标注时输入"o"，然后输入偏移的距离 7.5。

选择要分发的标注或 [偏移 (O)]:o ✓
指定偏移距离 <3.750000>:7.5 ✓

第 17 步 指定偏移距离后选择分发对象，如下图所示。

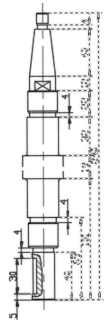

第 18 步 按【Space】键确认，分发后结果如下图所示。

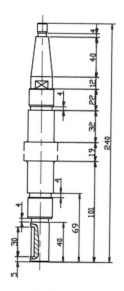

第19步 分发标注完成后（不要退出智能标注），连续按两次【Space】键，当出现"选择对象或第一个尺寸界线原点"提示时在命令行输入"g"，然后选择尺寸为"40"的标注作为基准，如下图所示。

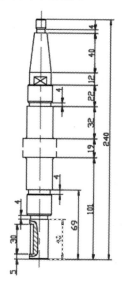

第20步 选择两个尺寸为"4"的标注为对齐对象，如下图所示。

第21步 按【Space】键将两个尺寸为"4"的标注对齐到尺寸为"40"的标注后如下图所示。

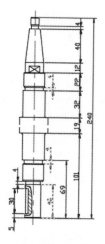

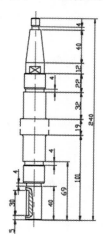

第22步 重复第19～21步，将左侧尺寸为"4"的标注与尺寸为"30"的标注对齐。线型标注完成后退出智能标注，结果如下图所示。

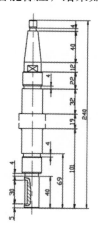

智能标注可以实现在同一命令任务中创建多种类型的标注。调用【智能标注】命令后，将光标悬停在标注对象上时，将自动预览要使用的合适标注类型。选择对象、线或点进行标注，然后单击绘图窗口中的任意位置绘制标注。

调用【智能标注】命令后，命令行提示如下。

> 命令：_dim
> 　选择对象或指定第一个尺寸界线原点或 [角度 (A)/ 基线 (B)/ 连续 (C)/ 坐标 (O)/ 对齐 (G)/ 分发 (D)/ 图层 (L)/ 放弃 (U)]:

命令行各选项的含义如下。

【选择对象】：自动为所选对象选择合适的标准类型，并显示与该标注类型相对应的提示。圆弧，默认显示半径标注；如果选择圆，默认显示直径标注；如果选择直线：默认为线性标注。

【第一条尺寸界线原点】：选择两个点时创建线性标注。

【角度】：创建一个角度标注来显示 3 个点或两条直线之间的角度（同 DIMANGULAR 命令）。

【基线】：从上一个或选定标准的第一条界线创建线性、角度或坐标标注（同 DIMBASELINE 命令）。

【连续】：从选定标注的第二条尺寸界线创建线性、角度或坐标标注（同 DIMCONTINUE 命令）。

【坐标】：创建坐标标注（同 DIMORDINATE 命令），相比坐标标注，可以调用一次命令进行多个标注。

【对齐】：将多个平行、同心或同基准标注对齐到选定的基准标注。

【分发】：指定可用于分发一组选定的孤立线性标注或坐标标注的方法，有【相等】和【偏移】两个选项。【相等】，均匀分发所有选定的标注，此方法要求至少 3 条标注线；【偏移】，按指定的偏移距离分发所有选定的标注。

【图层】：为指定的图层指定新标注，以替代当前图层，该选项在创建复杂图形时尤为有用。选定标注图层后即可标注，不需要在标注图层和绘图图层之间来回切换。

【放弃】：反转上一个标注操作。

2. 通过线性标注、基线标注和连续标注创建线性尺寸标注

对于不习惯使用智能标注的用户，仍可以通过【线性】【基线】和【连续】等命令完成阶梯轴的线性标注。

通过线性标注、基线标注和连续标注创建阶梯轴线性尺寸标注的具体步骤如下。

第1步 单击【默认】选项卡→【注释】面板→【线性】按钮⊢⊣，如下图所示。

| 提示 |

　除了通过面板调用【线性】标注命令外，还可以通过以下方法调用【线性】标注命令。

　（1）选择【标注】→【线性】命令。

　（2）在命令行输入"DIMLINEAR/DLI"命令并按【Space】键。

　（3）单击【注释】选项卡→【标注】面板→【线性】按钮⊢⊣。

第2步 捕捉如下图所示的轴的端点为尺寸标注的第一点。

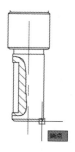

第3步 捕捉第一段阶梯轴的另一端的端点为尺寸标注的第二点，如下图所示。

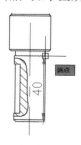

第4步 拖曳鼠标指针，在合适的位置单击作为放置标注的位置，如下图所示。

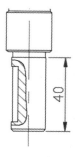

第5步 重复线性标注，如下图所示。

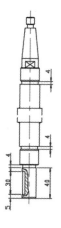

| 提示 |

在命令行输入"MULTIPLE"命令并按【Space】键，然后输入"DLI"命令，可以重复进行线性标注，直到按【Esc】键退出。

第6步 单击【注释】选项卡→【标注】面板→【基线】按钮，如下图所示。

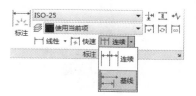

| 提示 |

除了通过面板调用[基线]标注命令外，还可以通过以下方法调用[基线]标注命令。

（1）选择【标注】→【基线】命令。

（2）在命令行输入"DIMBASELINE/DBA"命令并按【Space】键。

第7步 输入"S"重新选择基线标注，如下图所示。

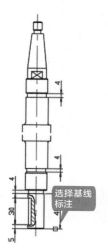

选择基线标注

| 提示 |

基线标注会以最后创建的标注为基准，如果最后创建的不是需要的基准，则可以输入"S"重新选择基线标注。

第8步 拖曳鼠标指针，捕捉如下图所示的端点作为第一个基线标注的第二个尺寸界线的原点。

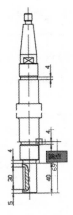

第9步 重复第8步，继续选择基线标注的尺寸界线原点，结果如下图所示。

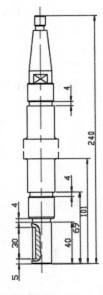

第10步 单击【注释】选项卡→【标注】面板→【调整间距】按钮，如下图所示。

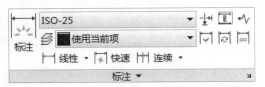

提示

除了通过面板调用【调整间距】命令外，还可以通过以下方法调用【调整间距】命令。

（1）选择【标注】→【标注间距】命令。

（2）在命令行输入"DIMSPACE"命令并按【Space】键。

第11步 选择尺寸为"40"的标注作为基准，如下图所示。

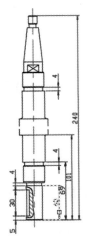

第12步 选择尺寸分别为69、101和240的标注为产生间距的标注，如下图所示。

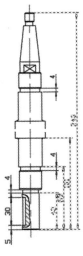

第13步 输入间距值"15"，结果如下图所示。

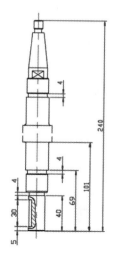

第14步 单击【注释】选项卡→【标注】面板→【连续】按钮，如下图所示。

提示

除了通过面板调用【连续】标注命令外，还可以通过以下方法调用【连续】标注命令。

（1）选择【标注】→【连续】命令。

（2）在命令行输入"DIMCONTINUE/DCO"命令并按【Space】键。

第15步 输入"S"重新选择基线标注，如下图所示。

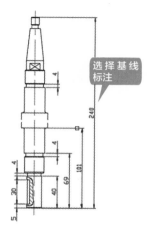

提示

连续标注会默认最后创建的标注为基准，如果最后创建的不是需要的基准，则可以输入"S"重新选择基线标注。

第16步 拖曳鼠标指针，捕捉如下图所示的端点作为第一个连续标注的第二个尺寸界线的原点。

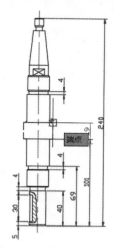

第17步 重复第16步，继续选择连续标注的尺寸界线原点，结果如下图所示。

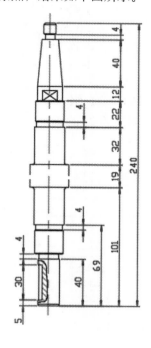

8.2.3 创建直径和尺寸公差

对于投影是圆或圆弧的视图，直接用直径或半径标注即可。对于投影不是圆的视图，如果要表达直径，则需要先创建线性标注，然后通过【特性】面板或文字编辑添加直径符号来完成直径的表达。

1. 通过【特性】面板创建直径和尺寸公差

通过【特性】面板创建直径和螺纹标注的具体操作步骤如下。

第1步 单击【默认】选项卡→【注释】面板→【标注】按钮，添加一系列线性标注，如下图所示。

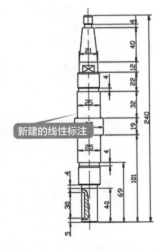

新建的线性标注

第2步 按【Ctrl+1】组合键，弹出【特性】面板后选择尺寸为25的标注，如下图所示。

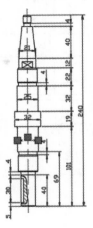

第3步 在【主单位】选项区域的【标注前缀】输入框中输入"%%C"，如下图所示。

> **提示**
>
> 在 AutoCAD 中"%%C"是直径符号的代码。

第4步 在【公差】选项区域中将【显示公差】设置为【对称】，如下图所示。

第5步 在【公差上偏差】输入框中输入公差

值"0.01"，如下图所示。

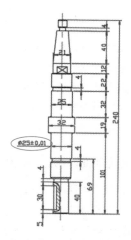

第7步 重复上述步骤，继续添加直径符号和公差，结果如下图所示。

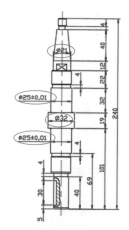

> **｜提示｜**
>
> 通过【特性】面板添加公差时，默认上公差为正值，下公差为负。如果上公差为负值，或者下公差为正值，则需要在输入的公差值前加"−"。在【特性】面板中对于对称公差，只需输入上偏差值即可。

第6步 按【Esc】键退出【特性】面板后如下图所示。

在 AutoCAD 中输入文字时，用户可以在文本框中输入特殊字符，如直径符号∅、百分号%、正负公差符号 ± 等，但是这些特殊符号一般不能由键盘直接输入，为此，系统提供了专用的代码，每个代码是由"%%"与一个字符组成，如 %%C 等，常用的特殊字符代码如表 8-2 所示。

表 8-2 AutoCAD 常用特殊字符代码表

代　　码	功　　能	输入效果
%%O	打开或关闭文字上画线	文字
%%U	打开或关闭文字下画线	内容
%%C	标注直径（∅）符号	∅320
%%D	标注度（°）符号	30°
%%P	标注正负公差（±）符号	±0.5
%%%	百分号（%）	%
\U+2260	不相等≠	10≠10.5
\U+2248	几乎等于≈	≈32
\U+2220	角度∠	∠30
\U+0394	差值Δ	Δ60

| 提示 |

在 AutoCAD 的特殊字符中，%%O 和 %%U 分别是上画线与下画线。在第 1 次出现此符号时，可打开上画线或下画线；在第 2 次出现此符号时，则关闭上画线或下画线。

2. 通过文字编辑创建直径和尺寸公差

在 AutoCAD 中除了通过【特性】面板创建直径符号和尺寸公差外，还可以通过【文字编辑】创建直径符号和尺寸公差。调用【文字编辑】命令的方法参见第 7 章的相关内容。

通过【文字编辑】创建直径和尺寸公差的具体操作步骤如下。

第1步 单击【默认】选项卡→【注释】面板→【标注】按钮，添加一系列线性标注，如下图所示。

第2步 双击尺寸为 25 的标注，如下图所示。

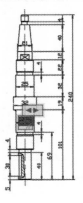

第3步 在文字前面输入"%%C"，在文字后面输入"%%P0.01"，结果如下图所示。

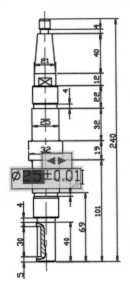

| 提示 |

输入代码后，系统会自动将代码转换为相应的符号。

第4步 重复第 2 步和第 3 步继续添加直径符号和公差，结果如下图所示。

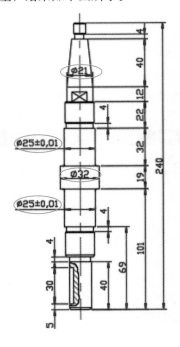

8.2.4 创建螺纹和退刀槽标注

　　螺纹和退刀槽的标注与创建直径和尺寸公差标注的方法相似,也可以通过【特性】面板和【文字编辑】创建,这里采用文字编辑的方法创建螺纹和退刀槽的标注。

> **提示** ::::::::
>
> 　　外螺纹的底径用"细实线"绘制,因为"细实线"图层被关闭了,所以图中只显示了螺纹的大径,而没有显示螺纹的底径。

　　通过【文字编辑】创建螺纹和退刀槽标注的具体操作步骤如下。

第1步 单击【默认】选项卡→【注释】面板→【标注】按钮，添加两个线性标注,如下图所示。

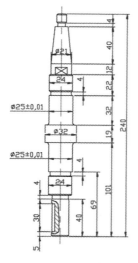

第2步 双击刚标注的线性尺寸,将它们改为"M24×1.5-6h",如下图所示。

第3步 重复第2步,对另一个线性标注进行修改,结果如下图所示。

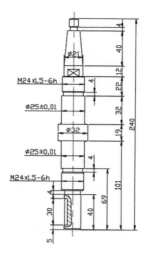

第4步 重复第2步,将第一段轴的退刀槽更改为"4×0.5",如下图所示。

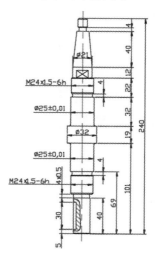

第 5 步 重复第 2 步，将另两处的退刀槽更改为"4×ϕ21.7"，如下图所示。

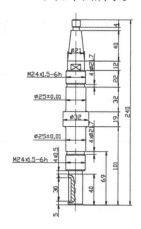

第 6 步 单击【注释】选项卡→【标注】面板→【打断】按钮，如下图所示。

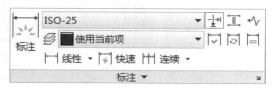

| 提示 |

除了通过面板调用【打断】标注命令外，还可以通过以下方法调用【打断】标注命令。

（1）选择【标注】→【标注打断】命令。

（2）在命令行输入"DIMBREAK"命令并按【Space】键。

第 7 步 选择螺纹标注为打断对象，如下图所示。

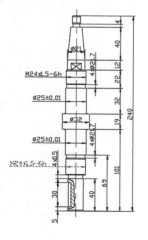

第 8 步 在命令行输入"M"选择手动打断，然后选择打断的第一点，如下图所示。

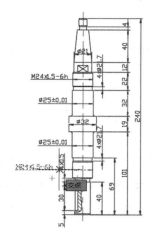

第 9 步 选择打断的第二点，如下图所示。

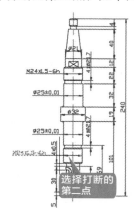

第 10 步 打断后如下图所示。

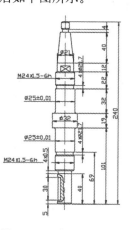

第 11 步 重复第 6 ~ 9 步，将与右侧两个退刀槽相交的尺寸标注打断，如下图所示。

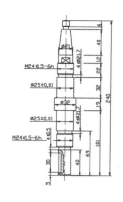

8.2.5　添加折弯标注

　　对于机械零件，如果某一段特别长且结构完全相同，可以采用将该零件从中间打断，只截取其中一小段即可，如本小节中的"ϕ32"一段。对于有打断长度的标注，AutoCAD 中通常采用折弯标注，相应的标注值应改为实际距离，而不是图形中测量的距离。

　　添加折弯标注的具体操作步骤如下。

第1步　单击【注释】选项卡→【标注】面板→【折弯】按钮，如下图所示。

第3步　选择合适的位置放置折弯符号，如下图所示。

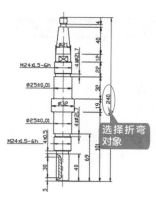

第4步　双击尺寸为"240"的标注，将标注值改为"366"，如下图所示。

第2步　选择尺寸为"240"的标注作为折弯对象，如下图所示。

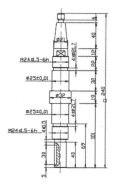

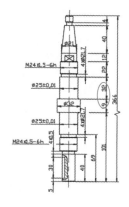

第5步 重复第1～4步，给尺寸为"19"的标注处添加折弯符号，并将标注值改为"145"，如下图所示。

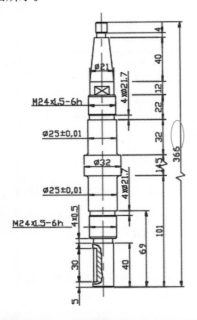

| 提示 |

AutoCAD 中有两种折弯：一种是线性折弯，如本例中的折弯；另一种是半径折弯（也称折弯半径标注），是用于当所标注的圆弧特别大时采用的一种标注。折弯半径标注命令的调用方法有以下4种。

（1）单击【默认】选项卡→【注释】面板→【折弯】按钮 。

（2）单击【注释】选项卡→【标注】面板→【折弯】按钮 。

（3）选择【标注】→【折弯】命令。

（4）在命令行输入"DIMJOGGED/DJO"命令并按【Space】键。

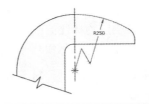

8.2.6 添加半径标注和检验标注

对于圆或圆弧采用半径标注，通过半径标注在测量的值前加半径符号"R"。检验标注用于指定应检查制造的部件的频率，以确保标注值和部件公差处于指定范围内。

添加半径标注和检验标注的具体操作步骤如下。

第1步 单击【默认】选项卡→【注释】面板→【半径】按钮 ，如下图所示。

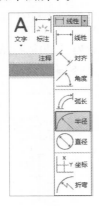

| 提示 |

除了通过面板调用【半径】标注命令外，还可以通过以下方法调用【半径】标注命令。

（1）单击【注释】选项卡→【标注】面板→【半径】按钮 。

（2）选择【标注】→【半径】命令。

（3）在命令行输入"DIMRADIUS/DRA"命令并按【Space】键。

第2步 选择要添加标注的圆弧，如下图所示。

选择标注对象

第3步 拖曳鼠标指针在合适的位置单击，确定半径标注的放置位置，结果如下图所示。

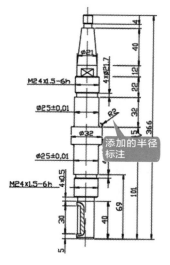

添加的半径标注

第4步 重复第 1 步和第 2 步，给另一处圆弧添加标注，结果如下图所示。

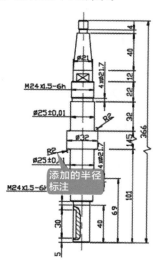

添加的半径标注

第5步 单击【注释】选项卡→【标注】面板→【检验】标注按钮，如下图所示。

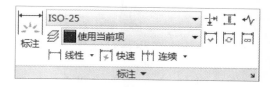

| **提示** |

除了通过面板调用【检验】标注命令外，还可以通过以下方法调用【检验】标注命令。

（1）选择【标注】→【检验】命令。

（2）在命令行输入"DIMINSPECT"命令并按【Space】键。

第6步 调用【检验】标注命令后弹出【检验标注】对话框，如下图所示。

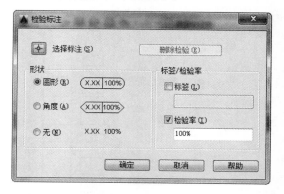

第7步 对【检验标注】对话框进行如下图所示的设置。

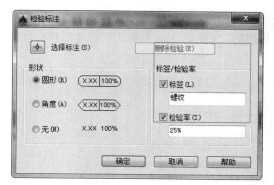

第8步 单击【选择标注】按钮，然后选择两个螺纹标注，如下图所示。

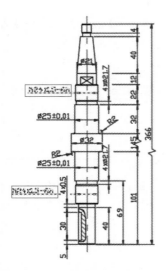

第9步 按【Space】键结束对象选择后返回【检验标注】对话框，单击【确定】按钮完成检验标注，结果如下图所示。

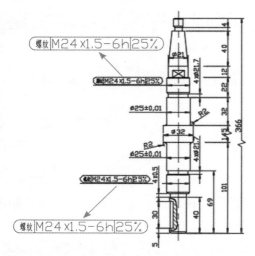

第10步 重复第5~7步，打开【检验标注】对话框，添加另一处检验标注。

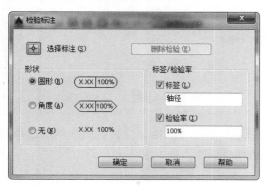

第11步 单击【选择标注】按钮，然后选择两个直径标注，如下图所示。

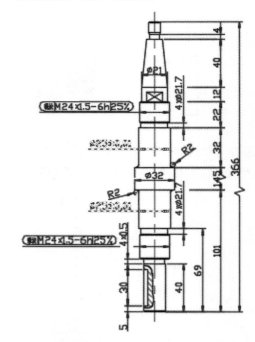

第12步 按【Space】键结束对象选择后返回【检验标注】对话框，单击【确定】按钮完成检验标注，结果如下图所示。

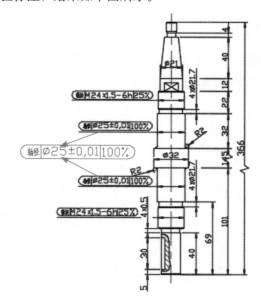

8.2.7 添加形位公差标注

形位公差和尺寸公差不同，形位公差是指零件的形状和位置的误差，尺寸公差是指零件在加工制造时尺寸上的误差。

形位公差创建后，往往需要通过多重引线标注将形位公差指向零件相应的位置。因此，在创建形位公差时，一般也要创建多重引线标注。

1. 创建形位公差

创建形位公差的具体操作步骤如下。

第1步 选择【工具】→【新建 UCS】→【Z】命令，如下图所示。

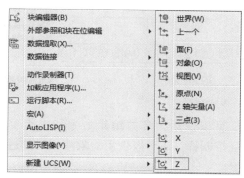

|提示|

除了通过菜单调用【调用 UCS】命令外，还可以通过以下方法【调用 UCS】命令。

（1）单击【可视化】选项卡→【坐标】面板的相应按钮。

（2）在命令行输入"UCS"命令并按【Space】键，根据命令行提示进行操作。

第2步 将坐标系绕 Z 轴旋转 90°后，坐标系显示如下图所示。

|提示|

创建的形位公差是沿 X 轴方向放置的，如果坐标系不绕 Z 轴旋转，创建的形位公差是水平的。

第3步 单击【注释】选项卡→【标注】面板→【公差】按钮，如下图所示。

|提示|

除了通过面板调用【形位公差】标注命令外，还可以通过以下方法调用【形位公差】标注命令。

（1）选择【标注】→【公差】命令。

（2）在命令行输入"TOLERANCE/TOL"命令并按【Space】键。

第4步 在弹出的【形位公差】对话框中单击符号下方的█图标，弹出【特征符号】选择框，如下图所示。

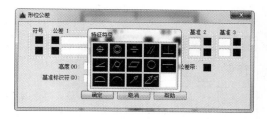

第5步 在【特正符号】选择框上选择【圆跳动】符号，然后在【形位公差】对话框中输入公差值"0.02"，最后输入基准，如下图所示。

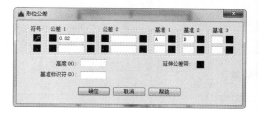

第6步 单击【确定】按钮，将创建的形位公差插入到图中合适的位置，如下图所示。

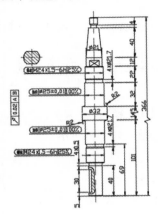

第7步 重复第3～5步，添加"面轮廓度"和"倾斜度"，如下图所示。

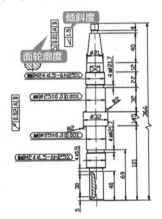

形位公差表示特征的形状、轮廓、方向、位置和跳动的允许偏差。

可以通过特征控制框来添加形位公差，这些框中包含单个标注的所有公差信息。特征控制框至少由两个组件组成。第一个特征控制框包含一个几何特征符号，表示应用公差的几何特征，如位置、轮廓、形状、方向或跳动。形状公差控制直线度、平面度、圆度和圆柱度；轮廓控制直线和表面。在下图所示的示例中，特征就是位置。

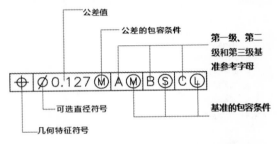

可以使用大多数编辑命令和夹点更改特征控制框，还可以使用对象捕捉对其进行捕捉。

【形位公差】对话框中各选项的含义和显示示例如表8-3所示。

表8-3 【形位公差】对话框中各选项的含义

选项	含义		示例
符号	显示从【符号】对话框中选择的几何特征符号。选择一个【符号】框时，显示该对话框		符号 ⊕ ∅0.08Ⓢ A
公差1	创建特征控制框中的第一个公差值。公差值指明了几何特征相对于精确形状的允许偏差量。可在公差值前插入直径符号，在其后插入包容条件符号	第一个框：在公差值前面插入直径符号。单击该框插入直径符号	公差1 ⊕ ∅0.08Ⓢ A
		第二个框：创建公差值。在框中输入值	
		第三个框：显示【附加符号】对话框，从中选择修饰符号。这些符号可以作为几何特征和大小可改变的特征公差值的修饰符 在【形位公差】对话框中，将符号插入第一个公差值的【附加符号】框中	
公差2	在特征控制框中创建第二个公差值。与第一个相同的方式指定第二个公差值		⊥ ∅0.08Ⓜ ∅0.1Ⓜ A

选项	含义		示例
基准1	在特征控制框中创建第一级基准参照。基准参照由值和修饰符号组成。基准是理论上精确的几何参照,用于建立特征的公差带	第一个框:创建基准参照值	⊕ ⌀0.08 Ⓜ A Ⓜ
		第二个框:显示【附加符号】对话框,从中选择修饰符号。这些符号可以作为基准参照的修饰符在【形位公差】对话框中,将符号插入第一级基准参照的【附加符号】框中	
基准2	在特征控制框中创建第二级基准参照,方式与创建第一级基准参照相同		⊕ ⌀0.08 Ⓜ A B
基准3	在特征控制框中创建第三级基准参照,方式与创建第一级基准参照相同		⊕ ⌀0.08 Ⓜ A B C
高度	创建特征控制框中的投影公差零值。延伸公差带控制固定垂直部分延伸区的高度变化,并以位置公差控制公差精度		⊥ ⌀0.05 A 1.000
延伸公差带	在延伸公差值的后面插入延伸公差带符号		⊥ ⌀0.05 A 1.000 Ⓟ 延伸公差带
基准标识符	创建由参照字母组成的基准标识符。基准是理论上精确的几何参照,用于建立其他特征的位置和公差带。点、直线、平面、圆柱或其他几何图形都能作为基准		⊥ ⌀0.05 A 基准标识符 1.000 Ⓟ A

【特征符号】选择框中各符号的含义如表 8-4 所示。

表 8-4 【特征符号】选择框各符号的含义

位置公差		形状公差	
符号	含义	符号	含义
⊕	位置符号	⌭	圆柱度符号
◎	同轴(同心)度符号	⏥	平面度符号
⊜	对称度符号	○	圆度符号
∥	平行度符号	—	直线度符号
⊥	垂直度符号	⌓	面轮廓度符号
∠	倾斜度符号	⌒	线轮廓度符号
↗	圆跳动符号		
⌰	全跳动符号		

2. 创建多重引线

引线对象包含一条引线和一条说明。多重引线对象可以包含多条引线，每条引线可以包含一条或多条线段。因此，一条说明可以指向图形中的多个对象。

创建多重引线之前，首先要通过【多重引线样式管理器】设置合适的多重引线样式。

添加多重引线标注的具体操作步骤如下。

第1步 单击【默认】选项卡→【注释】面板→【多重引线样式】按钮，如下图所示。

| 提示 |

除了通过面板调用【多重引线样式】命令外，还可以通过以下方法调用【多重引线样式】命令。

（1）单击【注释】选项卡→【引线】面板右下角的 ↘ 按钮。

（2）选择【格式】→【多重引线样式】命令。

（3）在命令行输入"MLEADERSTYLE/MLS"命令并按【Space】键。

第2步 在弹出的【多重引线样式管理器】上单击【新建】按钮，将新样式名改为【阶梯轴多重引线样式】，如下图所示。

第3步 在弹出的【修改多重引线样式：阶梯轴多重引线样式】对话框中选择【引线结构】选项卡，取消选中【设置基线距离】复选框，如下图所示。

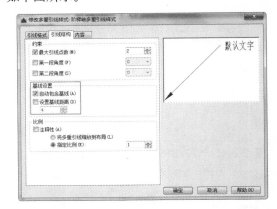

第4步 选择【内容】选项卡，将【多重引线类型】设置为【无】，如下图所示。

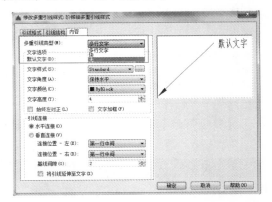

第5步 单击【确定】按钮，返回【多重引线样式管理器】对话框后，将【阶梯轴多重引线样式】设置为当前样式，如下图所示。

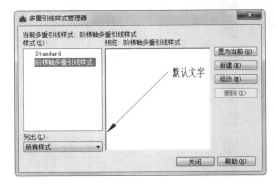

第6步 单击【默认】选项卡→【注释】面板→【引

线】按钮 ，如下图所示。

第 7 步 根据命令行提示指定引线的箭头位置，如下图所示。

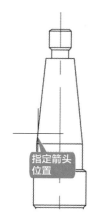

第 8 步 拖曳鼠标指针在合适的位置单击，作为引线基线的位置，如下图所示。

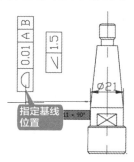

第 9 步 当提示指定基线距离时，拖曳鼠标指针在基线与形位公差垂直的位置单击，如下图所示。

第 10 步 当出现文字输入框时，按【Esc】键退出【多重引线】命令，第一条多重引线完成后如下图所示。

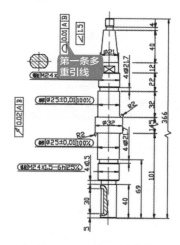

第 11 步 重复第 6 ～ 10 步，创建其他两条多重引线，如下图所示。

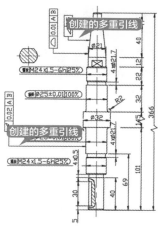

第 12 步 在命令行输入"UCS"命令并按

【Space】键，将坐标系绕 Z 轴旋转 180°，命令行提示如下。

> 命令：UCS
>
> 当前 UCS 名称：★没有名称★
>
> 指定 UCS 的原点或 [面 (F)/ 命名 (NA)/ 对象 (OB)/ 上一个 (P)/ 视图 (V)/ 世界 (W)/X/Y/Z/Z 轴 (ZA)] ＜世界＞：z　↙
>
> 指定绕 Z 轴的旋转角度 <90>: 180　↙

第13步 将坐标绕 Z 轴旋转 180° 后，坐标系显示如下图所示。

> ┃提示┃ :::::::::::::::
>
> 创建的多重引线基线是沿 X 轴方向放置的。

第14步 重复第 6 ～ 10 步，创建最后一条多重引线，如下图所示。

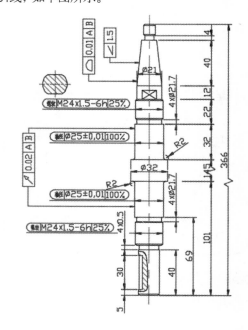

8.2.8 给断面图添加标注

给断面图添加标注的方法与前面给轴添加标注的方法相同。先创建线性标注，然后添加尺寸公差和形位公差。

给断面图添加标注的具体操作步骤如下。

第1步 在命令行输入"UCS"命令后按【Enter】键，将坐标系重新设置为世界坐标系，命令行提示如下。

> 当前 UCS 名称：★没有名称★
>
> 指定 UCS 的原点或 [面 (F)/ 命名 (NA)/ 对象 (OB)/ 上一个 (P)/ 视图 (V)/ 世界 (W)/X/Y/Z/Z 轴 (ZA)] ＜世界＞：　↙

第2步 将坐标系恢复到世界坐标系后如下图所示。

第3步 单击【默认】选项卡→【注释】面板→【标注】按钮，给断面图添加线性标注，如下图所示。

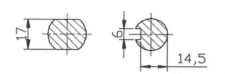

第4步 单击【默认】选项卡→【注释】面板→【直径】按钮，如下图所示。

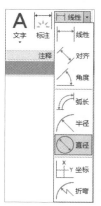

> **提示**
>
> 　　除了通过面板调用【直径】标注命令外，还可以通过以下方法调用【直径】标注命令。
> 　　（1）选择【标注】→【直径】命令。
> 　　（2）在命令行输入"DIMDIAMETER/DDI"命令并按【Space】键。
> 　　（3）单击【注释】选项卡→【标注】面板→【直径】按钮 ⌀。

第5步 选择 B-B 断面图的圆弧为标注对象，拖曳鼠标指针，在合适的位置单击确定放置位置，如下图所示。

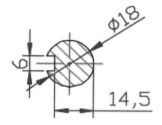

第6步 按【Ctrl+1】组合键，调用【特性】面板，然后选择标注为 14.5 的尺寸，在【特性】面板上设置尺寸公差，如下图所示。

公差	
换算公差...	是
公差对齐	运算符
显示公差	极限偏差
公差下偏差	0.2
公差上偏差	0
水平放置	下
公差精度	0.00
公差消去...	否
公差消去...	是
公差消去...	是
公差消去...	是
公差文字	0.75
换算公差...	0.000
换算公差...	否
换算公差...	否
换算公差...	是

第7步 退出选择后，结果如下图所示。

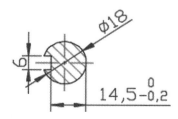

第8步 重复第6步，给直径标注添加公差，如下图所示。

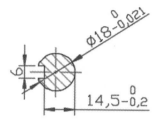

第9步 双击标注为"6"的尺寸，将文字更改为"6N9"，如下图所示。

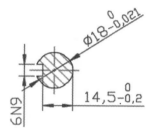

第10步 在命令行输入"UCS"命令并按【Space】键确认，将坐标系绕 Z 轴旋转 90°，命令行显示如下。

> 当前 UCS 名称：★世界★
> 　　指定 UCS 的原点或 [面 (F)/ 命名 (NA)/ 对象 (OB)/ 上一个 (P)/ 视图 (V)/ 世界 (W)/X/Y/Z/Z 轴 (ZA)] <世界>: z ✓
> 　　指定绕 Z 轴的旋转角度 <90>: 90 ✓

第11步 将坐标系绕 Z 轴旋转 90° 后坐标系显示如下图所示。

第12步 单击【注释】选项卡→【标注】面板→【公差】按钮 ⊞，在弹出的【形位公差】对话框中进行如下图所示的设置。

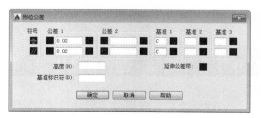

第 13 步　将创建的形位公差放置到"6N9"标注的位置，如下图所示。

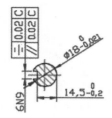

第 14 步　单击【默认】选项卡→【图层】面板→【打开所有图层】按钮，将所有图层打开，如下图所示。

第 15 步　将坐标系重新设置为世界坐标系，最终结果如下图所示。

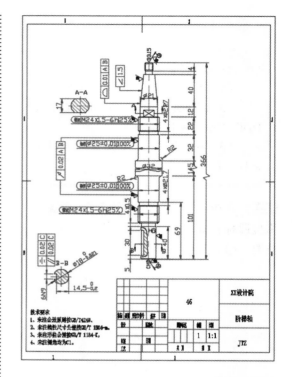

8.3 给冲压件添加尺寸标注

通过冲床和模具对板材、带材、管材和型材等施加外力，使之产生塑性变形或分离，从而获得所需形状和尺寸的工件成形的加工方法称为冲压，用冲压方法得到的工件就是冲压件。

本节通过坐标标注、圆心标注、对齐标注、角度标注等给冲压件添加标注，标注完成后最终结果如下图所示。

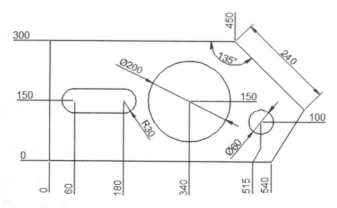

8.3.1 新功能：创建标注样式

创建标注前首先通过【标注样式管理器】对话框创建合适的标注样式。

第1步 打开"素材\CH08\冲压件"文件，如下图所示。

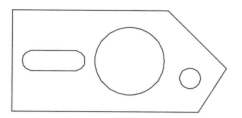

第2步 单击【默认】选项卡→【注释】面板中的【标注样式】按钮。在弹出的【标注样式管理器】对话框中单击【新建】按钮，在弹出的【创建新标注样式】对话框中输入新样式名"冲压件标注"，如下图所示。

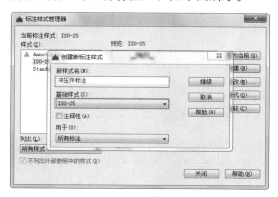

第3步 选择【调整】选项卡，将全局比例更改为7，如下图所示。

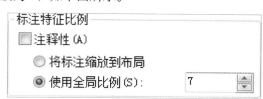

第4步 单击【确定】按钮，返回【标注样式管理器】界面，选择【冲压件标注】样式，然后单击【置为当前】按钮，将【冲压件标注】样式设置为当前标注样式后单击【关闭】按钮，如下图所示。

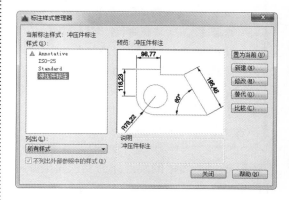

8.3.2 添加坐标标注

坐标标注用于测量从原点（称为基准）到要素（如部件上的一个孔）的水平或垂直距离。这些标注通过保持特征与基准点之间的精确偏移量来避免误差增大。

给冲压件添加坐标标注的具体操作步骤如下。

第1步 选中坐标系，如下图所示。

第2步 选中坐标系的原点，然后拖曳坐标系，将坐标系的原点拖曳到下图所示的端点处。

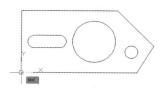

第3步 将坐标系的原点移动到新的位置，然后按【Esc】键退出，结果如下图所示。

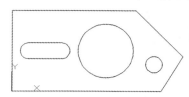

第4步 单击【默认】选项卡→【注释】面板中的【坐标】按钮 ，如下图所示。

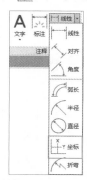

| 提示 |

除了通过面板调用【坐标】标注命令外，还可以通过以下方法调用【坐标】标注命令。

（1）选择【标注】→【坐标】命令。

（2）在命令行输入"DIMORDINATE/DOR"命令并按【Space】键。

（3）单击【注释】选项卡→【标注】面板→【坐标】按钮 。

第5步 捕捉下图中的端点作为要创建坐标标注的坐标点。

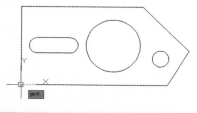

第6步 竖直拖曳鼠标指针并单击指定引线端点的位置，如下图所示。

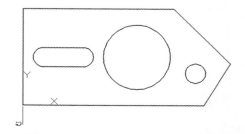

第7步 重复【坐标】标注命令，继续添加坐标标注，如下图所示。

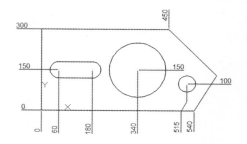

| 提示 |

可以先在命令行输入"MULTIPLE"命令，然后输入要重复执行的标注命令"DOR"。这样可以连续进行坐标标注，直到按【Esc】键退出命令。

8.3.3 添加半径和直径标注

半径标注和直径标注的对象都是圆或圆弧，一般情况下当圆弧小于180°时用半径标注，当圆弧大于180°时用直径标注。半径和直径的标注方法相同，都是先指定对象，然后拖曳鼠标指针放置半径或直径的值。

给冲压件添加半径和直径标注的具体操作步骤如下。

第1步 单击【默认】选项卡→【注释】面板中的【半径】按钮 ，然后选择圆弧，如下图所示。

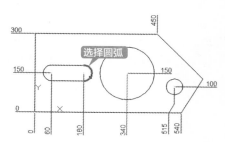

第2步 拖曳鼠标指针指定半径标注的放置位置，如下图所示。

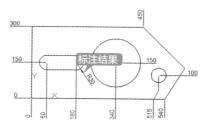

第3步 单击【默认】选项卡→【注释】面板中的【直径】按钮，然后选择大圆，如下图所示。

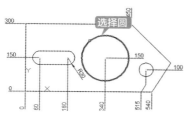

第4步 拖曳鼠标指针指定直径标注的放置位置，如下图所示。

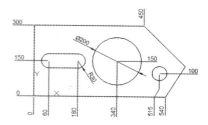

第5步 重复直径标注，给小圆添加直径标注，结果如下图所示。

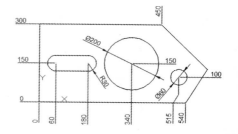

8.3.4 添加角度和对齐标注

角度标注用于测量选定的几何对象或 3 个点之间的角度，测量对象可以是相交直线的角度或圆弧的角度。对齐标注用于创建与尺寸的原点对齐的线性标注。

给冲压件添加角度和对齐标注的具体操作步骤如下。

第1步 单击【默认】选项卡→【注释】面板中的【角度】按钮，如下图所示。

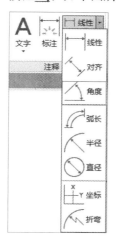

提示

除了通过面板调用【角度】标注命令外，还可以通过以下方法调用【角度】标注命令。

（1）单击【注释】选项卡→【标注】面板→【角度】按钮。

（2）选择【标注】→【角度】命令。

（3）在命令行输入"DIMANGULAR/DAN"命令并按【Space】键。

第2步 选择角度标注的第一条直线，如下图所示。

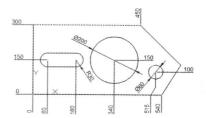

第 3 步 选择角度标注的第二条直线，如下图所示。

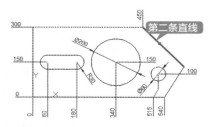

第 4 步 拖曳鼠标指针指定角度标注的放置位置，结果如下图所示。

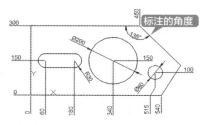

第 5 步 单击【默认】选项卡→【注释】面板中的【对齐】按钮，如下图所示。

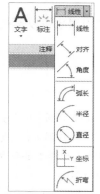

| 提示 |

　　除了通过面板调用【对齐】标注命令外，还可以通过以下方法调用【对齐】标注命令。

　　（1）单击【注释】选项卡→【标注】面板→【对齐】按钮。

　　（2）选择【标注】→【对齐】命令，

　　（3）在命令行输入"DIMALIGNED/DAL"命令并按【Space】键，

第 6 步 选择第一个尺寸界线的原点，如下图所示。

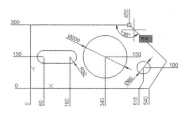

第 7 步 捕捉下图所示的端点作为对齐标注的第二个尺寸界线的原点。

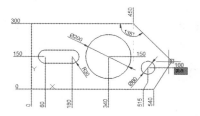

第 8 步 拖曳鼠标指针指定对齐标注的放置位置，结果如下图所示。

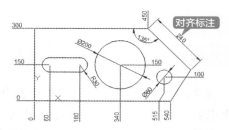

第 9 步 单击【工具】→【新建 UCS】→【世界】命令，如下图所示。

第 10 步 将坐标系切换到世界坐标系，结果如下图所示。

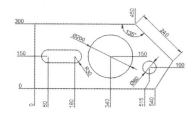

8.4 给法兰盘添加圆心标记和中心线

　　圆心标记有两种，即关联的圆心标记和不关联的圆心标记。通过圆心标记可以定位圆心或添加中心线。中心线通常是对称轴的尺寸标注参照，在 AutoCAD 中可以直接通过【中心线】命令创建和对象相关联的中心线。

　　法兰盘标注完成后最终结果如下图所示。

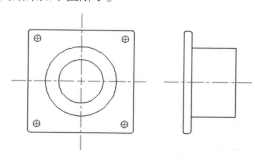

8.4.1 创建圆心标记

　　圆心标记用于创建圆和圆弧的圆心标记，可以通过【标注样式管理器】对话框或 DIMCEN 系统变量对圆心标记进行设置。

第 1 步　打开"素材 \CH08\ 法兰盘"文件，如下图所示。

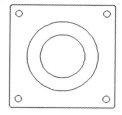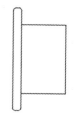

第 2 步　在命令行中输入系统变量"DIMCEN"命令并按【Space】键确认，命令行提示如下。

> 命令：DIMCEN
>
> 输入 DIMCEN 的新值 <2.5000>: 2　　✓

┃提示┃

　　除了通过命令行更改中心标记的系统变量外，还可以通过【替代当前样式】对话框来修改中心标记的系统变量，如下图所示。

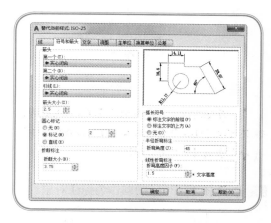

第 3 步　选择【标注】→【圆心标记】命令，在绘图窗口中选择如下图所示的圆弧作为标注对象。

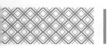

| 提示 |

除了通过菜单命令调用圆心标记外，还可以通过在命令行输入"DIMCENTER/DCE"命令来调用圆心标记。

第4步 **添加圆心标记后，结果如下图所示。**

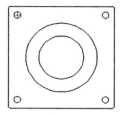

第5步 重复第3步，继续添加圆心标记，结果如下图所示。

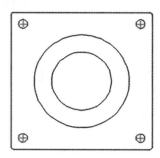

8.4.2 新功能：创建和圆关联的圆心标记

前面介绍的圆心标记与圆或圆弧是不关联的，本小节介绍的圆心标记与圆或圆弧是关联的，也就是说，创建圆心标记后，当圆或圆弧位置发生改变时，圆心标记也跟着发生变化。

第1步 **单击【注释】选项卡→【中心线】面板中的【圆心标记】按钮⊕，如下图所示。**

| 提示 |

除了通过菜单命令调用关联圆心标记外，还可以通过在命令行输入"CENTERMARK"命令来调用关联圆心标记。

第2步 **选择下图所示的圆作为标注对象。**

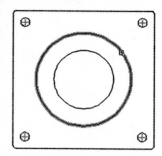

第3步 **结果如下图所示。**

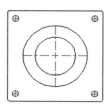

第4步 选中圆心标记，然后单击夹点并拖曳鼠标指针，可以改变圆心标记的大小，如下图所示。

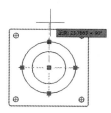

第5步 圆心标记的大小改变后，结果如下图所示。

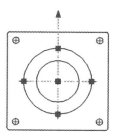

第6步 重复第4步，拖曳其他夹点，圆心标记的大小改变后，结果如下图所示。

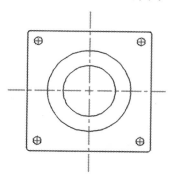

| 提示 |

　　当圆的位置发生改变时，关联圆心标记也跟着改变位置，如下图所示。

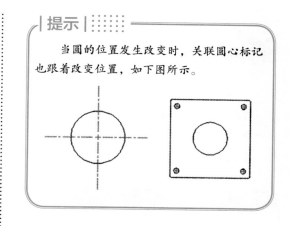

8.4.3 新功能：创建和直线关联的中心线

　　AutoCAD 不仅有和圆关联的【圆心标记】命令，还有和直线关联的【中心线】命令。中心线通常是对称轴的尺寸标注参照。中心线是关联对象，如果移动或修改关联对象，中心线将进行相应的调整。

第1步 继续 8.4.2 小节的图形进行操作，单击【注释】选项卡→【中心线】面板→【中心线】按钮━━━━，如下图所示。

| 提示 |

　　除了通过面板调用【中心线】命令外，还可以通过在命令行输入 "CENTERLINE" 命令来调用。

第2步 选择下图所示的两条直线。

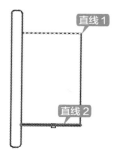

第3步 结果如下图所示。

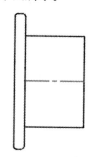

第4步 通过夹点调节中心线的长度，结果如下图所示。

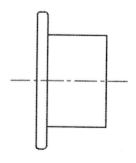

举一
反三

给齿轮轴添加标注

齿轮轴的标注与阶梯轴的标注相似，通过对齿轮轴的标注，进一步加深对标注命令的理解。

给齿轮轴添加标注的具体操作步骤如表8-5所示。

表8-5　给齿轮轴添加标注

步骤	创建方法	结　果	备　注
1	通过智能标注创建线性标注、基线标注、连续标注和角度标注		也可以分别通过【线性】标注、【基线】标注、【连续】标注和【角度】标注命令给齿轮轴添加标注
2	添加多重引线标注		添加多重引线标注时注意多重引线的设置，关于多重引线的设置参见本章高手支招中的相关内容
3	添加形位公差、折弯线性标注，并对非圆视图上直径进行修改		

续表

步骤	创建方法	结　果	备　注
4	给断面图添加标注		
5	给放大图添加标注	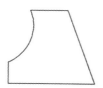	给放大图添加标注时，注意标注的尺寸为实际尺寸，而不是放大后的尺寸

◇ 如何标注大于 180° 的角

前面介绍的用【角度标注】标注的角都是小于 180° 的，那么如何标注大于 180° 的角呢？下面就通过案例来详细介绍如何标注大于 180° 的角。

第 1 步　打开"素材 \CH08\ 标注大于 180° 的角 .dwg"文件，如下图所示。

第 2 步　单击【默认】选项卡→【注释】面板中的【角度】按钮△，当命令行提示选择"圆弧、圆、直线或 ＜指定顶点＞"时直接按【Space】键选择【指定顶点】选项，命令行显示为：

命令：_dimangular
选择圆弧、圆、直线或 ＜指定顶点＞：↙

第 3 步　捕捉下图所示的端点作为角的顶点。

第 4 步　捕捉下图所示的中点作为角的第一个端点。

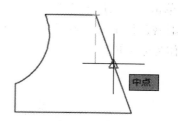

第 5 步　捕捉下图所示的中点作为角的第二个端点。

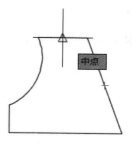

第 6 步　拖曳鼠标指针在合适的位置单击，放置角度标注，如下图所示。

◇ 对齐标注的水平竖直标注与线性标注的区别

对齐标注也可以标注水平或竖直直线，但是当标注完成后，再重新调节标注位置时，往往得不到想要的结果。因此，在标注水平或竖直尺寸时最好用线性标注。

第1步 打开"素材\CH08\用对齐标注标注水平竖直线.dwg"文件，如下图所示。

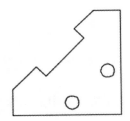

第2步 单击【默认】选项卡→【注释】面板中的【对齐】按钮，然后捕捉如下图所示的端点作为标注的第一点。

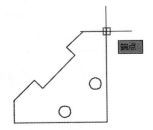

第3步 捕捉下图所示的垂足作为标注的第二点。

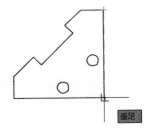

第4步 拖曳鼠标指针在合适的位置单击，放置对齐标注线，如下图所示。

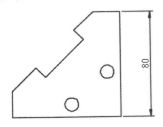

第5步 重复对齐标注，对水平直线进行标注，如下图所示。

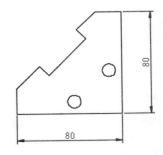

第6步 选中竖直标注，然后单击下图所示的夹点。

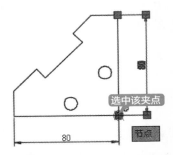

第7步 向右拖曳鼠标指针调整标注位置，可以看到标注尺寸发生变化，如下图所示。

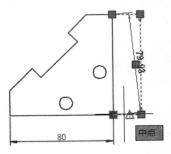

第8步 在合适的位置单击，确定新的标注位置，如下图所示。

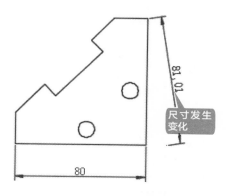

尺寸发生变化

◇ 新功能：关于多重引线标注

多重引线对象是一条直线或样条曲线，其中一端带有箭头，另一端带有多行文字对象或块。在某些情况下，有一条短水平线（又称为基线）将文字或块和特征控制框连接到引线上。基线和引线与多行文字对象或块关联，因此当重定位基线时，内容和引线将随其移动。

1. 设置多重引线样式

多重引线样式可以控制引线的外观。用户可以使用默认多重引线样式 Standara，也可以创建自己的多重引线样式。多重引线样式可以指定基线、引线、箭头和内容的格式。

设置多重引线的具体操作步骤如下。

第1步 选择【格式】→【多重引线样式】命令，打开【多重引线样式管理器】对话框，如下图所示。

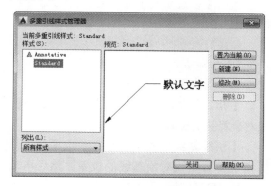

第2步 单击【新建】按钮，创建【新样式名】为"样式 1"，如下图所示。

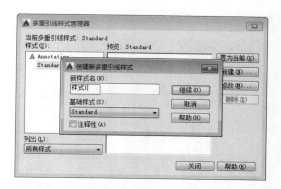

第3步 单击【继续】按钮，在弹出的【修改多重引线样式：样式 1】对话框中选择【引线格式】选项卡，并将【箭头】选项区域中的【符号】更改为【小点】，【大小】设置为 25，其他设置不变，如下图所示。

第4步 选择【引线结构】选项卡，取消选中【自动包含基线】复选框，其他设置不变，如下图所示。

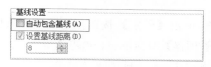

第5步 选择【内容】选项卡，将【文字高度】设置为 25，将最后一行加下画线，并且将【基线间隙】设置为 0，其他设置不变，如下图所示。

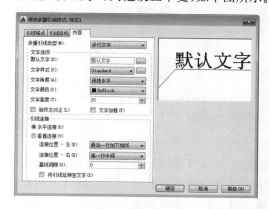

第6步 单击【确定】按钮，返回【多重引线样式管理器】对话框后，单击【新建】按钮，以"样式 1"为基础创建"样式 2"，如下图

所示。

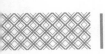

第7步 单击【继续】按钮，在弹出的对话框中选择【内容】选项卡，将【多重引线类型】设置为【块】，【源块】设置为【圆】，【比例】设置为5，如下图所示。

第8步 单击【确定】按钮，返回【多重引线样式管理器】对话框后，单击【新建】按钮，以"样式2"为基础创建"样式3"，如下图所示。

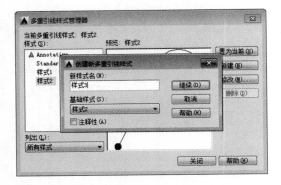

第9步 单击【继续】按钮，在弹出的对话框中选择【引线格式】选项卡，将【类型】设置为【无】，其他设置不变，如下图所示。单击【确定】按钮并关闭【多重引线样式管理器】对话框。

> **| 提示 |** ::::::::::
>
> 当【多重引线类型】设置为【多行文字】时，下面会出现【文字选项】和【引线连接】选项区域等，【文字选项】选项区域主要控制多重引线文字的外观；【引线连接】选项区域主要控制多重引线的引线连接设置，它可以是水平连接，也可以是垂直连接。
>
> 当【多重引线类型】设置为【块】时，下面会出现【块选项】选项区域，主要是控制多重引线对象中块内容的特性，包括源块、附着、颜色和比例。只有"多重引线"的文字类型为"块"时才可以对多重引线进行"合并"操作。

2. 多重引线的应用

多重引线可创建为箭头优先、引线基线优先或内容优先。如果已使用多重引线样式，则可以从该指定样式创建多重引线。

执行【多重引线】命令后，CAD命令行提示如下。

> 指定引线箭头的位置或[引线基线优先(L)/内容优先(C)/选项(O)]<选项>:

命令行中各选项的含义如下。

【指定引线箭头的位置】：指定多重引线对象箭头的位置。

【引线基线优先】：选择该选项后，将先指定多重引线对象基线的位置，然后再输入内容，CAD默认引线基线优先。

【内容优先】：选择该选项后，将先指定与多重引线对象相关联的文字或块的位置，然后再指定基线位置。

【选项】：指定用于放置多重引线对象的选项。

下面将对建筑施工图中所用材料进行多重引线标注，具体操作步骤如下。

第1步 打开"素材\CH08\多重引线标注.dwg"文件，如下图所示。

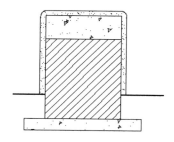

第2步 创建一个和前面"样式1"相同的多重引线样式并将其置为当前。然后单击【默认】选项卡→【注释】面板→【多重引线】按钮，在需要创建标注的位置单击，指定箭头的位置，如下图所示。

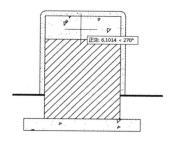

第3步 拖曳鼠标指针到合适的位置单击，作为引线基线位置，如下图所示。

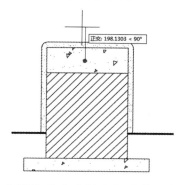

第4步 在弹出的文字输入框中输入相应的文字，如下图所示。

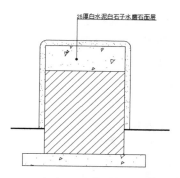

第5步 重复前面的操作，选择第2步选择的"引线箭头"位置，在合适的高度指定引线基线的位置，然后输入文字，结果如下图所示。

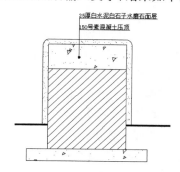

多重引线的编辑主要包括对齐多重引线、合并多重引线、添加多重引线和删除多重引线。

调用【对齐引线】标注命令通常有以下几种方法。

（1）在命令行中输入"MLEADERALIGN/MLA"命令并按【Space】键。

（2）单击【默认】选项卡→【注释】面板→【对齐多重引线】按钮。

（3）单击【注释】选项卡→【引线】面板→【对齐多重引线】按钮。

调用【合并引线】标注命令通常有以下几种方法。

（1）在命令行中输入"MLEADERCOLLECT/MLC"命令并按【Space】键。

（2）单击【默认】选项卡→【注释】面板→【合并多重引线】按钮。

（3）单击【注释】选项卡→【引线】面板→【合并多重引线】按钮/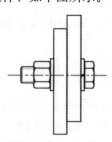。

调用【添加引线】标注命令通常有以下几种方法。

（1）在命令行中输入"MLEADEREDIT/MLE"命令并按【Space】键。

（2）单击【默认】选项卡→【注释】面板→【添加多重引线】按钮。

（3）单击【注释】选项卡→【引线】面板→【添加多重引线】按钮。

调用【删除引线】标注命令通常有以下几种方法。

（1）在命令行中输入"AIMLEADEREDITREMOVE"命令并按【Space】键。

（2）单击【默认】选项卡→【注释】面板→【删除多重引线】按钮。

（3）单击【注释】选项卡→【引线】面板→【删除多重引线】按钮。

下面将对装配图进行多重引线标注并编辑多重引线，具体操作步骤如下。

第1步 打开"素材\CH08\编辑多重引线.dwg"文件，如下图所示。

第2步 参照前面"样式2"创建一个多线样式，多线样式名称设置为【装配】，选择【引线结构】选项卡，将【自动包含基线】距离设置为12，其他设置不变，如下图所示。

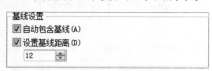

第3步 然后单击【注释】选项卡→【引线】面板→【多重引线】按钮/，在需要创建

标注的位置单击，指定箭头的位置，如下图所示。

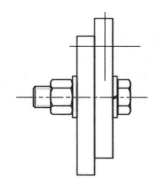

第4步 拖曳鼠标指针，在合适的位置单击，作为引线基线位置，如下图所示。

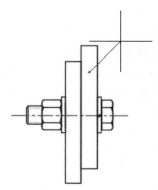

第5步 在弹出的【编辑属性】对话框中输入标记编号"1"，如下图所示。

第6步 单击【确定】按钮，结果如下图所示。

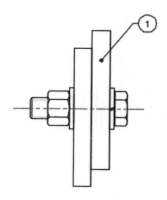

第7步 重复多重引线标注，结果如下图所示。

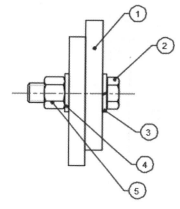

第8步 单击【注释】选项卡→【引线】面板→【对齐多重引线】按钮，然后选择所有的多重引线，如下图所示。

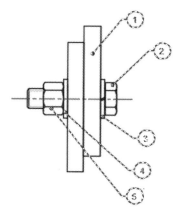

第9步 捕捉多重引线②，将其他多重引线与其对齐，如下图所示。

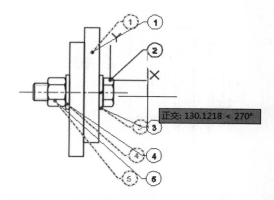

第10步 对齐后结果如下图所示。

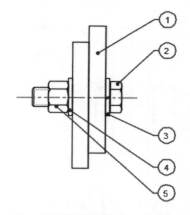

第11步 单击【注释】选项卡→【引线】面板→【合并多重引线】按钮，然后选择多重引线②~⑤，如下图所示。

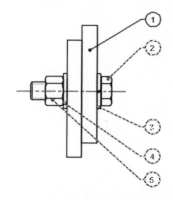

第12步 选择后拖曳鼠标指针指定合并后的多重引线的位置，如下图所示。

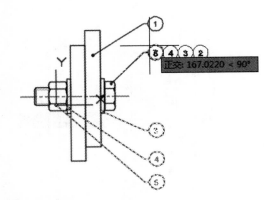

第13步 合并后如下图所示。

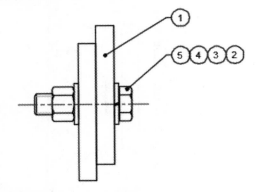

第14步 单击【注释】选项卡→【引线】面板→【添加多重引线】按钮，然后选择多重引线①并拖曳鼠标指针指定添加的位置，如下图所示。

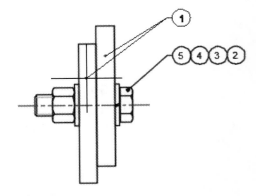

第15步 添加完成后结果如下图所示。

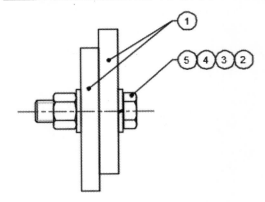

| 提示 |

　　为了便于指定点和引线的位置，在创建多重引线时可以关闭【对象捕捉】和【正交模式】功能。

高效绘图篇

　　本篇主要介绍 CAD 高效绘图。通过对本篇内容的学习，读者可以掌握图块的创建与插入及图形文件的管理操作。

第 9 章
图块与外部参照

本章导读

图块是一组图形实体的总称，在应用过程中，CAD 图块将作为一个独立的、完整的对象来操作，用户可以根据需要按指定比例和角度将图块插入指定位置。

思维导图

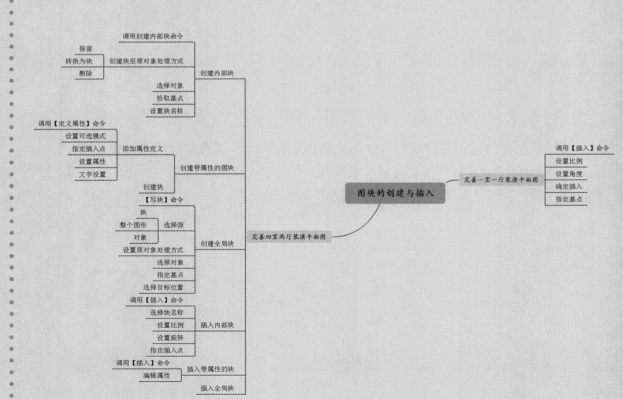

9.1 重点：完善四室两厅装潢平面图

装潢平面图是装潢施工图中的一种，是整个装潢平面的真实写照，用于表现建筑物的平面形状、布局、家具摆放、厨卫设备布置、门窗位置及地面铺设等。

本节是在已有的平面图基础上通过创建和插入图块对图形进行完善，图形完成后最终结果如下图所示。

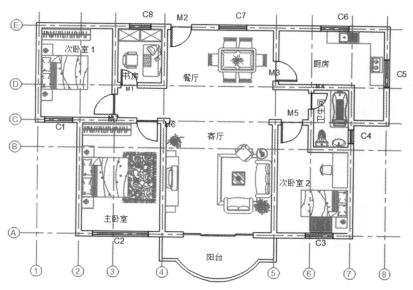

9.1.1 创建内部块

内部块只能在当前图形中使用，不能使用到其他图形中。

第1步 打开"素材 \CH09\ 四室两厅"文件，如下图所示。

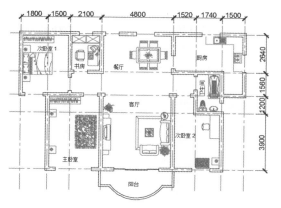

第2步 单击【默认】选项卡→【图层】面板→【图层】下拉按钮，在弹出的下拉列表中将【标注】图层和【中轴线】图层关闭，如下图所示。

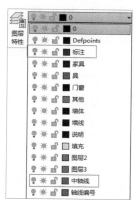

第3步 【标注】图层和【中轴线】图层关闭后如下图所示。

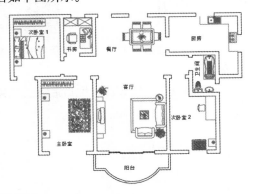

第4步 单击【默认】选项卡→【块】面板→【创建】按钮，如下图所示。

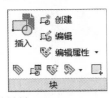

| 提示 |

除了通过【默认】选项卡调用内部块命令外，还可以通过以下方法调用内部块命令。

（1）单击【插入】选项卡→【块定义】面板→【创建块】按钮。

（2）选择【绘图】→【块】→【创建块】命令。

（3）在命令行输入"BLOCK/B"命令并按【Space】键。

第5步 在弹出的【块定义】对话框中选中【转换为块】单选按钮，如下图所示。

| 提示 |

创建块后，原对象有3种结果，即保留、转换为块和删除。

（1）保留：选中该单选按钮，图块创建完成后，原图形仍保留原来的属性。

（2）转换为块：选中该单选按钮，图块创建完成后，原图形将转换成图块的形式存在。

（3）删除：选中该单选按钮，图块创建完成后，原图形将自动删除。

第6步 单击【选择对象】前的按钮，并在绘图区域中选择"单人沙发"作为组成块的对象，如下图所示。

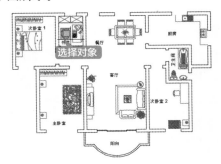

第7步 按【Space】键确认，返回【块定义】对话框单击【拾取点】按钮，然后捕捉下图所示的中点为基点。

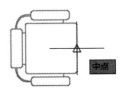

第8步 返回【块定义】对话框，为块添加名称"单人沙发"，最后单击【确定】按钮完成块的创建，如下图所示。

第9步 重复重建块命令，单击【选择对象】前的 按钮，在绘图窗口中选择"床"作为组成块的对象，如下图所示。

第10步 按【Space】键确认，返回【块定义】对话框单击【拾取点】按钮，然后捕捉下图所示的端点为基点。

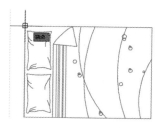

第11步 返回【块定义】对话框，为块添加名称"床"，最后单击【确定】按钮完成块的创建，如下图所示。

9.1.2 创建带属性的图块

带属性的块就是先给图形添加一个属性定义，然后将带属性的图形创建成块。属性特征主要包括标记（标识属性的名称）、插入块时显示的提示、值的信息、文字格式、块中的位置和所有可选模式（不可见、常数、验证、预设、锁定位置和多行）。

1. 创建带属性的【门】图块

第1步 单击【默认】选项卡→【图层】面板→【图层】下拉按钮，在弹出的下拉列表中将【门窗】图层置为当前层，如下图所示。

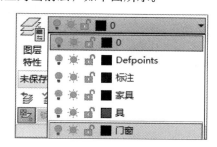

第2步 单击【默认】选项卡→【绘图】面板→【矩形】按钮 ，在绘图窗口空白区域任意单击一点作为矩形的第一角点，然后输入"@50,900"作为第二角点，结果如下图所示。

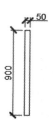

第3步 单击【默认】选项卡→【绘图】面板→【起点、圆心、角度】按钮 ，捕捉矩形的左上端点为圆弧的起点，如下图所示。

第4步 捕捉圆弧的左下端点为圆弧的圆心，

如下图所示。

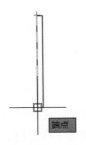

第 5 步 输入圆弧的角度"−90",结果如下图所示。

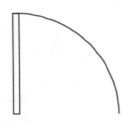

第 6 步 单击【默认】选项卡→【绘图】面板→【直线】按钮 ，连接矩形的右下角点和圆弧的端点，如下图所示。

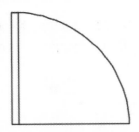

第 7 步 单击【插入】选项卡→【块定义】面板→【定义属性】按钮 ，如下图所示。

> **提示**
>
> 　　除了通过菜单调用【定义属性】命令外，还可以通过以下方法调用【定义属性】命令。
> 　　（1）选择【绘图】→【块】→【定义属性】命令。
> 　　（2）在命令行输入"ATTDEF/ATT"命令并按【Space】键。

第 8 步 在弹出的【属性定义】对话框中的标记文本框中输入"M"，然后在【提示】文本框中输入提示内容"请输入门编号"，最后输入文字高度"250"，如下图所示。

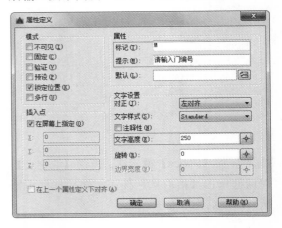

第 9 步 单击【确定】按钮，然后将标记放置到门图形的下面，如下图所示。

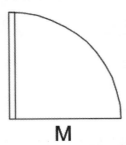

第 10 步 单击【默认】选项卡→【块】面板→【创建】按钮 ，在弹出的【块定义】对话框中单击【选择对象】前的 按钮，在绘图区域中选择"门"和"属性"作为组成块的对象，如下图所示。

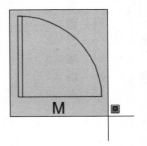

第 11 步 按【Space】键确认，返回【块定义】对话框单击【拾取点】按钮，然后捕捉下图

所示的端点为基点。

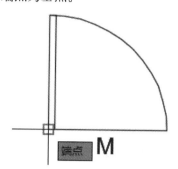

第12步 返回【块定义】对话框，为块添加名称【门】，并选中【删除】单选按钮，最后单击【确定】按钮完成块的创建，如下图所示。

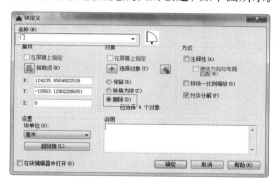

2. 创建带属性的"窗"图块

第1步 单击【默认】选项卡→【绘图】面板→【矩形】按钮□，在绘图窗口空白区域任意单击一点作为矩形的第一角点，然后输入"@1200,240"作为第二角点，如下图所示。

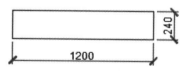

第2步 单击【默认】选项卡→【修改】面板→【分解】按钮□，选择刚绘制的矩形将其分解。

第3步 单击【默认】选项卡→【修改】面板→【偏移】按钮 ，将分解后的上下两条水平直线分别向内侧偏移80。

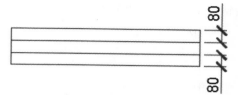

第4步 单击【插入】选项卡→【块定义】面板→【定义属性】按钮 。在弹出的【属性定义】对话框的【标记】文本框中输入"C"，然后在【提示】文本框中输入提示内容"请输入窗编号"，最后输入文字高度"250"，如下图所示。

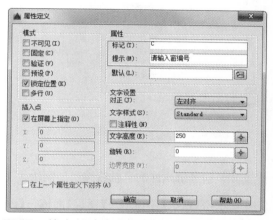

第5步 单击【确定】按钮，然后将标记放置到窗图形的下面，如下图所示。

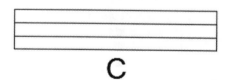

第6步 单击【默认】选项卡→【块】面板→【创建】按钮 ，在弹出的【块定义】对话框中单击【选择对象】前的 按钮，在绘图窗口中选择"窗"和"属性"作为组成块的对象，如下图所示。

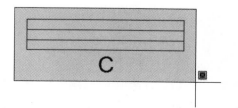

第7步 按【Space】键确认，返回【块定义】

对话框单击【拾取点】按钮，然后捕捉下图所示的端点为基点。

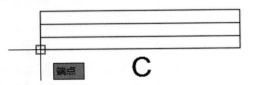

第8步 返回【块定义】对话框，为块添加名称【窗】，并选中【删除】单选按钮，最后单击【确定】按钮完成块的创建，如下图所示。

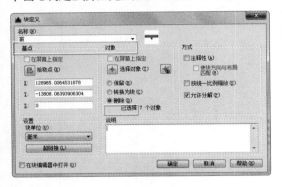

3. 创建带属性的"轴线编号"图块

第1步 单击【默认】选项卡→【图层】面板→【图层】下拉按钮，在弹出的下拉列表中将门【轴线编号】图层置为当前层，如下图所示。

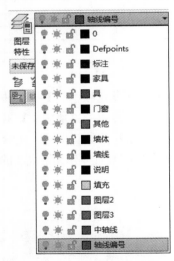

第2步 单击【默认】选项卡→【绘图】面板→【圆心、半径】按钮 ⊙，在绘图窗口空白区域任意单击一点作为圆心，然后输入半径"250"，

如下图所示。

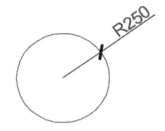

第3步 单击【插入】选项卡→【块定义】面板→【定义属性】按钮，在弹出的【属性定义】对话框的【标记】文本框中输入"横"，然后在【提示】文本框中输入提示内容"请输入轴编号"，输入默认值"1"，对齐方式选择为【正中】，最后输入文字高度"250"，如下图所示。

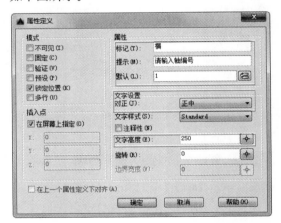

第4步 单击【确定】按钮，然后将标记放置到圆心处，如下图所示。

第5步 单击【默认】选项卡→【块】面板→【创建】按钮，在弹出的【块定义】对话框中单击【选择对象】前的 按钮，在绘图窗口中选择"圆"和"属性"作为组成块的对象，如下图所示。

第6步 按【Space】键确认，返回【块定义】对话框单击【拾取点】按钮，然后捕捉下图所示的象限点为基点。

第7步 返回【块定义】对话框，为块添加名称【横向轴编号】，并选中【删除】单选按钮，最后单击【确定】按钮完成块的创建，如下图所示。

第8步 单击【默认】选项卡→【绘图】面板→【圆心、半径】按钮，在绘图窗口空白区域任意单击一点作为圆心，然后输入半径"250"，如下图所示。

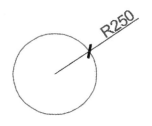

第9步 单击【插入】选项卡→【块定义】面板→【定义属性】按钮，在弹出的【属性定义】对话框的【标记】文本框中输入"竖"，然后在【提示】文本框中输入提示内容"请输入轴编号"，输入默认值"A"，对齐方式选择为【正中】，最后输入文字高度"250"，如下图所示。

第10步 单击【确定】按钮，然后将标记放置到圆心处，如下图所示。

第11步 单击【默认】选项卡→【块】面板→【创建】按钮，在弹出的【块定义】对话框中单击【选择对象】前的按钮，在绘图窗口中选择"圆"和"属性"作为组成块的对象，如下图所示。

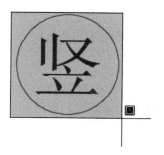

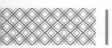

第12步 按【Space】键确认，返回【块定义】对话框单击【拾取点】按钮，然后捕捉下图所示的象限点为基点，如下图所示。

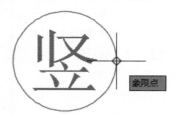

象限点

第13步 返回【块定义】对话框，为块添加名称【竖向轴编号】，并选中【删除】单选按钮，

最后单击【确定】按钮完成块的创建，如下图所示。

9.1.3 创建全局块

全局块也称写块，是将选定对象保存到指定的图形文件或将块转换为指定的图形文件，全局块不仅能在当前图形中使用，也可以使用到其他图形中。

第1步 单击【默认】选项卡→【图层】面板→【图层】下拉按钮，在弹出的下拉列表中将【其他】图层置为当前层，如下图所示。

第2步 单击【插入】选项卡→【块定义】面板→【创建块】按钮，在弹出的下拉列表中单击【写块】按钮，如下图所示。

> **提示** :::::::::::
>
> 除了通过面板调用【写块】命令外，还可以通过在命令行输入"WBLOCK/W"命令来调用。

第3步 在弹出的【写块】对话框中的【源】选项区域中选中【对象】单选按钮，【对象】选项区域中选中【转换为块】单选按钮，如

下图所示。

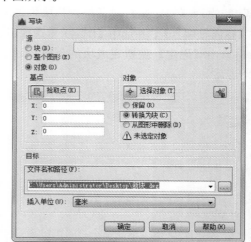

第4步 单击【选择对象】前的按钮，在绘图窗口中选择"电视机"，如下图所示。

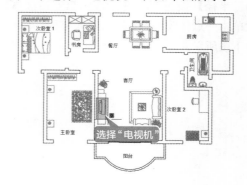

选择"电视机"

第5步 按【Space】键确认，返回【写块】对话框单击【拾取点】按钮，然后捕捉下图所示的中点为基点。

第6步 返回【写块】对话框，单击【目标】选项区域中的【文件名和路径】按钮，在弹出的对话框中选择保存路径，如下图所示。

第7步 单击【保存】按钮，返回【写块】对话框，单击【确定】按钮即可完成全局块的创建，如下图所示。

第8步 重复第2～4步，在绘图窗口中选择"盆景"为创建写块的对象，如下图所示。

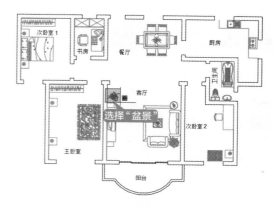

第9步 按【Space】键确认，返回【写块】对话框单击【拾取点】按钮，然后捕捉下图所示的圆心为基点。

第10步 返回【写块】对话框，单击【目标】选项区域中的【文件名和路径】按钮，将创建的全局块保存后，返回【写块】对话框，单击【确定】按钮，即可完成全局块的创建，如下图所示。

9.1.4 插入内部块

通过【插入】对话框，可以将创建的图块插入图形中，插入的块可以进行分解、旋转、镜像、复制等编辑。

第1步 单击【默认】选项卡→【图层】面板→【图层】下拉按钮，在弹出的下拉列表中将【0】图层置为当前层，如下图所示。

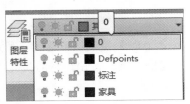

第2步 在命令行中输入"I"命令并按【Space】键，在弹出的【插入】对话框的【名称】下拉列表中选择【单人沙发】图块，如下图所示。

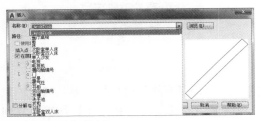

> **│提示│:::::::**
>
> 除了通过输入命令调用【插入】命令外，还可以通过以下方法调用【插入】命令。
> （1）单击【默认】选项卡→【块】面板中的【插入】按钮。
> （2）单击【插入】选项卡→【块】面板中的【插入】按钮。
> （3）选择【插入】→【块】命令。

第3步 将旋转角度设置为"−135"，如下图所示。

第4步 单击【确定】按钮，在绘图窗口中指定插入点，如下图所示。

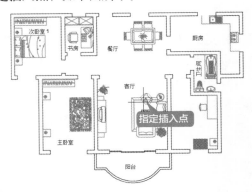

指定插入点

第5步 插入后如下图所示。

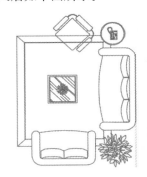

第6步 单击【默认】选项卡→【修改】面板→【修剪】按钮，然后选择刚插入的【单人沙发】图块的两条直线和一条圆弧为剪切边，如下图所示。

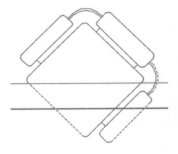

第7步 把与【单人沙发】图块相交的部分修剪掉，结果如下图所示。

第8步 重复【插入】命令，选择【床】图块为插入对象，将 Y 方向的比例改为"1.2"，如下图所示。

第9步 单击【确定】按钮，在绘图窗口中指定床头柜的端点为插入点，如下图所示。

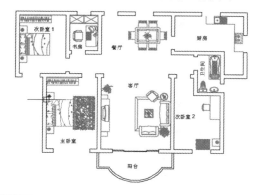

第10步 插入后结果如下图所示。

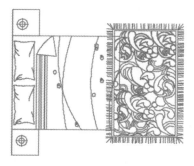

第11步 单击【默认】选项卡→【修改】面板→【修剪】按钮，然后选择刚插入的【床】图块的

3条边为剪切边，如下图所示。

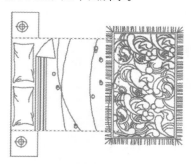

第12步 把与【床】图块相交的地毯修剪掉，并将修剪不掉的部分删除，结果如下图所示。

第13步 重复【插入】命令，选择【床】图块为插入对象，将 Y 方向上的比例设置为"4/5"，将旋转角度设置为"180"，如下图所示。

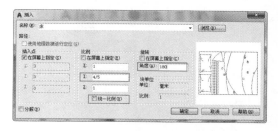

第14步 单击【确定】按钮，在绘图窗口中指定床头柜的端点为插入点，如下图所示。

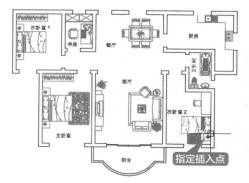

指定插入点

第15步 插入后结果如下图所示。

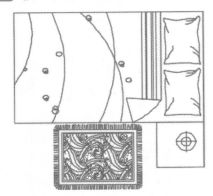

　　插入的块除了适用于普通修改命令编辑外，还可以通过【块编辑器】对插入的块内部对象进行编辑，而且只要修改一个块，与该块相关的块也关联着修改。例如本例中，将任何一处的【床】图块中的枕头删除一个，其他两个【床】图块中的枕头也将删除一个。通过【块编辑器】编辑图块的具体操作步骤如下。

第1步 单击【默认】选项卡→【块】面板中的【编辑】按钮，如下图所示。

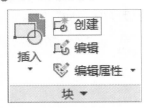

> **提示**
>
> 　　除了通过面板调用【编辑块】命令外，还可以通过以下方法调用【编辑块】命令。
> 　　（1）选择【工具】→【块编辑器】命令。
> 　　（2）在命令行输入"BEDIT/BE"命令并按【Space】键确认。
> 　　（3）单击【插入】选项卡→【块定义】面板中的【块编辑器】按钮。
> 　　（4）双击要编辑的块。

第2步 在弹出的【编辑块定义】对话框中选择【床】图块，如下图所示。

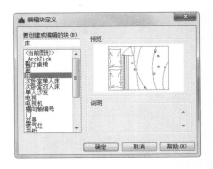

第3步 单击【确定】按钮后进入【块编辑器】选项卡，如下图所示。

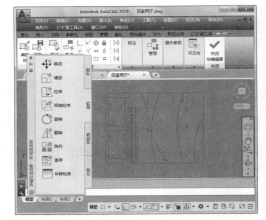

第4步 选中下方的"枕头"将其删除，如下图所示。

第5步 单击【块编辑器】选项卡→【打开／保存】面板→【保存块】按钮。保存后单击【关闭块编辑器】按钮，将【块编辑器】关闭，结果如下图所示。

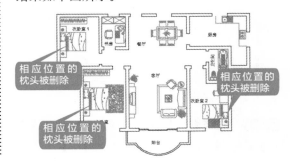

9.1.5 插入带属性的块

插入带属性的块的方法也是通过【插入】对话框插入，所不同的是，插入带属性的块后会弹出【编辑属性】对话框，要求输入属性值。

1. 插入【门】图块

第1步 在命令行中输入"I"命令并按【Space】键，在弹出的【插入】对话框的【名称】下拉列表中选择【门】图块，并将比例设置为"7/9"，如下图所示。

第2步 单击【确定】按钮，在绘图窗口中指定插入点，如下图所示。

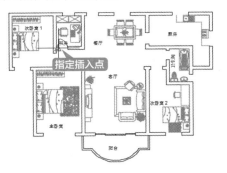

第3步 在插入后弹出【编辑属性】对话框，输入门的编号"M1"，如下图所示。

第4步 单击【确定】按钮，结果如下图所示。

第5步 重复插入【门】图块，在弹出的【插入】对话框中将 Y 轴方向上的比例改为"-1"，如下图所示。

> |提示|
>
> 　　任何轴的负比例因子都将创建块或文件的镜像。指定 X 轴的一个负比例因子时，块围绕 Y 轴作镜像；当指定 Y 轴的一个负比例因子时，块围绕 X 轴作镜像。

第6步 单击【确定】按钮，在绘图区域中指定餐厅墙壁的中点为插入点，如下图所示。

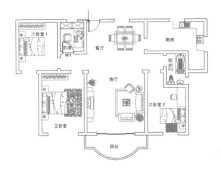

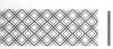
第 7 步 在插入后弹出【编辑属性】对话框，输入门的编号"M2"，如下图所示。

第 8 步 单击【确定】按钮，结果如下图所示。

第 9 步 重复插入【门】图块，插入 M3 ~ M7【门】图块，如下图所示。

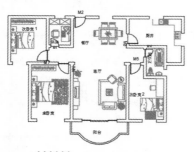

|提示|

　　M3~M7【门】图块的插入比例及旋转角度如下。

　　M3（厨房门）:X=1，Y=−1，90°

　　M4（卫生间门）:X=−7/9，Y=7/9，180°

　　M5（次卧室 2 门）:X=1，Y=−1，0°

　　M6（主卧室门）:X=−1，Y=1，90°

　　M7（次卧室 1 门）:X=−1，Y=1，0°

第 10 步 双击 M3 的属性值，在弹出的【增强

属性编辑器】对话框的【文字选项】选项区域中，将文字的旋转角度设置为"0"，如下图所示。

第 11 步 单击【确定】按钮，M3 的旋转方向发生了变化，结果如下图所示。

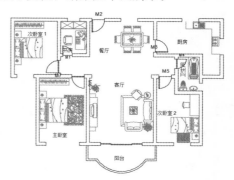

第 12 步 重复第 10 步，将 M6 的旋转角度也改为"0"，结果如下图所示。

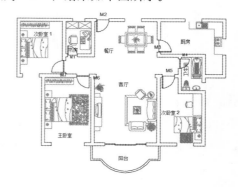

2. 插入【窗】图块

第 1 步 在命令行中输入"I"命令并按【Space】键，在弹出的【插入】对话框的【名称】下拉列表中选择【窗】图块，X 轴、Y 轴比例都设置为 1，角度设置为 0，如下图所示。

第 2 步 单击【确定】按钮，在绘图窗口中指定插入点，如下图所示。

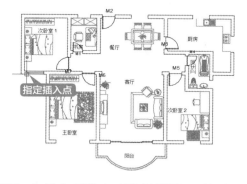

第 3 步 在插入后弹出【编辑属性】对话框，输入门的编号"C1"，如下图所示。

第 4 步 单击【确定】按钮，结果如下图所示。

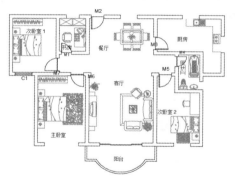

第 5 步 重复插入"窗"图块，插入 C2 ~ C8【窗】图块，如下图所示。

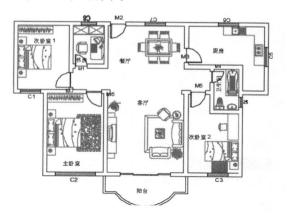

| 提示 |

C2~C8【窗】图块的插入比例及旋转角度如下。

C2（主卧窗）：$X=2$，$Y=1$，0°

C3（次卧室 2 窗）：$X=1$，$Y=1$，0°

C4（卫生间窗）：$X=0.5$，$Y=1$，90°

C5（厨房竖直方向窗）：$X=1$，$Y=1$，90°

C6（厨房水平方向窗）：$X=1$，$Y=1$，180°

C7（餐厅窗）：$X=1$，$Y=1$，180°

C8（书房窗）：$X=0.75$，$Y=1$，180°

第 6 步 双击 C2 的属性值，在弹出的【增强属性编辑器】对话框的【文字选项】选项区域中将文字的宽度因子设置为"1"，如下图所示。

第 7 步 单击【确定】按钮，C2 的字体宽度发生变化，结果如下图所示。

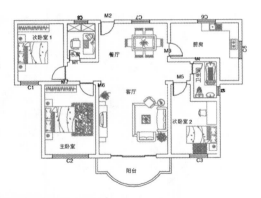

第8步 重复第6步，将C4～C8的旋转角度改为"0"，宽度比例因子设置为"1"，结果如下图所示。

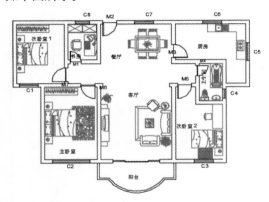

3. 插入【轴编号】图块

第1步 单击【默认】选项卡→【图层】面板→【图层】下拉按钮，在弹出的下拉列表中将【中轴线】图层打开，如下图所示。

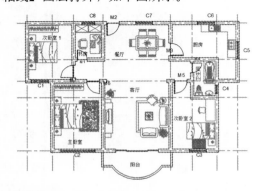

第2步 在命令行中输入"I"命令并按【Space】键，在弹出的【插入】对话框的【名称】下拉列表中选择【横向轴编号】图块，X轴、Y轴

比例都设置为"1"，角度设置为"0"，如下图所示。

第3步 单击【确定】按钮，在绘图窗口中指定插入点，如下图所示。

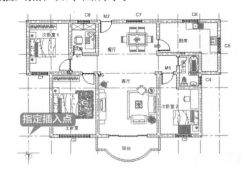

第4步 在插入后弹出【编辑属性】对话框，输入轴的编号"1"，如下图所示。

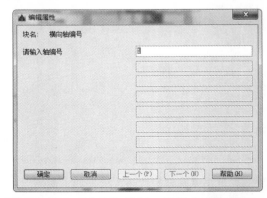

第5步 单击【确定】按钮，结果如下图所示。

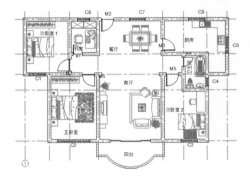

第 6 步　重复插入【横向轴编号】图块，插入 2 ～ 8 号轴编号，插入的比例都为"1"，旋转角度都为"0"，如下图所示。

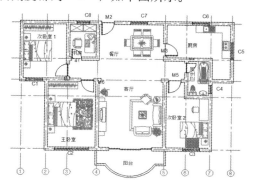

第 7 步　重复【插入】命令，选择【竖向轴编号】图块，X 轴、Y 轴比例都设置为"1"，角度设置为"0"，如下图所示。

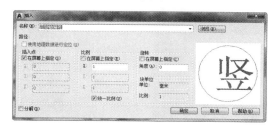

第 8 步　单击【确定】按钮，在绘图窗口中指定插入点，如下图所示。

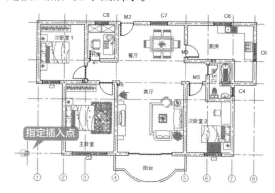

第 9 步　在插入后弹出【编辑属性】对话框，

输入轴的编号"A"，如下图所示。

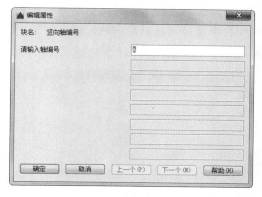

第 10 步　单击【确定】按钮，结果如下图所示。

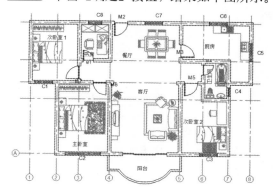

第 11 步　重复插入【竖向轴编号】图块，插入 B ～ E 号轴编号，插入的比例都为"1"，旋转角度都为"0"，如下图所示。

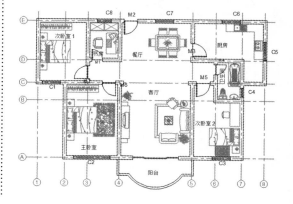

9.1.6　插入全局块

　　全局块的插入方法和内部块、带属性的块的插入方法相同，都是通过【插入】对话框设置合适的比例、角度后插入到图形中。

　　插入全局块的具体操作步骤如下。

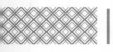
第1步 在命令行中输入"I"命令并按【Space】键，在弹出的【插入】对话框的【名称】下拉列表中选择【盆景】图块，插入的比例设置为"1"，角度设置为"0"，如下图所示。

第2步 单击【确定】按钮，在绘图窗口中指定插入点，如下图所示。

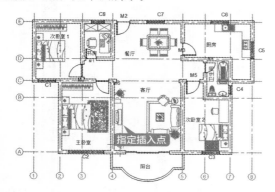

第3步 插入后结果如下图所示。

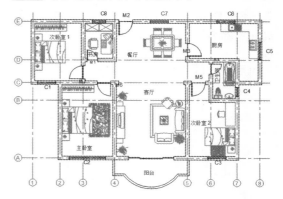

第4步 重复第1步和第2步，在阳台上插入【盆景】图块，结果如下图所示。

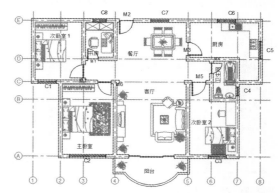

9.2 完善一室一厅装潢平面图

全局块除了能插入当前图形文件外，还可以插入其他图形文件，本节就将9.1节创建的【电视机】全局块插入一室一厅装潢平面图中。

一室一厅装潢平面图插入【电视机】全局块之后，最终结果如下图所示。

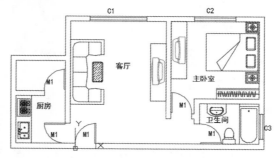

第1步 打开"素材\CH09\一室一厅"文件，如下图所示。

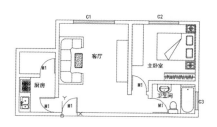

第2步 调用【插入】命令，在弹出的【插入】对话框中单击【浏览】按钮，选择 9.1 节创建的【电视机】图块，如下图所示。

第3步 单击【打开】按钮，返回【插入】对话框后将比例设置为"1"，角度设置为"0"，如下图所示。

第4步 单击【确定】按钮，在绘图窗口中指定插入点，如下图所示。

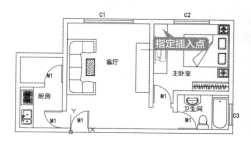

第5步 将【电视机】图块插入主卧室后结果如下图所示。

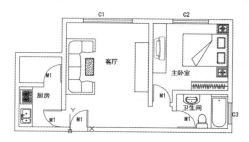

第6步 重复【插入】命令，将插入的 X 轴方向的比例设置为"−1"，Y 轴方向的比例设置为"1"，旋转角度设置为"0"，将【电视机】图块插入客厅后，结果如下图所示。

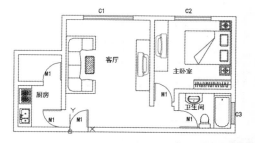

9.3 外部参照

外部参照相对于图块具有节省空间、自动更新、便于区分和处理，以及能进行局部裁剪等特点。

9.3.1 附着外部参照

附着外部参照可以是 DWG、DWF、DGN、PDF 文件及图像或点云等，具体要附着哪种文件，可以在【外部参照】面板中选择。

下面通过将浴缸和坐便器附着到盥洗室来介绍附着外部参照的具体操作步骤。

第1步 打开"素材 \CH09\ 盥洗室 .dwg"文件，如下图所示。

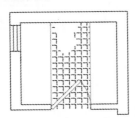

第2步 在命令行中输入"ER"命令，并按【Space】键确认，弹出【外部参照】面板，如下图所示。

| 提示 |

除了通过命令行调用【外部参照】命令外，还可以通过以下方法调用【外部参照】命令。

（1）选择【插入】→【外部参照】命令。

（2）单击【插入】选项卡→【参照】面板右下角的 按钮。

第3步 单击左上角的附着下拉按钮，选择附着的文件类型，这里选择【附着DWG】选项，如下图所示。

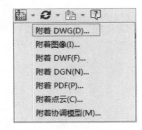

第4步 在弹出的【选择参照文件】对话框中

选择【浴缸】选项，如下图所示。

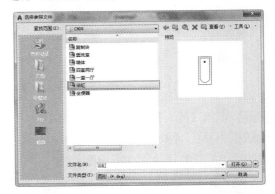

第5步 单击【打开】按钮，弹出【附着外部参照】对话框，在该对话框中可以对附着的外部参照进行设置，如下图所示。

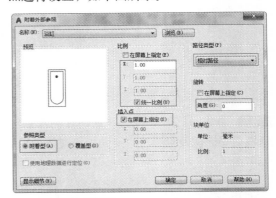

| 提示 |

【附着型】：该选项可确保在其他人参照当前的图形时，外部参照会显示。

【覆盖型】：如果是在联网环境中共享图形，并且不想通过附着外部参照改变自己的图形，则可以使用该选项。正在绘图时，如果其他人附着您的图形，则覆盖图形不显示。

第6步 单击【确定】按钮，将【浴缸】附着到当前图形后，结果如下图所示。

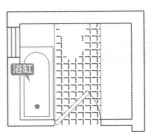

第 7 步 重复第 3 步，添加【坐便器】外部参照，设置比例为"2"，将【路径类型】设置为【完整路径】，如下图所示。

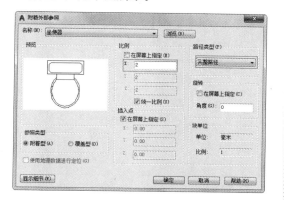

| 提示 |

在【外部参照】面板中可以对两种保存路径进行对比，如下图所示。

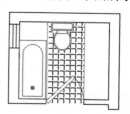

第 8 步 单击【确定】按钮，将【坐便器】附着到当前图形后，结果如下图所示。

9.3.2 外部参照的保存路径

外部参照的保存路径有 3 种，即完整路径、相对路径和无路径。默认保存路径为相对路径，之前版本默认保存路径为完整路径。

| 提示 |

如果【相对路径】不是默认选项，可使用新的系统变量 REFPATHTYPE 进行修改。该系统变量值设置为 0 时表示"无路径"，设置为 1 时表示"相对路径"，设置为 2 时则表示"完整路径"。

即使当前的主图形未保存，也可以指定参照文件的保存路径为相对路径，此时如果在【外部参照】面板中选择参照文件，则"保存路径"列将显示带有"*"前缀的完整路径，指示保存当前主图形时将生效。【详细信息】窗格中的特性也指示参照文件等待相对路径，如下图所示。

| 提示 |

在早期版本的 AutoCAD 中，如果主图形未命名（未保存），则无法指定参照文件的相对路径，如下图所示。AutoCAD 会提示先保存当前图形。

如果将已保存的主图形保存到其他位置，还会出现需要更新相对路径的提示，例如，将前面附着外部参照后的图形保存到其他位置，则会弹出如下提示框。

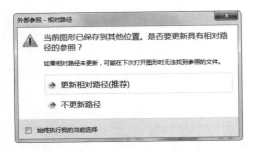

9.3.3 卸载和重载

如果外部参照卸载了，可以通过重载重新添加外部参照。外部参照虽然被卸载了，但是在【外部参照】面板中仍然保留其记录，可以通过【打开】选项来查看该参照图形。

第1步 右击【外部参照】面板中的【浴缸】文件，如下图所示。

第2步 在弹出的快捷菜单中选择【卸载】选项，结果如下图所示。

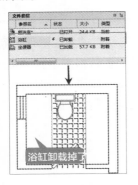

第3步 右击【外部参照】面板中的【浴缸】文件，在弹出的快捷菜单中选择【打开】选项，【浴缸】文件打开后如下图所示。

第4步 右击【外部参照】面板中的【浴缸】文件，在弹出的快捷菜单中选择【重载】选项，重载后结果如下图所示。

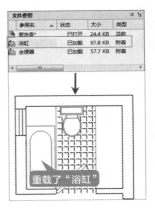

9.3.4 选择新路径和查找替换

【选择新路径】允许用户浏览到缺少的参照文件的新位置（修复一个文件），然后提供可将相同的新位置应用到其他缺少的参照文件（修复所有文件）的选项。

【查找和替换】可从选定的所有参照（多项选择）中找出使用指定路径的所有参照，并将该路径的所有匹配项替换为指定的新路径。

第1步 如果参照文件被移动到其他位置，则打开附着外部参照的文件时，会弹出未找到参照警示，例如，将【坐便器】文件移动到桌面，重新再打开附着该文件的【盥洗室】时，系统弹出下图所示的警示。

第2步 选择【打开"外部参照"选项板】选项，结果如下图所示。

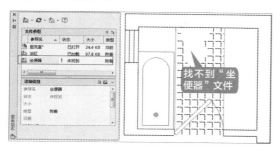

第3步 右击【外部参照】面板中的【坐便器】文件，在弹出的快捷菜单中选择【选择新路径】选项，如下图所示。

第4步 在弹出的【选择新路径】对话框中选择新的文件路径，如下图所示。

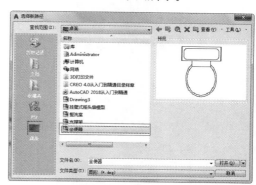

第5步 单击【打开】按钮，结果如下图所示。

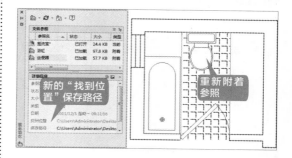

| 提示 |

除了【选择新路径】选项，也可以通过【查找和替换】选项来重新为外部参照指定新路径，如下图所示。

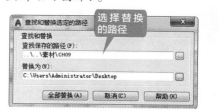

9.3.5 绑定外部参照

将外部参照图形绑定到当前图形后，外部参照图形将以当前图形的"块"的形式存在，从而在【外部参照】面板中消失。绑定外部参照可以很方便地对图形进行分发和传递，而不会出现无法显示参照的错误提示。

第1步 选择【浴缸】和【坐便器】文件并右击，如下图所示。

第2步 在弹出的快捷菜单中选择【绑定】选项，弹出【绑定外部参照/DGN 参考底图】对话框，如下图所示。

第3步 选中【绑定】单选按钮，然后单击【确定】按钮，结果【浴缸】和【坐便器】参照从【外部参照】面板中被删除（但并不从图形中删除），如下图所示。

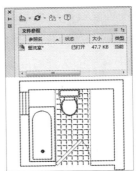

第4步 在命令行中输入"I"命令并按【Space】键，在弹出的【插入】对话框中可以看到【浴缸】和【坐便器】文件已成为当前图形的"块"，如下图所示。

> **提示**
>
> 将外部参照与当前图形绑定后，即使删除了外部参照，也可以通过【插入】命令将其重新插入到图形中，而不会出现无法显示参照的错误提示。

举一反三

给墙体添加门窗

给墙体添加门窗，要首先创建带属性的【门】【窗】图块，然后将带属性的【门】【窗】图块插入图形中相应的位置即可。

给墙体添加门窗的具体操作步骤如表9-1所示。

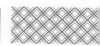

表 9-1 给墙体添加门窗

步骤	创建方法	结 果	备 注
1	创建带属性的【门】图块	M1	将属性值默认为 M1，文字高度设置为200 创建块时指定矩形的右下角点为插入基点
2	创建带属性的【窗】图块	C1	将矩形的短边 3 等分，然后捕捉节点绘制直线 将属性值默认为 C1，文字高度设置为200 创建块时指定矩形的右下角点为插入基点
3	插入【门】图块		M1:$X=Y=1.25$，角度为 0° M2:$X=-1$，$Y=1$，角度为 90° M3:$X=Y=0.75$，角度为 0° M4:$X=Y=1$，角度为 0° M5:$X=Y=0.75$，角度为 270° 图块插入后双击属性文字，将所有的属性文字都改为 200，宽度比例为 1
4	插入【窗】图块		C1:$X=Y=1$，角度为 0° C2:$X=Y=1$，角度为 0° C3:$X=1$，$Y=1.6$，角度为 90° C4:$X=1$，$Y=2.2$，角度为 90° C5:$X=1$，$Y=0.6$，角度为 180° C6:$X=1$，$Y=1$，角度为 180° 图块插入后双击属性文字，将所有的属性文字都改为 200，宽度比例为 1

◇ 以图块的形式打开无法修复的文件

当文件遭到损坏并且无法修复的时候，可以尝试使用图块的方法打开该文件，具体操作步骤如下。

第1步 新建一个 AutoCAD 文件，然后在命令行中输入"I"命令后按【Space】键，弹出【插入】对话框，如下图所示。

第2步 单击【浏览】按钮，弹出【选择图形文件】对话框，如下图所示。

第3步 选择相应文件并且单击【打开】按钮，

返回【插入】对话框，如下图所示。

第4步 单击【确定】按钮，按命令行提示即可完成操作。

◇ 利用复制创建块

除了前面介绍的创建图块的方法外，用户还可以通过【复制】命令创建块。通过【复制】命令创建的块具有全局块的作用，既可以放置（粘贴）在当前图形，也可以放置（粘贴）在其他图形中。

> | 提示 | : : : : : : : :
>
> 这里的"复制"不是 CAD 修改里的"COPY"命令，而是 Windows 中的"Ctrl+C"。

利用【复制】命令创建内部块的具体操作步骤如下。

第1步 打开"素材 \CH09\ 复制块 .dwg"文件，如下图所示。

第2步 选择如下图所示的图形对象。

第3步 在绘图窗口中右击，在弹出的快捷菜单中选择【剪贴板】→【复制】命令，如下图所示。

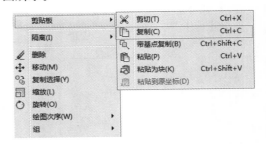

第4步 在绘图窗口中单击指定插入点，如下图所示。

单击指定插入点

第5步 结果如下图所示。

> | 提示 | : : : : : : : :
>
> 除了右击选择【复制】和【粘贴为块】命令外，还可以通过【编辑】菜单，选择【复制】和【粘贴为块】命令，如下图所示。
>
>
>
> 此外，复制时还可以选择【带基点复制】命令，这样在"粘贴为块"时，就可以以复制的基点为粘贴插入点。

第 10 章
图形文件管理操作

本章导读

AutoCAD 软件中包含许多辅助绘图功能供用户进行调用，其中查询和参数化是应用较广的辅助功能，本章将对相关工具的使用进行详细介绍。

思维导图

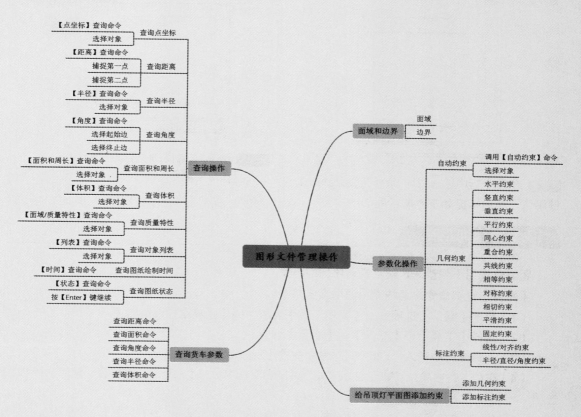

10.1 查询操作

在 AutoCAD 中，【查询】命令包含众多的功能，如查询两点之间的距离、查询面积、查询图纸状态和图纸的绘图时间等。利用各种查询功能，既可以辅助绘制图形，也可以对图形的各种状态进行掌控。

10.1.1 查询点坐标

点坐标查询用于显示指定位置的 UCS 坐标值。ID 列出了指定点的 X 轴、Y 轴和 Z 轴值，并将指定点的坐标存储为最后一点。可以通过在要求输入点的下一个提示中输入 "@" 来引用最后一点。

【点坐标】查询命令的几种常用调用方法如下。

（1）单击【默认】选项卡→【实用工具】面板中的【点坐标】按钮。

（2）选择【工具】→【查询】→【点坐标】命令。

（3）在命令行中输入 "ID" 命令并按【Space】键确认。

下面对图纸绘制时间的查询过程进行详细介绍，其具体操作步骤如下。

第1步 打开"素材 \CH10\ 点坐标查询 .dwg"文件，如下图所示。

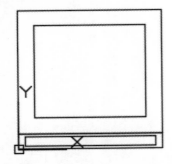

第2步 在命令行中输入 "ID" 命令并按【Space】键确认，然后捕捉如下图所示的端点。

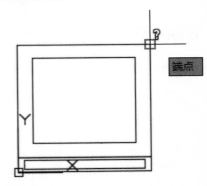

第3步 查询结果在命令行中显示如下。

指定点：X = 450.0000   Y = 450.0000
Z= 0.0000

10.1.2 查询距离

距离查询用于测量选定对象或点序列的距离。

【距离】查询命令的几种常用调用方法如下。

（1）单击【默认】选项卡→【实用工具】面板中的【距离】按钮。

（2）选择【工具】→【查询】→【距离】命令。

（3）在命令行中输入 "DIST/DI" 命令并按【Space】键确认。

（4）在命令行中输入 "MEASUREGEOM/MEA" 命令并按【Space】键确认，然后选择【D】选项。

下面对距离的查询过程进行详细介绍，其具体操作步骤如下。

第1步 打开"素材 \CH10\ 距离查询 .dwg"文件，如下图所示。

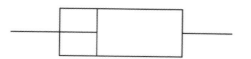

第2步 单击【默认】选项卡→【实用工具】面板中的【距离】按钮，在绘图窗口中捕捉如下图所示的端点作为第一点。

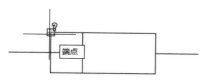

第3步 在绘图窗口中拖曳鼠标指针并捕捉如下图所示的端点作为第二点。

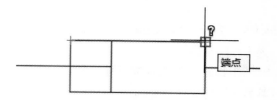

第4步 命令行查询结果显示如下。

> 距离 = 10.0000，XY 平面中的倾角 = 0， 与 XY 平面的夹角 = 0
>   X 增量 = 10.0000， Y 增量 = 0.0000， Z 增量 = 0.0000

10.1.3 查询半径

半径查询用于测量选定对象的半径。

【半径】查询命令的几种常用调用方法如下。

（1）单击【默认】选项卡→【实用工具】面板中的【半径】按钮。

（2）选择【工具】→【查询】→【半径】命令。

（3）在命令行中输入"MEASUREGEOM/MEA"命令并按【Space】键确认，然后选择【R】选项。

下面对半径的查询过程进行详细介绍，其具体操作步骤如下。

第1步 打开"素材 \CH10\ 半径查询 .dwg"文件，如下图所示。

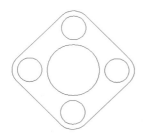

第2步 单击【默认】选项卡→【实用工具】面板中的【半径】按钮，在绘图窗口中选择如下图所示的圆弧作为需要查询的对象。

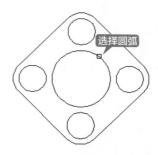

第3步 在命令行中所选圆弧半径和直径的大小显示如下。

> 半径 =150.0000
> 直径 = 300.0000

10.1.4 查询角度

角度查询用于测量选定对象的角度。

【角度】查询命令的几种常用调用方法如下。

（1）单击【默认】选项卡→【实用工具】面板中的【角度】按钮。

（2）选择【工具】→【查询】→【角度】命令。

（3）在命令行中输入"MEASUREGEOM/MEA"命令并按【Space】键确认，然后选择【A】选项。

下面对角度的查询过程进行详细介绍，其具体操作步骤如下。

第1步 打开"素材\CH10\角度查询.dwg"文件，如下图所示。

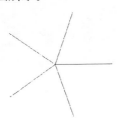

第2步 单击【默认】选项卡→【实用工具】面板中的【角度】按钮，在绘图窗口中选

择如下图所示的直线段作为需要查询的起始边。

第3步 在绘图窗口中选择如下图所示的直线段作为需要查询的终止边。

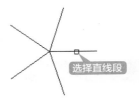

第4步 命令行查询结果显示如下。

角度 = 72°

10.1.5 查询面积和周长

面积和周长查询用于测量选定对象或定义区域的面积。

【面积和周长】查询命令的几种常用调用方法如下。

（1）单击【默认】选项卡→【实用工具】面板中的【面积】按钮。

（2）选择【工具】→【查询】→【面积】命令。

（3）在命令行中输入"AREA/AA"命令并按【Space】键确认。

（4）在命令行中输入"MEASUREGEOM/MEA"命令并按【Space】键确认，然后选择【AR】选项。

执行【面积】查询命令，命令行提示如下。

命令：_MEASUREGEOM
输入选项 [距离 (D)/ 半径 (R)/ 角度 (A)/ 面积 (AR)/ 体积 (V)] < 距离 >:_area
指定第一个角点或 [对象 (O)/ 增加面积 (A)/ 减少面积 (S)/ 退出 (X)] < 对象 (O)>:

命令行中各选项的含义如下。

【指定角点】：计算由指定点所定义的面积和周长。所有点必须位于与当前 UCS 的 XY 平面平行的平面上。必须至少指定 3 个点才能定义多边形，如果是未闭合多边形，将计算面积，就如同输入的第一个点和最后一个点之间存在一条直线。

【对象】：计算所选择的二维面域或多段线围成的区域的面积和周长。

【增加面积】：打开"加"模式，并在定义区域时即时保持总面积。

【减少面积】：打开"减"模式，从总面积中减去指定的面积。

提示
【面积】查询命令无法计算自交对象的面积。

下面对面积的查询过程进行详细介绍，其具体操作步骤如下。

第1步 打开"素材 \CH10\ 面积查询 .dwg"文件，如下图所示。

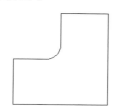

第2步 单击【默认】选项卡→【实用工具】面板中的【面积】按钮▱，命令行提示如下。

> 命令：_MEASUREGEOM
> 输入选项 [距离 (D)/ 半径 (R)/ 角度 (A)/ 面

积 (AR)/ 体积 (V)] < 距离 >:_area
>   指定第一个角点或 [对象 (O)/ 增加面积 (A)/
> 减少面积 (S)/ 退出 (X)] < 对象 (O)>: ↙

第3步 按【Enter】键，接受 CAD 的默认选项对象，然后在绘图窗口中选择如下图所示的图形作为需要查询的对象。

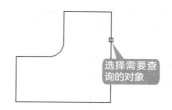

选择需要查询的对象

第4步 在命令行中查询结果中显示如下。

> 区域 = 30193.1417，长度 = 887.1239

10.1.6 查询体积

体积查询用于测量选定对象或定义区域的体积。

【体积】查询命令的几种常用调用方法如下。

（1）单击【默认】选项卡→【实用工具】面板中的【体积】按钮▤。

（2）选择【工具】→【查询】→【体积】命令。

（3）在命令行中输入"MEASUREGEOM/MEA"命令并按【Space】键确认，然后选择【V】选项。

执行【体积】查询命令，命令行提示如下。

> 命令：_MEASUREGEOM
> 输入选项 [距离 (D)/ 半径 (R)/ 角度 (A)/ 面积 (AR)/ 体积 (V)] < 距离 >:_volume
> 指定第一个角点或 [对象 (O)/ 增加体积 (A)/ 减去体积 (S)/ 退出 (X)] < 对象 (O)>:

命令行中各选项的含义如下。

【指定角点】：计算由指定点所定义的体积。

【对象】：可以选择三维实体或二维对象。如果选择二维对象，则必须指定该对象的高度。

【增加体积】：打开"加"模式，并在定义区域时即时保持总体积。

【减少体积】：打开"减"模式，并从总体积中减去指定体积。

下面对体积的查询过程进行详细介绍，其具体操作步骤如下。

第1步 打开"素材 \CH10\ 体积查询 .dwg"文件，如下图所示。

第2步 单击【默认】选项卡→【实用工具】面板中的【体积】按钮▤，在命令行中输入"O"，并按【Enter】键确认。命令行提示如下。

>   指定第一个角点或 [对象 (O)/ 增加体积 (A)/
> 减去体积 (S)/ 退出 (X)] < 对象 (O)>: o

第3步 选择需要查询的对象，如下图所示。

第4步 在命令行中查询结果显示如下。

体积 =96293.4020

10.1.7 查询质量特性

查询质量特性用于计算和显示面域或三维实体的质量特性。

【面域 / 质量特性】查询命令的几种常用调用方法如下。

（1）选择【工具】→【查询】→【面域 / 质量特性】命令。

（2）在命令行中输入"MASSPROP"命令并按【Space】键确认。

下面对质量特性的查询过程进行详细介绍，其具体操作步骤如下。

第1步 打开"素材 \CH10\ 质量特性查询 .dwg"文件，如下图所示。

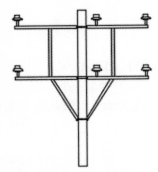

第2步 选择【工具】→【查询】→【面域 / 质量特性】命令，在绘图区域中选择要查询的对象，如下图所示。

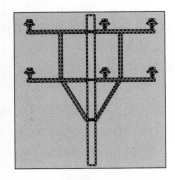

第3步 按【Enter】键确认后，弹出查询结果，如下图所示。

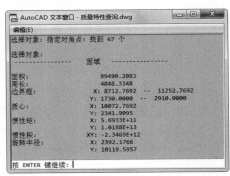

第4步 按【Enter】键可继续查询。

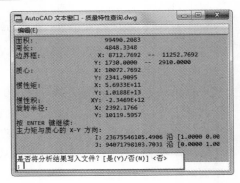

第5步 按【Enter】键分析结果将不写入文件。

> **提示**
>
> 测量的质量是密度为"1g/cm³"显示的，所以测量后应根据结果乘以实际的密度才能得到真正的质量。

10.1.8 查询对象列表

用户可以使用 LIST 显示选定对象的特性，然后将其复制到文本文件中。

LIST 命令查询的文本窗口将显示对象类型、对象图层、相对于当前用户坐标系（UCS）的 *X* 轴、*Y* 轴、*Z* 轴位置，以及对象是位于模型空间还是图纸空间。

【列表】查询命令的几种常用调用方法如下。

（1）单击【默认】选项卡→【特性】面板中的【列表】按钮。

（2）选择【工具】→【查询】→【列表】命令。

（3）在命令行中输入【LIST/LI】命令并按【Space】键确认。

下面对对象列表的查询过程进行详细介绍，其具体操作步骤如下。

第1步 打开"素材 \CH10\ 对象列表 .dwg" 文件，如下图所示。

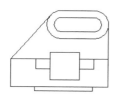

第2步 在命令行中输入"LI"命令并按【Space】键调用【列表】查询命令，在绘图窗口中选择要查询的对象，如下图所示。

选择需要查询的对象

第3步 按【Enter】键确定，弹出【AutoCAD 文本窗口】窗口，在该窗口中可显示结果，如下图所示。

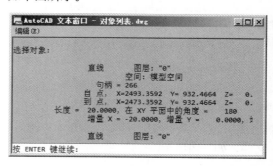

第4步 继续按【Enter】键可以查询图形中其他结构的信息。

10.1.9 查询图纸绘制时间

查询图纸绘制时间后显示图形的日期和时间统计信息。

【时间】查询命令的几种常用调用方法如下。

（1）选择【工具】→【查询】→【时间】命令。

（2）在命令行中输入"TIME"命令并按【Space】键确认。

下面对图纸绘制时间的查询过程进行详细介绍，其具体操作步骤如下。

第1步 打开"素材 \CH10\ 时间查询 .dwg" 文件，如下图所示。

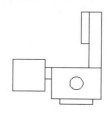

第2步 选择【工具】→【查询】→【时间】命令，执行命令后弹出【AutoCAD 文本窗口】窗口，以显示时间查询，如下图所示。

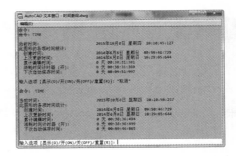

10.1.10 查询图纸状态

查询图纸状态后显示图形的统计信息、模式和范围。

【状态】查询命令的几种常用调用方法如下。

（1）选择【工具】→【查询】→【状态】命令。

（2）在命令行中输入"STATUS"命令并按【Space】键确认。

下面对图纸状态的查询过程进行详细介绍，其具体操作步骤如下。

第1步 打开"素材＼CH10＼状态查询.dwg"文件，如下图所示。

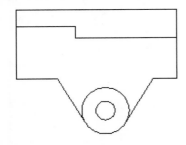

第2步 选择【工具】→【查询】→【状态】命令，执行命令后弹出【AutoCAD 文本窗口】窗口，

以显示查询结果，如下图所示。

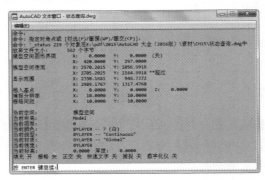

第3步 按【Enter】键继续查询，如下图所示。

10.2 重点：面域和边界

在查询面积、周长、体积及质量特性时，查询的对象经常被要求是面域，本节将对创建面域的方法进行介绍。

面域是具有物理特性（如形心或质量中心）的二维封闭区域，可以将现有面域组合成单个或复杂的面域来计算面积。

【边界】命令不仅可以从封闭区域创建面域，还可以创建多段线。

10.2.1 面域

面域是指用户从对象的闭合平面环创建的二维区域。有效对象包括多段线、直线、圆弧、圆、椭圆弧、椭圆和样条曲线。每个闭合的环将转换为独立的面域。拒绝所有交叉交点和自交曲线。

在 AutoCAD 中调用【面域】命令的方法通常有 3 种。

（1）选择【绘图】→【面域】命令。

（2）在命令行中输入"REGION/REG"命令并按【Space】键确认。

（3）单击【默认】选项卡→【绘图】面板中的【面域】按钮⊙。

下面将对面域的创建过程进行详细介绍，其具体操作步骤如下。

第1步 打开"素材 \CH10\ 创建面域 .dwg"文件，如下图所示。

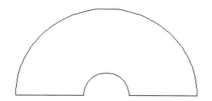

第2步 在没有创建面域之前选择圆弧，可以看到圆弧是独立存在的，如下图所示。

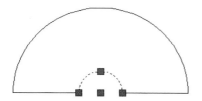

第3步 在命令行中输入"REG"命令并按

【Space】键确认，在绘图区域中选择整个图形对象作为组成面域的对象，如下图所示。

第4步 按【Space】键确认，然后在绘图区域中选择圆弧，结果圆弧和直线成为一个整体，如下图所示。

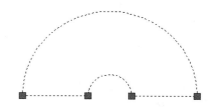

10.2.2 边界

【边界】命令用于从封闭区域创建面域或多段线。

【边界】命令的几种常用调用方法如下。

（1）选择【绘图】→【边界】命令。

（2）在命令行中输入"BOUNDARY/BO"命令并按【Space】键确认。

（3）单击【默认】选项卡→【绘图】面板中的【边界】按钮▢。

调用【边界】命令后，弹出如下图所示的【边界创建】对话框。

下面介绍创建边界的具体操作步骤。

第1步 打开"素材\CH10\创建边界.dwg"文件，如下图所示。

第2步 在绘图区域中将鼠标指针移到任意一段圆弧上，结果如下图所示。

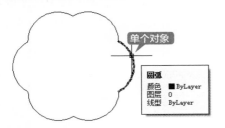

第3步 在命令行中输入"BO"命令并按【Space】键确认，弹出【边界创建】对话框，如下图所示。

第4步 在【边界创建】对话框中单击【拾取点】按钮，然后在绘图窗口中单击拾取内部点，如下图所示。

第5步 按【Enter】键确认，然后在绘图窗口中将鼠标指针移到创建的边界上，结果如下图所示。

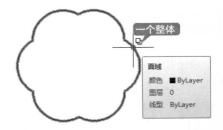

第6步 AutoCAD默认创建边界后保留原来的图形，即创建面域后，原来的圆弧仍然存在。选择创建的边界，在弹出的【选择集】对话框中可以看到提示选择面域还是选择圆弧，如下图所示。

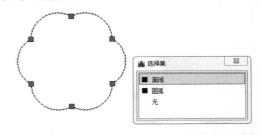

第7步 选择【面域】命令，然后调用【移动】命令，将创建的边界面域移动到合适位置，可以看到原来的图形仍然存在，将鼠标指针放置到原来的图形上，显示为圆弧，如下图所示。

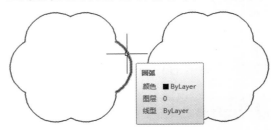

| 提示 |

　　如果第3步中对象类型选择为【多段线】，则最后创建的对象是多段线，如下图所示。

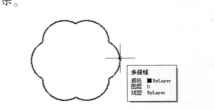

10.3 查询货车参数

本节将综合利用【距离】【面积】【角度】【半径】和【体积】查询命令对货车参数进行相关查询，具体操作步骤如下。

第1步 打开"素材 \CH10\ 货车参数查询 .dwg"文件，如下图所示。

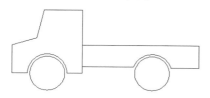

提示

图中使用的绘图单位是"米"。

第2步 单击【默认】选项卡→【绘图】面板→【面域】按钮，然后在绘图窗口选择要创建面域的对象，如下图所示。

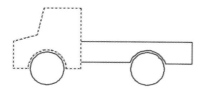

第3步 按【Space】键后将选择的对象创建为一个面域。在命令行输入"MEA"命令，命令行提示如下。

命令 :: MEASUREGEOM
输入选项 [距离 (D)/ 半径 (R)/ 角度 (A)/ 面积 (AR)/ 体积 (V)] < 距离 >:

第4步 输入"r"进行半径查询，然后选择车轮，命令行显示查询结果如下。

半径 = 0.7500   直径 = 1.5000

第5步 在命令行输入"d"进行距离查询，然后捕捉车前轮的圆心，如下图所示。

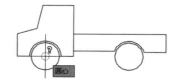

第6步 捕捉车后轮的圆心，如下图所示。

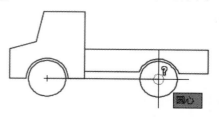

第7步 命令行距离查询显示结果如下。

距离 = 4.5003，XY 平面中的倾角 = 0.00，与 XY 平面的夹角 = 0.00
X 增量 = 4.5003，Y 增量 = 0.0000，Z 增量 = 0.0000

第8步 继续在命令行输入"d"进行距离查询，然后捕捉驾驶室的底部端点，如下图所示。

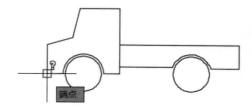

第9步 捕捉车前轮的底部象限点，如下图所示。

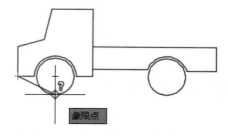

第10步 命令行距离查询显示结果如下。

距离 = 1.6771，XY 平面中的倾角 = 333.43，与 XY 平面的夹角 = 0.00
X 增量 = 1.5000，Y 增量 = −0.7500，Z 增量 = 0.0000

第 11 步 继续在命令行输入"d"进行距离查询，然后捕捉车厢底部端点，如下图所示。

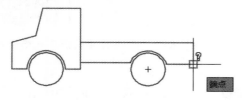

第 12 步 捕捉车后轮的底部象限点，如下图所示。

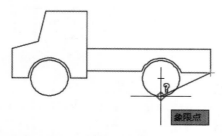

第 13 步 命令行距离查询显示结果如下。

> 距离 = 2.2371，XY 平面中的倾角 = 206.62，与 XY 平面的夹角 = 0.00
>
> X 增量 = −1.9999， Y 增量 = −1.0024， Z 增量 = 0.0000

第 14 步 在命令行输入"a"进行角度查询，然后捕捉驾驶室的一条斜边，如下图所示。

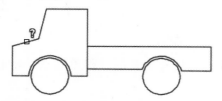

第 15 步 捕捉驾驶室的另一条斜边，如下图所示。

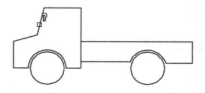

第 16 步 命令行角度查询显示结果如下。

> 角度 = 120°

第 17 步 在命令行输入"ar"进行面积查询，然后输入"o"，单击驾驶室为查询的对象，如下图所示。

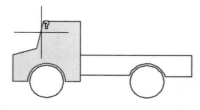

第 18 步 命令行面积查询显示结果如下。

> 区域 = 5.6054，修剪的区域 = 0.0000，周长 = 12.0394

第 19 步 在命令行输入"v"进行体积查询，然后依次捕捉下图中的 1 ~ 4 点，如下图所示。

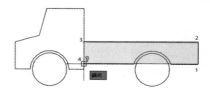

第 20 步 捕捉 4 点后按【Space】键结束点的捕捉，然后在命令行输入高度，查询结果显示如下。

> 指定高度：0,0,2.5
> 体积 = 1308.5001

10.4 参数化操作

在 AutoCAD 中，参数化绘图功能可以让用户通过基于设计意图的图形对象约束提高绘图效率，该操作可以确保在对象修改后还保持特定的关联及尺寸关系。

10.4.1 自动约束

根据对象相对于彼此的方向将几何约束应用于对象的选择集。

调用【自动约束】命令通常有以下 3 种方法。

（1）单击【参数化】选项卡→【几何】面板中的【自动约束】按钮。

（2）选择【参数】→【自动约束】命令。

（3）在命令行中输入 "AUTOCONSTRAIN" 命令并按【Space】键确认。

下面对自动约束的创建过程进行详细介绍，其具体操作步骤如下。

第 1 步 打开 "素材 \CH10\ 自动约束 .dwg" 文件，如下图所示。

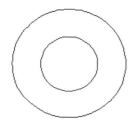

第 2 步 单击【参数化】选项卡→【几何】面板中的【自动约束】按钮，在绘图窗口中选择如下图所示的两个圆形。

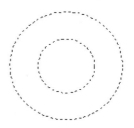

第 3 步 按【Enter】键确认，结果如下图所示。

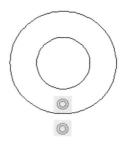

10.4.2 几何约束

几何约束确定了二维几何对象之间或对象上的每个点之间的关系，用户可以指定二维对象或对象上的点之间的几何约束。

> 提示
>
> 几何约束不能修改，但可以删除。在很多情况下几何约束的效果跟选择对象的顺序有关，通常所选的第二个对象会根据第一个对象进行调整。例如，应用垂直约束时，选择的第二个对象将调整为垂直于第一个对象。
>
> 单击【参数化】选项卡→【几何】面板中的【全部显示 / 全部隐藏】按钮 / 可以全部显示或全部隐藏几何约束。如果图中有多个几何约束，可以通过单击【显示 / 隐藏】按钮，可以根据需要自由选择显示哪些约束，隐藏哪些约束。

1. 水平约束

水平约束是约束一条直线、一对点、多段线线段、文字、椭圆的长轴或短轴，使其与当前坐标系的 X 轴平行。如果选择的是一对点则第二个选定点将设置为与第一个选定点水平。

调用【水平约束】命令通常有以下 3 种方法。

（1）单击【参数化】选项卡→【几何】面板中的【水平约束】按钮。

（2）选择【参数】→【几何约束】→【水平】命令。

（3）在命令行中输入 "GEOMCONSTRAINT" 命令并按【Space】键确认，然后输入 "H"。

水平约束的具体操作步骤如下。

第1步 打开"素材\CH10\水平几何约束.dwg"文件，如下图所示。

第2步 单击【参数化】选项卡→【几何】面板中的【水平约束】按钮，在绘图窗口中选择对象，如下图所示。

第3步 结果如下图所示。

2. 竖直约束

竖直约束是约束一条直线、一对点、多段线线段、文字、椭圆的长轴或短轴，使其与当前坐标系的 Y 轴平行。如果选择一对点则第二个选定点将设置为与第一个选定点竖直。

调用【竖直约束】命令通常有以下3种方法。

（1）单击【参数化】选项卡→【几何】面板中的【竖直约束】按钮。

（2）选择【参数】→【几何约束】→【竖直】命令。

（3）在命令行中输入"GEOMCONSTRAINT"命令并按【Space】键确认，然后输入"V"。

竖直约束的具体操作步骤如下。

第1步 打开"素材\CH10\竖直几何约束.dwg"文件，如下图所示。

第2步 单击【参数化】选项卡→【几何】面板中的【竖直约束】按钮，在绘图区域中选择对象，如下图所示。

第3步 结果如下图所示。

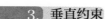

3. 垂直约束

垂直约束是约束两条直线或多段线线段，使其夹角始终保持为90°，第二选定对象将设为与第一个对象垂直，约束的两条直线无须相交。

调用【垂直约束】命令通常有以下3种方法。

（1）单击【参数化】选项卡→【几何】面板中的【垂直约束】按钮。

（2）选择【参数】→【几何约束】→【垂直】命令。

（3）在命令行中输入"GEOMCONSTRAINT"命令并按【Space】键确认，然后输入"P"。

垂直约束的具体操作步骤如下。

第1步 打开"素材\CH10\垂直几何约束.dwg"文件，如下图所示。

第2步 单击【参数化】选项卡→【几何】面板中的【垂直约束】按钮，在绘图区域选择第一个对象，如下图所示。

第3步 然后再选择第二个对象，如下图所示。

第4步 结果如下图所示。

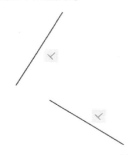

> **提示**
>
> 两条直线中有以下任意一种情况时不能被垂直约束：（1）两条直线同时受水平约束；（2）两条直线同时受竖直约束；（3）两条共线的直线。

4. 平行约束

平行约束约束两条直线使其具有相同的角度，第二个选定对象将根据第一个对象进行调整。

调用【平行约束】命令通常有以下3种方法。

（1）单击【参数化】选项卡→【几何】面板中的【平行约束】按钮。

（2）选择【参数】→【几何约束】→【平行】命令。

（3）在命令行中输入"GEOMCONSTRAINT"命令并按【Space】键确认，然后输入"PA"。

平行约束的具体操作步骤如下。

第1步 打开"素材\CH10\平行几何约束.dwg"文件，如下图所示。

第2步 单击【参数化】选项卡→【几何】面板中的【平行约束】按钮，在绘图窗口中选择第一个对象，如下图所示。

第3步 然后再选择第二个对象，如下图所示。

第4步 结果如下图所示。

| 提示 |

　　平行的结果与选择的先后顺序及选择的位置有关,如果两条直线的选择顺序倒置,则结果如下图所示。

5. 同心约束

　　同心约束是将选定的圆、圆弧或椭圆具有相同的圆心点。第二个选定对象将设为与第一个对象同心。

　　调用【同心约束】命令通常有以下3种方法。

　　(1)单击【参数化】选项卡→【几何】面板中的【同心约束】按钮◎。

　　(2)选择【参数】→【几何约束】→【同心】命令。

　　(3)在命令行中输入"GEOMCONSTRAINT"命令并按【Space】键确认,然后输入"CON"。

　　同心约束的具体操作步骤如下。

第1步 打开"素材\CH10\同心几何约束.dwg"文件,如下图所示。

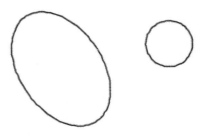

第2步 单击【参数化】选项卡→【几何】面板中的【同心约束】按钮◎,在绘图窗口中选择第一个对象,如下图所示。

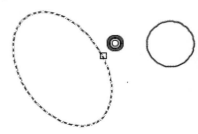

第3步 然后再选择第二个对象,如下图所示。

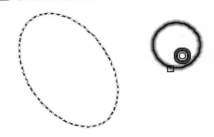

第4步 结果如下图所示。

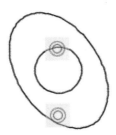

6. 重合约束

　　重合约束是约束两个点使其重合,或者约束一个点使其位于对象或对象延长部分的任意位置。

　　调用【重合约束】命令通常有以下3种方法。

（1）单击【参数化】选项卡→【几何】面板中的【重合约束】按钮。

（2）选择【参数】→【几何约束】→【重合】命令。

（3）在命令行中输入"GEOMCONSTRAINT"命令并按【Space】键确认，然后输入"C"。

重合约束的具体操作步骤如下。

第1步 打开"素材\CH10\重合几何约束.dwg"文件，如下图所示。

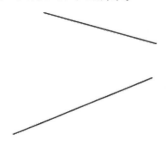

第2步 单击【参数化】选项卡→【几何】面板中的【重合约束】按钮，在绘图窗口中选择第一个点，如下图所示。

第3步 然后再选择第二个点，如下图所示。

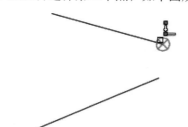

第4步 结果如下图所示。

7. 共线约束

共线约束能使两条直线位于同一无限长的线上。第二条选定直线将设为与第一条共线。

调用【共线约束】命令通常有以下 3 种方法。

（1）单击【参数化】选项卡→【几何】面板中的【共线约束】按钮。

（2）选择【参数】→【几何约束】→【共线】命令。

（3）在命令行中输入"GEOMCONSTRAINT"命令并按【Space】键确认，然后输入"COL"。

共线约束的具体操作步骤如下。

第1步 打开"素材\CH10\共线几何约束.dwg"文件，如下图所示。

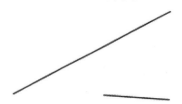

第2步 单击【参数化】选项卡→【几何】面板中的【共线约束】按钮，在绘图窗口中选择第一个对象，如下图所示。

第3步 然后再选择第二个对象，如下图所示。

第4步 结果如下图所示。

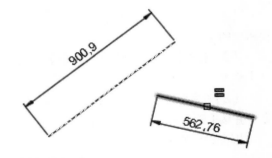

8. 相等约束

相等约束可使受约束的两条直线或多段线线段具有相同长度，相等约束也可以约束圆弧或圆使其具有相同的半径值。

调用【相等约束】命令通常有以下3种方法。

（1）单击【参数化】选项卡→【几何】面板中的【相等约束】按钮=。

（2）选择【参数】→【几何约束】→【相等】命令。

（3）在命令行中输入"GEOMCONSTRAINT"命令并按【Space】键确认，然后输入"E"。

相等约束的具体操作步骤如下。

第1步 打开"素材\CH10\相等几何约束.dwg"文件，如下图所示。

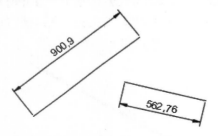

第2步 单击【参数化】选项卡→【几何】面板中的【相等约束】按钮=，在绘图窗口中选择第一个对象，如下图所示。

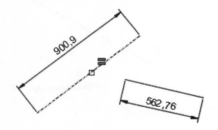

第3步 然后再选择第二个对象，如下图所示。

第4步 结果如下图所示。

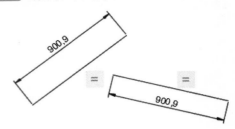

> **提示**
>
> 等长的结果与选择的先后顺序及选择的位置有关，如果两条直线的选择顺序倒置，则结果如下图所示。
>
>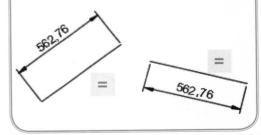

9. 对称约束

对称约束是使约束对象上的两条曲线或两个点，以选定直线为对称轴彼此对称。

调用【对称约束】命令通常有以下3种方法。

（1）单击【参数化】选项卡→【几何】面板中的【对称约束】按钮[]。

（2）选择【参数】→【几何约束】→【对称】命令。

（3）在命令行中输入"GEOMCONSTRAINT"命令并按【Space】键确认，然后输入"S"。

对称约束的具体操作步骤如下。

第1步 打开"素材\CH10\对称几何约束.dwg"文件，如下图所示。

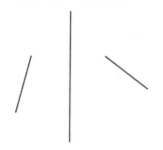

第2步 单击【参数化】选项卡→【几何】面板中的【对称约束】按钮，在绘图窗口中选择第一个对象，如下图所示。

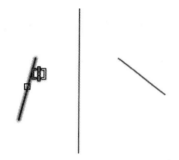

第3步 然后再选择第二个对象，如下图所示。

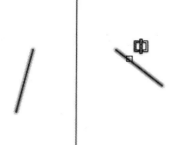

第4步 选择对称直线，如下图所示。

第5步 结果如下图所示。

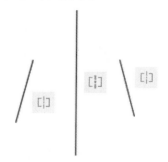

10. 相切约束

相切约束是约束两条曲线，使其彼此相切或其延长线彼此相切。

调用【相切约束】命令通常有以下 3 种方法。

（1）单击【参数化】选项卡→【几何】面板中的【相切约束】按钮。

（2）选择【参数】→【几何约束】→【相切】命令。

（3）在命令行中输入"GEOMCONSTRAINT"命令并按【Space】键确认，然后输入"T"。

相切约束的具体操作步骤如下。

第1步 打开"素材\CH10\相切几何约束.dwg"文件，如下图所示。

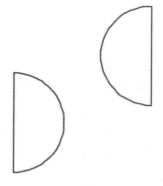

第2步 单击【参数化】选项卡→【几何】面板中的【相切约束】按钮，在绘图窗口中选择第一个对象，如下图所示。

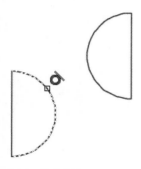

第3步 然后再选择第二个对象，如下图所示。

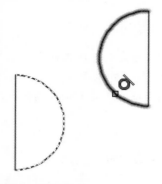

第4步 结果如下图所示。

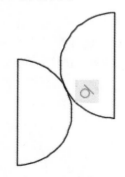

11. 平滑约束

平滑约束是将一条样条曲线与其他样条曲线、直线、圆弧或多段线彼此相连接并保持 G2 连续（曲线与曲线在某一点处于相切连续状态，两条曲线在这一点曲率的向量如果相同，就说这两条曲线处于 G2 连续）。

调用【平滑约束】命令通常有以下 3 种方法。

（1）单击【参数化】选项卡→【几何】面板中的【平滑约束】按钮。

（2）选择【参数】→【几何约束】→【平滑】命令。

（3）在命令行中输入"GEOMCONSTRAINT"命令并按【Space】键确认，然后输入"SM"。

平滑约束的具体操作步骤如下。

第1步 打开"素材 \CH10\ 平滑几何约束 .dwg"文件，如下图所示。

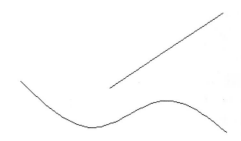

第2步 单击【参数化】选项卡→【几何】面板中的【平滑约束】按钮，在绘图窗口中选择样条曲线，如下图所示。

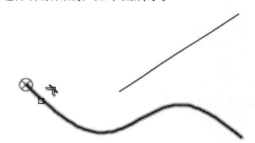

第3步 然后再选择直线对象，如下图所示。

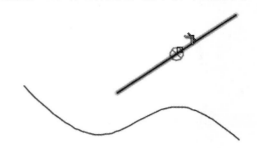

第4步 结果如下图所示。

12. 固定约束

固定约束可以使一个点或一条曲线固定在相对于世界坐标系的特定位置和方向上。

调用【固定约束】命令通常有以下 3 种方法。

（1）单击【参数化】选项卡→【几何】面板中的【固定约束】按钮🔒。

（2）选择【参数】→【几何约束】→【固定】命令。

（3）在命令行中输入"GEOMCONSTRAINT"命令并按【Space】键确认，然后输入"F"

固定约束的具体操作步骤如下。

第1步 打开"素材 \CH10\ 固定几何约束 .dwg"文件，如下图所示。

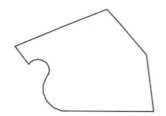

第2步 单击【参数化】选项卡→【几何】面板中的【固定约束】按钮🔒，在绘图窗口中选择一个点，如下图所示。

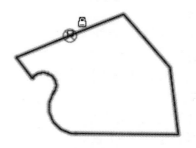

第3步 结果 CAD 会对该点形成一个约束，如下图所示。

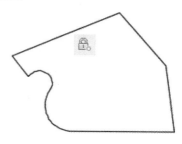

10.4.3 标注约束

标注约束可以确定对象、对象上的点之间的距离或角度，也可以确定对象的大小。标注约束包括名称和值。默认情况下，标注约束是动态的。对常规参数化图形和设计任务来说，它们是非常理想的。动态约束具有以下 5 个特征：（1）缩小或放大时大小不变；（2）可以轻松打开或关闭；（3）以固定的标注样式显示；（4）提供有限的夹点功能；（5）打印时不显示。

> **┤提示├**
>
> 图形经过标注约束后，修改约束后的标注值就可以更改图形的形状。
>
> 单击【参数化】选项卡→【标注】面板中的【全部显示 / 全部隐藏】按钮可以全部显示或全部隐藏标注约束，如果图中有多个标注约束，可以通过单击【显示 / 隐藏】按钮，根据需要自由选择显示哪些约束，隐藏哪些约束。

1. 线性 / 对齐约束

线性约束包括水平约束和竖直约束，水平约束是约束对象上两个点之间或不同对象上两个点之间 X 轴方向的距离，竖直约束是约束对象上两个点之间或不同对象上两个点之间 Y 轴方向的距离。

对齐约束是约束对象上两个点之间的距离，或者约束不同对象上两个点之间的距离。

调用【线性 / 对齐约束】命令通常有以下 3 种方法。

（1）单击【参数化】选项卡→【标注】面板中的【水平 / 竖直 / 对齐】按钮┗┛/┖┚/┗┛。

（2）选择【参数】→【标注约束】→【水平 / 竖直 / 对齐】命令。

（3）在命令行中输入"DIMCONSTRAINT"命令并按【Space】键确认，然后选择相应的约束。

线性 / 对齐约束的具体操作步骤如下。

第1步 打开"素材 \CH10\ 线性和对齐标注约束 .dwg"文件，如下图所示。

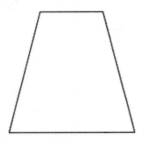

第2步 单击【参数化】选项卡→【标注】面板中的【水平】按钮┗┛，当命令行提示指定第一个约束点时直接按【Space】键，接受默认选项＜对象＞选项。

> 命令：_DcHorizontal
> 指定第一个约束点或 [对象 (O)] ＜对象＞: ↙

第3步 选择上端水平直线，如下图所示。

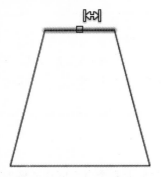

第4步 拖曳鼠标指针在合适的位置单击，确定标注的位置，然后在绘图窗口空白处单击，

接受标注值，如下图所示。

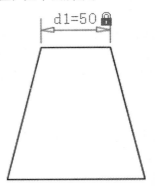

第5步 重复第 2 步和第 3 步，选择下端水平直线为标注对象，然后拖曳鼠标指针确定标注位置，如下图所示。

第6步 当提示确定标注值时，将原标注值改为"d2=2*d1"，然后在绘图窗口空白处单击，结果如下图所示。

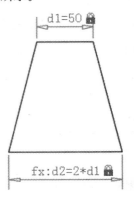

第7步 单击【参数化】选项卡→【标注】面板中的【竖直】按钮┖┚，然后指定第一个约束点，如下图所示。

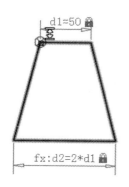

第 8 步 指定第二个约束点，如下图所示。

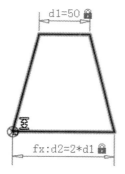

第 9 步 拖曳鼠标指针在合适的位置单击，确定标注的位置，然后将标注值改为 d3=1.2*d1，结果如下图所示。

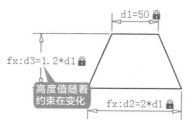

第 10 步 单击【参数化】选项卡→【标注】面板中的【对齐】按钮，当命令行提示指定第一个约束点时直接按【Space】键，接受默认选项【对象】选项。然后选择右侧的斜边进行标注，并将标注值改为 d4=1.5*d1，结果如下图所示。

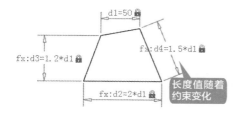

> **| 提示 |**
>
> 当图形中的某些尺寸有固定的函数关系时，可以通过这种函数关系把这些相关的尺寸都联系在一起。例如，上图所有的尺寸都和 d1 长度联系在一起，当图形发生变化时，只需要修改 d1 的值，整个图形都会发生变化。

2. 半径 / 直径 / 角度约束

半径 / 直径标注约束就是约束圆或圆弧的半径 / 直径值。

角度约束是约束直线段或多段线线段之间的角度、由圆弧或多段线圆弧段扫掠得到的角度，或对象上 3 个点之间的角度。

调用【半径 / 直径 / 角度约束】命令通常有以下 3 种方法。

（1）单击【参数化】选项卡→【标注】面板中的【半径 / 直径 / 角度】按钮 / / 。

（2）选择【参数】→【标注约束】→【半径 / 直径 / 角度】命令。

（3）在命令行中输入"DIMCONSTRAINT"命令并按【Space】键确认，然后选择相应的约束。

半径 / 直径 / 角度约束的具体操作步骤如下。

第 1 步 打开"素材 \CH10\ 半径直径和角度标注约束 .dwg"文件，如下图所示。

第 2 步 单击【参数化】选项卡→【标注】面板中的【半径】按钮，然后选择小圆弧，如下图所示。

第3步 拖曳鼠标指针将标注值放到合适的位置，如下图所示。

第4步 标注值放置好后，将标注半径值改为170，结果如下图所示。

第5步 单击【参数化】选项卡→【标注】面板中的【直径】按钮，然后选择大圆弧，拖曳鼠标指针标将标注值放到合适的位置，如下图所示。

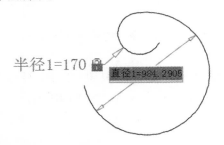

第6步 将标注直径值改为800，结果如下图所示。

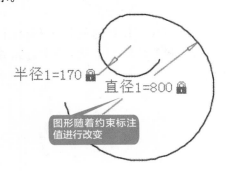

第7步 单击【参数化】选项卡→【标注】面板中的【角度】按钮，选择小圆弧，拖曳鼠标指针将标注值放到合适的位置，然后在绘图窗口空白处单击接受标注值，结果如下图所示。

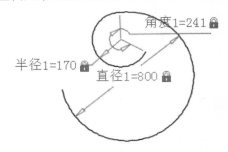

第8步 重复第7步，标注大圆弧的角度，如下图所示。

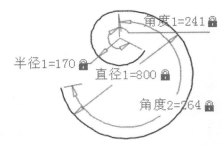

第9步 双击角度为"241"的标注，将角度值改为180，如下图所示。

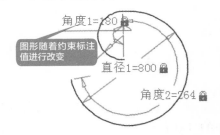

第10步 单击【参数化】选项卡→【标注】面板中的【全部隐藏】按钮，结果如下图所示。

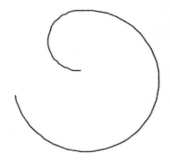

10.5 给吊顶灯平面图添加约束

通过 10.4 节的介绍，读者对参数化设计有了一个大致的认识，下面通过给灯具平面图添加几何约束和标注约束来进一步巩固约束的内容。约束完成后最终结果如下图所示。

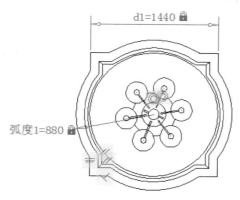

10.5.1 添加几何约束

首先给灯具平面图添加几何约束，具体操作步骤如下。

第1步 打开"素材 \CH10\ 吊顶灯平面图 .dwg"文件，如下图所示。

第2步 调用【同心约束】命令，然后选择图形中央的小圆为第一个对象，如下图所示。

第3步 选择位于小圆外侧的第一个圆为第二个对象，程序会自动生成一个同心约束效果，如下图所示。

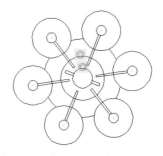

第4步 调用【水平约束】命令，在图形左下方选择水平直线，将直线约束为与 X 轴平行，如下图所示。

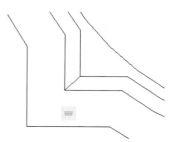

第5步 调用【平行约束】命令，选择水平约束的直线为第一个对象，如下图所示。

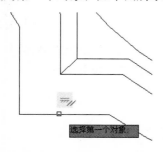

第6步 然后选择上方的水平直线为第二个对象，如下图所示。

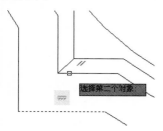

第7步 程序会自动生成一个平行约束，如下图所示。

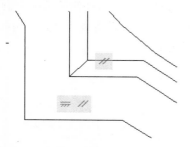

第8步 调用【垂直约束】命令，选择水平约束的直线为第一个对象，如下图所示。

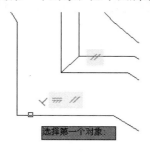

第9步 然后选择与之相交的直线为第二个对象，如下图所示。

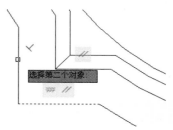

第10步 程序会自动生成一个垂直约束，如下图所示。

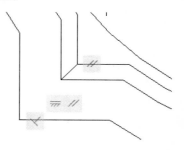

10.5.2 添加标注约束

几何约束完成后下面进行标注约束，具体的操作步骤如下。

第1步 调用【水平】标注命令，然后在图形中指定第一个约束点，如下图所示。

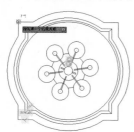

第2步 再指定第二个约束点，如下图所示。

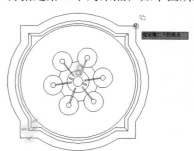

第3步 拖曳鼠标指针到合适的位置，显示原始尺寸，如下图所示。

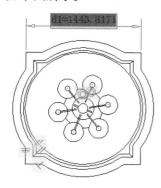

第4步 将尺寸值修改为1440，然后在绘图窗口空白区域单击，结果如下图所示。

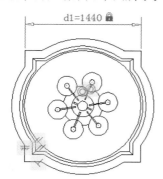

第5步 调用【半径】标注约束命令，然后在图形中指定圆弧，拖曳鼠标指针将标注约束放置到合适的位置，如下图所示。

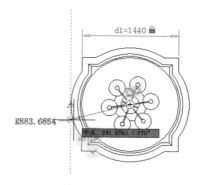

第6步 将半径值改为880，然后在绘图窗口空白处单击，程序会自动生成一个半径标注约束，如下图所示。

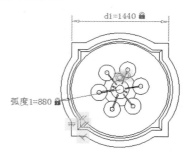

举一
反三

查询卧室对象属性

本案例通过查看门窗开洞的大小、房间的使用面积及铺装面积来对本章所介绍的查询命令重新回顾一下。

查询卧室对象属性的具体操作步骤如表10-1所示。

表 10-1　查询卧室对象属性

步骤	创建方法	过程	结果
1	查询门洞和窗洞的宽度	 端点	门洞查询结果： 距离 = 900.0000，XY 平面中的倾角 = 0，与 XY 平面的夹角 = 0 X 增量 = 900.0000，Y 增量 = 0.0000，Z 增量 = 0.0000 窗洞查询结果： 距离 = 2400.0000，XY 平面中的倾角 = 0，与 XY 平面的夹角 = 0 X 增量 = 2400.0000，Y 增量 = 0.0000，Z 增量 = 0.0000

续表

步骤	创建方法	过程	结果
2	查询卧室面积和铺装面积		卧室面积和周长： 区域 = 16329600.0000，周长 = 16440.0000 铺装面积和周长： 区域 = 9073120.0559，周长 = 24502.4412
3	列表查询床信息		

下面将对点坐标查询和距离查询时的注意事项及【DBLIST】和【LIST】命令的区别进行详细介绍。

◇ 点坐标查询和距离查询时的注意事项

如果绘制的图形是三维图形，在【选项】对话框的【绘图】选项卡选中【使用当前标高替换 Z 值】复选框时，那么在为点坐标查询和距离查询拾取点时，所获取的值可能是错误的数据。

第1步 打开"素材 \CH10\ 点坐标查询和距离查询时的注意事项 .dwg"文件，如下图所示。

第2步 在命令行中输入"ID"命令并按【Space】键调用【点坐标】查询命令，然后在绘图窗口中捕捉如下图所示的圆心。

第3步 命令行显示查询结果如下。

> X = −145.5920   Y = 104.4085   Z = 155.8846

第4步 在命令行输入"DI"命令并按【Space】键调用【距离】查询命令，然后捕捉第2步捕捉的圆心为第一点，捕捉下图所示的圆心为第二点。

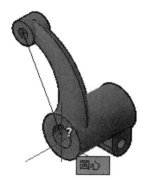

第5步 命令行显示查询结果如下。

> 距离 = 180.0562，XY 平面中的倾角 = 87，
> 与 XY 平面的夹角 = 300
> X 增量 = 4.5000， Y 增量 = 90.0000，   Z 增量 = −155.8846

第6步 在命令行中输入"OP"命令并按【Space】键，在弹出的【选项】对话框中选择【绘图】选项卡，然后在【对象捕捉选项】选项区域中选中【使用当前标高替换 Z 值】复选框，如下图所示。

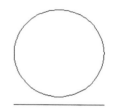

第7步 重复第2步，查询圆心的坐标，命令行结果显示如下。

> X = −145.5920   Y = 104.4085   Z = 0.0000

第8步 重复第4步，查询两圆心之间的距离，命令行结果显示如下。

> 距离 = 90.1124，XY 平面中的倾角 = 87，
> 与 XY 平面的夹角 = 0
> X 增量 = 4.5000， Y 增量 = 90.0000，   Z 增量 = 0.0000

◇ 【DBLIST】和【LIST】命令的区别

【LIST】命令为选定对象显示特性数据，而【DBLIST】命令则列出图形中每个对象的数据库信息，下面将分别对这两个命令进行详细介绍。

第1步 打开"素材 \CH10\ 查询技巧 .dwg"文件，如下图所示。

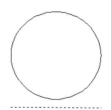

第2步 在命令行输入【LIST】命令并按【Enter】键确认，然后在绘图窗口中选择直线图形，如下图所示。

第3步 按【Enter】键确认，查询结果如下图所示。

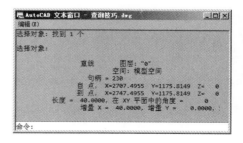

第4步 在命令行输入"DBLIST"命令并按【Enter】键确认,命令行中查询结果显示如下。

> 命令:DBLIST
>
> 圆　图层:"0"
>
> 空间:模型空间
>
> 句柄 = 22f
>
> 圆心 点,　X=2727.4955　Y=1199.4827　Z = 0.0000
>
> 半径　20.0000
>
> 周长　125.6637
>
> 面积　1256.6371
>
> 直线　图层:"0"

第5步 按【Enter】键可继续进行查询。

> 按 ENTER 键继续:
>
> 空间:模型空间
>
> 句柄 = 230
>
> 自 点,　X=2707.4955　Y=1175.8149　Z = 0.0000
>
> 到 点,　X=2747.4955　Y=1175.8149　Z = 0.0000
>
> 长度 = 40.0000,在 XY 平面中的角度 =　0
>
> 增量 X = 40.0000,增量 Y = 0.0000,增量 Z = 0.0000

本篇主要介绍 AutoCAD 2019 三维绘图。通过对本篇内容的学习，读者可以掌握绘制三维图、三维图转二维图及渲染等操作。

第 11 章
绘制三维图形

本章导读

　　AutoCAD 不仅可以绘制二维平面图，还可以创建三维实体模型，相对于二维 XY 平面视图，三维视图多了一个维度，不仅有 XY 平面，还有 ZX 平面和 YZ 平面，因此，三维实体模型具有真实直观的特点。创建三维实体模型可以通过已有的二维草图来进行创建，也可以直接通过三维建模功能来完成。

思维导图

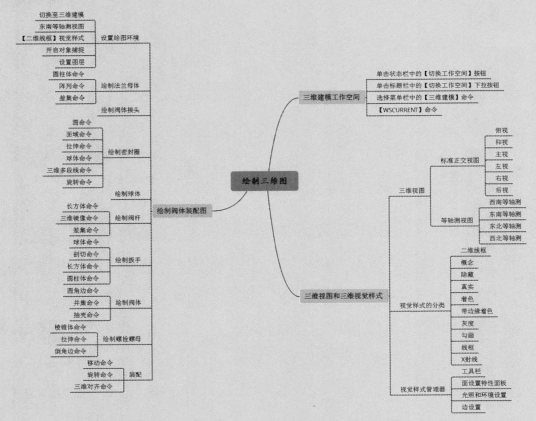

11.1 三维建模工作空间

三维图形是在三维建模空间下完成的，因此在创建三维图形之前，首先应该将绘图空间切换到三维建模模式。

切换到三维建模工作空间的方法，除了本书 1.2.1 小节介绍的两种方法外，还有以下两种方法。

（1）选择【工具】→【工作空间】→【三维建模】命令。

（2）在命令行输入"WSCURRENT"命令并按【Space】键，然后输入"三维建模"。

切换到三维建模空间后，可以看到三维建模空间是由快速访问工具栏、菜单栏、选项卡、控制面板、绘图区和状态栏组成的集合，使用户可以在专门的、面向任务的绘图环境中工作，三维建模空间如下图所示。

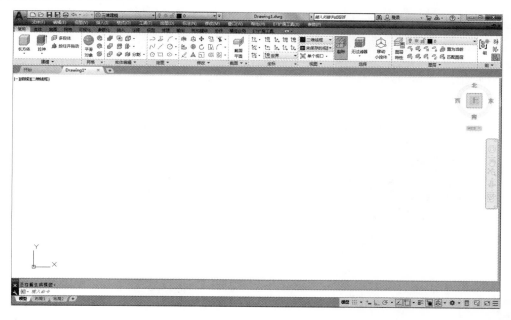

 11.2 三维视图和三维视觉样式

视图是指从不同角度观察三维模型，对于复杂的图形可以通过切换视图样式来从多个角度全面观察图形。

视觉样式是用于观察三维实体模型在不同视觉下的效果，在 AutoCAD 2019 中提供了 10 种视觉样式，用户可以切换到不同的视觉样式来观察模型。

11.2.1 三维视图

三维视图可分为标准正交视图和等轴测视图。

标准正交视图：俯视、仰视、主视、左视、右视和后视。

等轴测视图：SW（西南）等轴测、SE（东南）等轴测、NE（东北）等轴测和NW（西北）等轴测。

【三维视图】的切换通常有以下4种方法。

（1）单击绘图窗口左上角的【视图】控件，如左下图所示。

（2）单击【常用】选项卡→【视图】面板中的【三维导航】下拉按钮，如下中左图所示。

（3）单击【可视化】选项卡→【命名视图】面板中的下拉按钮，如下中右图所示。

（4）选择菜单栏中的【视图】→【三维视图】命令，如右下图所示。

不同视图下显示的效果也不相同，例如，同一个实体，在【西南等轴测】视图下效果如左下图所示，而在【东南等轴测】视图下的效果如右下图所示。

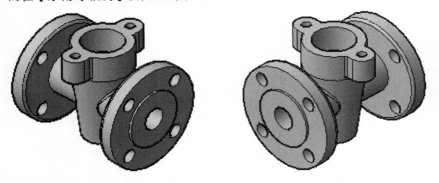

11.2.2 视觉样式的分类

视觉样式有10种类型：二维线框、概念、隐藏、真实、着色、带边缘着色、灰度、勾画、线框和X射线，程序默认的视觉样式为二维线框。

【视觉样式】的切换方法通常有以下4种方法。

（1）单击绘图窗口左上角的视图控件，如左下图所示。

（2）单击【常用】选项卡→【视图】面板→【视觉样式】下拉按钮，如下中图所示。

（3）单击【可视化】选项卡→【视觉样式】面板→【视觉样式】下拉按钮，如中下图所示。

（4）选择菜单栏中的【视图】→【视觉样式】命令，如右下图所示。

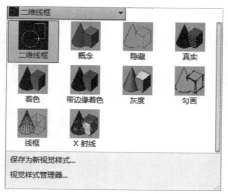

1. 【二维线框】

二维线框是通过使用直线和曲线表示对象边界的显示方法。光栅图像、OLE 对象、线型和线宽均可见，如下图所示。

2. 【概念】

概念是使用平滑着色和古氏面样式显示对象的方法，它是一种冷色和暖色之间的过渡，而不是从深色到浅色的过渡。虽然效果缺乏真实感，但是可以更加方便地查看模型的细节，如下图所示。

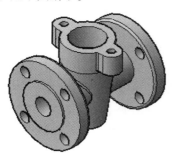

3. 【隐藏】

隐藏是用三维线框表示的对象，并且将不可见的线条隐藏起来，如下图所示。

4. 【真实】

真实是将对象边缘平滑化，显示已附着到对象的材质，如下图所示。

5. 【着色】

使用平滑着色显示对象，如下图所示。

6. 【带边缘着色】

使用平滑着色和可见边显示对象，如下图所示。

7. 【灰度】

使用平滑着色和单色灰度显示对象，如下图所示。

8. 【勾画】

使用线延伸和抖动边修改器显示手绘效

果的对象，如下图所示。

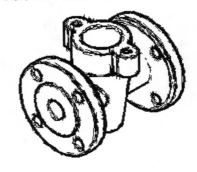

9. 【线框】

线框是通过使用直线和曲线表示边界，从而来显示对象的方法，如下图所示。

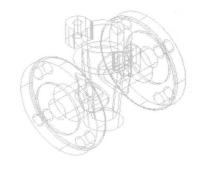

10. 【X 射线】

以局部透明度显示对象，如下图所示。

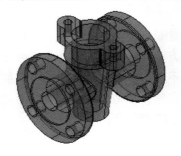

11.2.3 视觉样式管理器

　　视觉样式管理器用于管理视觉样式，对所选视觉样式的面、环境、边等特性进行自定义设置。
　　视觉样式管理器的调用方法和视觉样式的调用相同，在弹出的【视觉样式】下拉列表中选择【视觉样式管理器】选项即可，具体参见本书 11.2.2 小节（在 3 幅图的最下边可以看到"视觉样式管理器"字样）内容。
　　打开【视觉样式管理器】面板，当前的视觉样式用黄色边框显示，其可用的参数设置将显示在样例图像下方的面板中，如下图所示。

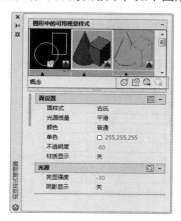

1. 工具栏

用户可通过工具栏创建或删除视觉样式，将选定的视觉样式应用于当前视图，或者将选定的视觉样式输出到工具选项板，如上图所示。

2. 【面设置】特性面板

【面设置】特性面板用于控制三维模型的面在视图中的外观，如下图所示。

面设置	
面样式	古氏
光源质量	平滑
颜色	普通
单色	□ 255, 255, 255
不透明度	-60
材质显示	关

其中各选项的意义如下。

【面样式】选项：用于定义面上的着色。其中，"真实"即非常接近于面在现实中的表现方式；"古氏"样式是使用冷色和暖色，而不是暗色和亮色来增强面的显示效果。

【光源质量】选项：用于设置三维实体的面插入颜色的方式。

【颜色】选项：用于控制面上的颜色的显示方式，包括"普通""单色""明"和"降饱和度"4 种显示方式。

【单色】选项：用于设置面的颜色。

【不透明度】选项：可以控制面在视图中的不透明度。

【材质显示】选项：用于控制是否显示材质和纹理。

3. 光照和环境设置

【亮显强度】选项可以控制亮显在无材质的面上的大小。

【环境设置】特性面板用于控制阴影和背景的显示方式，如下图所示。

光照	
亮显强度	-30
阴影显示	关
环境设置	
背景	开

4. 【边设置】

【边设置】特性面板用于控制边的显示方式，如下图所示。

边设置	
显示	镶嵌面边
颜色	■ 白
被阻挡边	
显示	否
颜色	随图元
线型	实线
相交边	
显示	否
颜色	■ 白
线型	实线
轮廓边	
显示	是
宽度	3

11.3 绘制阀体装配图

阀体是机械设计中常见的零部件，本节通过【圆柱体】、三维阵列、布尔运算、【长方体】、【圆角边】、三维边编辑、【球体】【三维多段线】等命令来绘制阀体装配图的三维图，绘制完成后最终结果如下图所示。

11.3.1 设置绘图环境

在绘图之前，首先将绘图环境切换为【三维建模】工作空间，然后对对象捕捉进行设置，并创建相应的图层。

设置绘图环境的具体操作步骤如下。

第1步 启动 AutoCAD 2019，新建一个 DWG 文件，然后单击状态栏中的 图标，在弹出的快捷菜单中选择【三维建模】选项，如下图所示。

第2步 单击绘图窗口左上角的【视图】控件，在弹出的快捷菜单中选择【东南等轴测】选项，如下图所示。

第3步 单击绘图窗口左上角的【视觉样式】控件，在弹出的快捷菜单中选择【二维线框】选项，如下图所示。

第4步 选择【工具】→【绘图设置】命令，在弹出的【草图设置】对话框中选择【对象捕捉】选项卡，并对对象捕捉进行如下图所示设置。

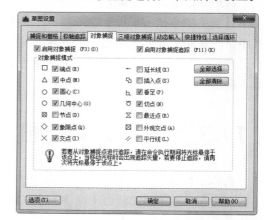

第5步 选择【格式】→【图层】命令，在弹出的【图层特性管理器】中设置如下几个图层，并将【法兰母体】图层置为当前层，如下图所示。

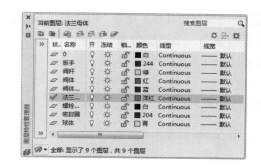

11.3.2 绘制法兰母体

绘制法兰母体主要用到【圆柱体】命令、【阵列】命令和【差集】命令。

绘制法兰母体的具体操作步骤如下。

第1步 单击【常用】选项卡→【建模】面板→【圆柱体】按钮，如下图所示。

| 提示 |

　　除了通过面板调用【圆柱体】命令外，还可以通过以下方法调用【圆柱体】命令。

　　（1）选择【绘图】→【建模】→【圆柱体】命令。

　　（2）在命令行中输入"CYLINDER/CYL"命令并按【Space】键确认。

第2步 选择坐标原点为圆柱体的底面中心，然后输入底面半径"25"，最后输入圆柱体的高度"14"，结果如下图所示。

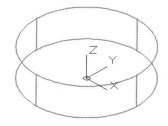

第3步 重复第1步和第2步，以原点底面圆心，绘制一个半径为57.5、高度为14的圆柱体，如下图所示。

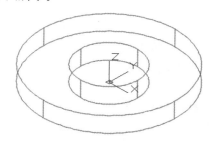

第4步 在命令行输入"ISOLINES"命令并将参数值设置为20。

> 命令：ISOLINES
> 输入 ISOLINES 的新值 <4>: 20 ✓

第5步 选择【视图】→【重生成】命令，重生成后如下图所示。

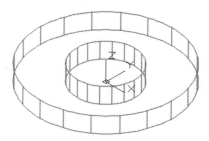

| 提示 |

　　ISOLINES 用于控制在三维实体的曲面上的等高线数量，默认值为 4。

第6步 重复【圆柱体】命令，以 (42.5,0,0) 为底面圆心，绘制一个半径为 6、高度为 14 的圆柱体，如下图所示。

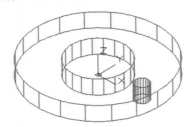

第7步 单击【常用】选项卡→【修改】面板→【环形阵列】按钮，如下图所示。

第8步 选择刚创建的小圆柱体为阵列对象，当命令行提示指定阵列中心点时输入"A"。

选择对象：
类型 = 极轴 关联 = 是
指定阵列的中心点或 [基点 (B)/ 旋转轴 (A)]:
a ↙

第9步 捕捉圆柱体的底面圆心为旋转轴上的第一点，如下图所示。

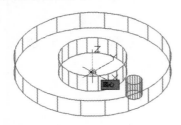

第10步 捕捉圆柱体的另一底面圆心为旋转轴上的第二点，如下图所示。

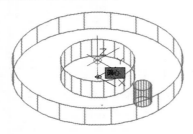

第11步 在弹出的【阵列创建】选项卡中将阵列项目数设置为 4，并且设置填充角度为 360°，项目之间不关联，其他设置不变，如下图所示。

第12步 单击【关闭阵列】按钮后，结果如下图所示。

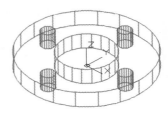

第13步 单击【常用】选项卡→【实体编辑】面板→【实体，差集】按钮，如下图所示。

> **|提示|**
>
> 除了通过面板调用【差集】命令外，还可以通过以下方法调用【差集】命令。
>
> （1）选择【修改】→【三维实体编辑】→【差集】命令。
>
> （2）在命令行中输入"SUBTRACT/SU"命令并按【Space】键确认。

第14步 当命令行提示选择要从中减去的实体、曲面或面域对象时，选择大圆柱体，如下图所示。

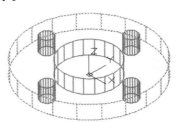

第15步 当命令行提示选择要减去的实体、曲面和面域时选择其他 5 个小圆柱体，如下图所示。

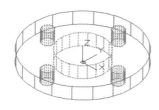

第16步 差集后选择【视图】→【消隐】命令，结果如下图所示。

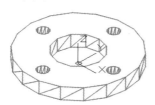

> **提示**
>
> 除了通过菜单调用【消隐】命令外，还可以输入 "HIDE/HI" 命令调用。
>
> 滚动鼠标滚轮改变图形大小或重生成图形可以取消隐藏效果。

在 AutoCAD 中，利用布尔运算可以对多个面域和三维实体进行并集、差集和交集运算。通过使用布尔运算可创建单独的复合实体，关于布尔运算的 3 种运算创建复合对象的方法如表 11-1 所示。

表 11-1 布尔运算

运算方式	命令调用方式	创建过程及结果	备注
并集	（1）选择【修改】→【实体编辑】→【并集】命令 （2）在命令行中输入 "UNION/UNI" 命令并按【Space】键确认 （3）单击【常用】选项卡→【实体编辑】面板→【实体，并集】按钮	使用 UNION 之前的实体　使用 UNION 之后的实体 使用 UNION 之前的面域　使用 UNION 之后的面域	并集是将两个或多个三维实体、曲面或二维面域合并为一个复合三维实体、曲面或面域
差集	（1）选择【修改】→【实体编辑】→【差集】命令 （2）在命令行中输入 "SUBTRACT/SU" 命令并按【Space】键确认 （3）单击【常用】选项卡→【实体编辑】面板→【实体，差集】按钮	要从中减去的实体　要减去的实体　差集后的结果 要从中减去的实体　要减去的实体　差集后的结果	差集是通过从另一个对象减去一个重叠面域或三维实体来创建为新对象
交集	（1）选择【修改】→【实体编辑】→【交集】命令 （2）在命令行中输入 "INTERSECT/IN" 命令并按【Space】键确认 （3）单击【常用】选项卡→【实体编辑】面板→【实体，交集】按钮	交集前　交集后 交集前　交集后	交集是通过重叠实体、曲面或面域创建三维实体、曲面或二维面域

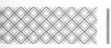
| 提示 |

　　不能对网格对象使用布尔运算命令。但是，如果选择了网格对象，系统将提示用户将该对象转换为三维实体或曲面。

11.3.3 绘制阀体接头

　　绘制阀体接头主要用到【长方体】命令、【圆角边】命令、【圆柱体】命令、阵列命令、布尔运算及三维边编辑命令等，绘制阀体接头的具体操作步骤如下。

1. 绘制接头的底座

第1步　单击【常用】选项卡→【修改】面板→【三维移动】按钮，如下图所示。

| 提示 |

　　除了通过面板调用【三维移动】命令外，还可以通过以下方法调用【三维移动】命令。

　　（1）选择【修改】→【三维操作】→【三维移动】命令。

　　（2）在命令行中输入"3DMOVE/3M"命令并按【Space】键确认。

第2步　将法兰母体移动到合适位置后，单击【常用】选项卡→【图层】面板→【图层】下拉按钮，在弹出的下拉列表中将【阀体接头】图层置为当前层，如下图所示。

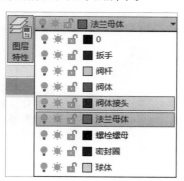

| 提示 |

　　也可以使用二维移动命令（MOVE）来完成移动。

第3步　单击【常用】选项卡→【建模】面板→【长方体】按钮，如下图所示。

| 提示 |

　　除了通过面板调用【长方体】命令外，还可以通过以下方法调用【长方体】命令。

　　（1）选择【绘图】→【建模】→【长方体】命令。

　　（2）在命令行中输入"BOX"命令并按【Space】键确认。

第4步　在命令行输入长方体的两个角点坐标"（40，40，0）"和"（-40，-40，10）"，结果如下图所示。

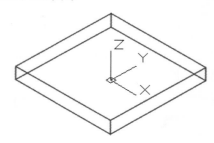

第5步 单击【实体】选项卡→【实体编辑】面板→【圆角边】按钮🔵，如下图所示。

> **|提示|**
>
> 　　除了通过面板调用【圆角边】命令外，还可以通过以下方法调用【圆角边】命令。
> 　　（1）选择【修改】→【实体编辑】→【圆角边】命令。
> 　　（2）在命令行中输入"FILLETEDGE"命令并按【Space】键确认。

第6步 选择长方体的四条棱边为圆角边对象，如下图所示。

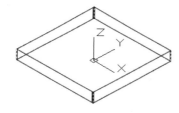

第7步 在命令行输入"R"，并指定新的圆角半径5，结果如下图所示。

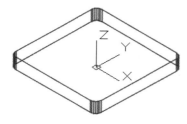

第8步 调用【圆柱体】命令，以（30,30,0）为底面圆心，绘制一个半径为6、高度为10的圆柱体，如下图所示。

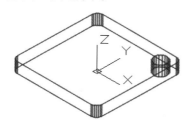

第9步 调用【环形阵列】命令，选择刚创建的圆柱体为阵列对象，指定坐标原点为阵列的中心，并设置阵列个数为4，填充角度为360°，阵列项目之间不关联，阵列后如下图所示。

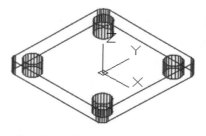

第10步 调用【差集】命令，将4个小圆柱体从长方体中减去，消隐后如下图所示。

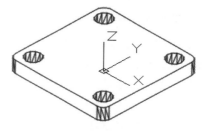

　　三维圆角边是从 AutoCAD 2012 开始新增的功能，在这之前，对三维图形圆角一般都用二维圆角命令（FILLET）来实现，下面以本例创建的长方体为例，来介绍通过二维圆角命令对三维实体进行圆角的操作。

第1步 在命令行输入"F"并按【Space】键调用【圆角】命令，根据命令行提示选择一条边为第一个圆角对象。

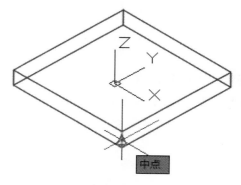

第2步 根据命令行提示输入圆角半径"5"，然后依次选择其他三条边，如下图所示。

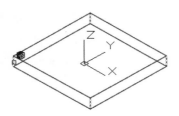

第3步 选择完成后按【Space】键确认，倒角后结果如下图所示。

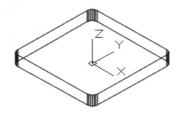

2. 绘制接头螺杆

第1步 调用【圆柱体】命令，以（0,0,10）为底面圆心，绘制一个半径为20、高度为25的圆柱体，如下图所示。

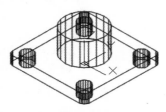

第2步 调用【并集】命令将圆柱体和底座合并在一起，消隐后如下图所示。

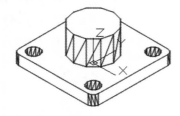

第3步 单击【常用】选项卡→【实体编辑】面板→【复制边】按钮，如下图所示。

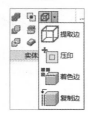

| 提示 |

除了通过面板调用【复制边】命令外，还可以通过以下方法调用【复制边】命令。

（1）选择【修改】→【实体编辑】→【复制边】命令。

（2）在命令行中输入"SOLIDEDIT"命令，然后输入"E"，根据命令行提示输入"C"。

第4步 选择下图所示的圆柱体的底边为复制对象。

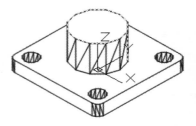

第5步 在屏幕上任意单击一点作为复制的基点，然后输入复制的第二点"@0,0，−39"，如下图所示。

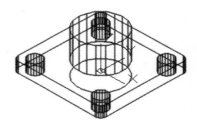

第6步 在命令行输入"O"并按【Space】键调用【偏移】命令，将刚复制的边向外分别偏移3和5，如下图所示。

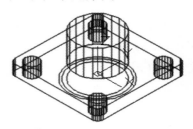

第7步 在命令行输入"M"并按【Space】键调用【移动】命令，选择偏移后的大圆为移动对象，如下图所示。

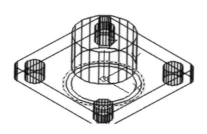

第8步 在屏幕上任意单击一点作为移动的基点，然后输入移动的第二点"@0，0，39"，如下图所示。

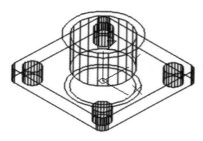

第9步 单击【常用】选项卡→【建模】面板中的【拉伸】按钮，如下图所示。

提示

除了通过面板调用【拉伸】命令外，还可以通过以下方法调用【拉伸】命令。

（1）选择【绘图】→【建模】→【拉伸】命令。

（2）在命令行中输入"EXTRUD/EXT"命令并按【Space】键确认。

第10步 选择下图所示的圆为拉伸对象。

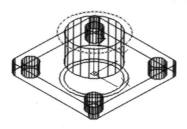

第11步 输入拉伸高度"14"，结果如下图所示。

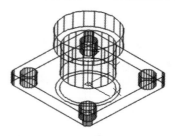

第12步 重复【拉伸】命令，选择最底端的两个圆为拉伸对象，拉伸高度设置为4，如下图所示。

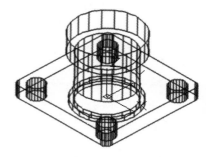

第13步 调用【并集】命令，选择下图所示的图形为并集对象。

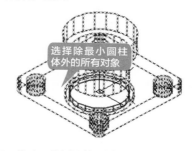

选择除最小圆柱体外的所有对象

第14步 将上面选择的对象并集后，调用【差集】命令，选择并集后的对象为"要从中减去的实体、曲面或面域对象"，然后选择小圆柱体为减去对象，如下图所示。

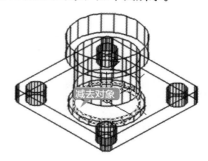

减去对象

第15步 单击【实体】选项卡→【修改】面板→
【三维旋转】按钮🔘，如下图所示。

第16步 选择下图所示的对象为旋转对象，捕
捉坐标原点为基点，然后捕捉 X 轴为旋转轴。

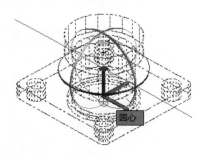

第17步 将所选的对象绕 X 轴旋转 90°，消
隐后结果如下图所示。

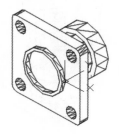

第18步 重复【三维旋转】命令，重新将图形
对象绕 X 轴旋转 −90°，如下图所示。

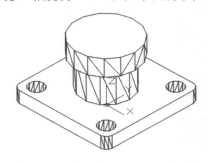

第19步 调用【圆柱体】命令，以（0,0,−30）
为底面圆心，绘制一个半径为18、高度为
100的圆柱体，如下图所示。

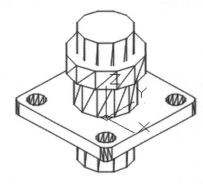

第20步 调用【差集】命令，将上一步创建的
圆柱体从整个图形中减去，然后将图形移到
其他合适的地方，消隐后结果如下图所示。

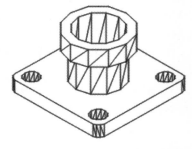

【SOLIDEDIT】命令可以拉伸、移动、
旋转、偏移、倾斜、复制、删除面、为面指
定颜色及添加材质，还可以复制边及为其指
定颜色。可以对整个三维实体对象（体）进
行压印、分割、抽壳、清除，以及检查其有效性。
【SOLIDEDIT】命令编辑面和边的各种操作
如表 11-2 所示。

表 11-2 【SOLIDEDIT】命令编辑面和边的操作

边/面/体	命令选项	创建过程及结果	备注
边	【复制】：将三维实体上的选定边复制为二维圆弧、圆、椭圆、直线或样条曲线	选定边　　　基点和选定的第二点　　　复制完成后	复制后保留边的角度，并使用户可以执行修改、延伸操作，以及基于提取的边创建新几何图形
	【颜色】：更改三维实体对象上各条边的颜色	选择边，然后在弹出的【选择颜色】对话框中选择颜色　　　更换颜色后	
面	【拉伸】：在 X 轴、Y 轴或 Z 轴方向上延伸三维实体面。可以通过移动面来更改对象的形状	正角度拉伸　　选定面　　拉伸角度为 0°　　　负角度拉伸	拉伸时如果输入正值，则沿面的方向拉伸。如果输入负值，则沿面的反方向拉伸。指定 -90°～90° 的角度。正角度将往里倾斜选定的面，负角度将往外倾斜面
	【移动】：沿指定的高度或距离移动选定的三维实体对象的面。一次可以选择多个面	选定面　　选定基点和第二点　　移动后	
	【旋转】：绕指定的轴旋转一个或多个面或实体的某些部分	选定面　　选定的旋转点　　与 Z 轴成 35° 旋转	
	【偏移】：按指定的距离或通过指定的点，将面均匀地偏移。正值会增大实体的大小或体积。负值会减小实体的大小或体积	选定面　　偏移值为正　　偏移值为负	偏移的实体对象内孔的大小随实体体积的增加而减小
	【倾斜】：以指定的角度倾斜三维实体上的面。倾斜角的旋转方向由选择基点和第二点（沿选定矢量）的顺序决定	选定面　　基点和选定的第二点　　倾斜 10° 的面	正角度将向里倾斜面，负角度将向外倾斜面。默认角度为 0°

续表

边／面／体	命令选项	创建过程及结果	备注
面	【删除】：删除面，包括圆角和倒角。使用此选项可删除圆角和倒角边，并在稍后进行修改。如果更改生成无效的三维实体，将不删除面	选定面　　删除后	
	【复制】：将面复制为面域或体	选定面　基点和选定的第二点　复制后	
体	【压印】：在选定的对象上压印一个对象。为了使压印操作成功，被压印的对象必须与选定对象的一个或多个面相交	选定实体　选择压印对象　压印结果	【压印】选项仅限于以下对象执行：圆弧、圆、直线、二维和三维多段线、椭圆、样条曲线、面域、体和三维实体
	【分割】：用不相连的体（有时称为块）将一个三维实体对象分割为几个独立的三维实体对象		【并集】或【差集】操作可导致生成一个由多个连续体组成的三维实体。【分割】可以将这些体分割为独立的三维实体
	【抽壳】：抽壳是用指定的厚度创建一个空的薄层	选定面　偏移值为正　偏移值为负	一个三维实体只能有一个壳
	【清除】：删除所有多余的边、顶点，以及不使用的几何图形。不删除压印的边	选定实体　　清除后	

| 提示 |

　　不能对网格对象使用【SOLIDEDIT】命令。但是，如果选择了闭合网格对象，系统将提示用户将其转换为三维实体。

　　AutoCAD 中除了直接通过三维命令创建三维对象外，还可以通过拉伸、放样、旋转、扫掠将二维对象生成三维模型。关于用拉伸、放样、旋转、扫掠将二维对象生成三维模型的操作如表 11-3 所示。

表 11-3　二维对象生成三维模型

建模命令	操作过程	生成结果	命令调用方法
拉伸	（1）调用【拉伸】命令 （2）选择拉伸对象 （3）指定拉伸高度 也可以指定倾斜角度或通过路径创建		（1）单击【常用】选项卡→【建模】面板→【拉伸】按钮 （2）选择【绘图】→【建模】→【拉伸】命令 （3）在命令行中输入 "EXTRUD/EXT" 命令并按【Space】键确认
放样	（1）调用【放样】命令 （2）选择放样的横截面（至少两个）。也可以通过导向和指定路径创建放样		（1）单击【常用】选项卡→【建模】面板→【放样】按钮 （2）选择【绘图】→【建模】→【放样】命令 （3）在命令行中输入 "LOFT" 命令并按【Space】键确认
旋转	（1）调用【旋转】命令 （2）旋转旋转对象 （3）选择旋转轴 （4）指定旋转角度	旋转轴 旋转对象	（1）单击【常用】选项卡→【建模】面板→【旋转】按钮 （2）选择【绘图】→【建模】→【旋转】命令 （3）在命令行中输入 "REVOLVE/REV" 命令并按【Space】键确认
扫掠	（1）调用【扫掠】命令 （2）选择扫掠对象 （3）指定扫掠路径	扫掠对象 路径	（1）单击【常用】选项卡→【建模】面板→【扫掠】按钮 （2）选择【绘图】→【建模】→【扫掠】命令 （3）在命令行中输入 "SWEEP" 命令并按【Space】键确认

| 提示 |

　　由二维对象生成三维模型时，选择的对象如果是封闭的单个对象或面域，则生成三维对象为实体，如果选择的是不封闭的对象或虽然封闭但为多个独立的对象时，生成的三维对象为线框。

11.3.4　绘制密封圈

　　绘制密封圈和密封环主要用到【圆】命令、【面域】命令、【差集】命令、【拉伸】命令、【球体】命令、【三维多段线】命令、【旋转】命令等，绘制密封圈和密封环的具体操作步骤如下。

1.　绘制密封圈 1

第1步　单击【常用】选项卡→【图层】面板→【图层】下拉按钮，在弹出的下拉列表中将【密封圈】图层置为当前层，如右下图所示。

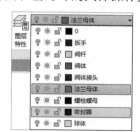

第2步 在命令行输入"C"并按【Space】键调用【圆】命令，坐标系原点为圆心，绘制两个半径分别为"12.5"和"20"的圆，如下图所示。

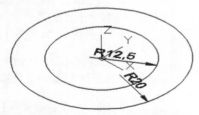

第3步 单击【常用】选项卡→【绘图】面板→【面域】按钮，如下图所示。

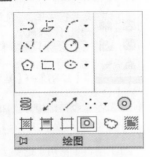

第4步 选择两个圆，将它们创建成面域。

```
命令：_region
选择对象：找到 2 个          // 选择两个圆
选择对象：
已提取 2 个环。
已创建 2 个面域。
```

第5步 调用【差集】命令，然后选择大圆为"要从中减去实体、曲面或面域"的对象，小圆为减去的对象。差集后两个圆合并成一个整体，如下图所示。

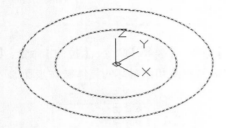

| 提示 |

只有将两个圆创建成面域后才可以进行差集运算。

第6步 单击【常用】选项卡→【建模】面板→【拉伸】按钮，选择差集后的对象为拉伸对象并输入拉伸高度"8"，如下图所示。

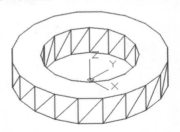

第7步 单击【常用】选项卡→【建模】面板→【球体】按钮，如下图所示。

| 提示 |

除了通过面板调用【球体】命令外，还可以通过以下方法调用【球体】命令。

（1）选择【绘图】→【建模】→【球体】命令。

（2）在命令行中输入"SPHERE"命令并按【Space】键确认。

第8步 输入圆心值（0,0,20），然后输入球体半径"20"，结果如下图所示。

第9步 单击【常用】选项卡→【修改】面板→【三维镜像】按钮，如下图所示。

| 提示 |:::::::::::

　　除了通过面板调用 [三维镜像] 命令外，还可以通过以下方法调用 [三维镜像] 命令。

　　（1）选择【修改】→【三维操作】→【三维镜像】命令。

　　（2）在命令行中输入"3DMIRROR"命令并按【Space】键确认。

第10步 选择球体为镜像对象，然后选择通过三点创建镜像平面。

```
命令：_3dmirror
选择对象：找到 1 个        // 选择球体
选择对象：
指定镜像平面 ( 三点 ) 的第一个点或
[ 对象 (O)/ 最近的 (L)/Z 轴 (Z)/ 视图 (V)/
XY 平面 (XY)/YZ 平面 (YZ)/ZX 平面 (ZX)/ 三点
(3)] < 三点 >：✓
在镜像平面上指定第一点：0,0,4
在镜像平面上指定第二点：1,0,4
在镜像平面上指定第三点：0,1,4
是否删除源对象？ [ 是 (Y)/ 否 (N)] < 否 >：✓
```

第11步 球体沿指定的平面镜像如下图所示。

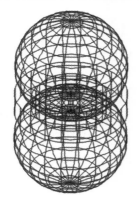

第12步 调用【差集】命令，将两个球体从环体中减去，将创建好的密封圈移到合适的位置，消隐后结果如下图所示。

2. 绘制密封圈 2

第1步 调用【圆柱体】命令，以原点为圆心，绘制一个底面半径为"12"、高为"4"的圆柱体，如下图所示。

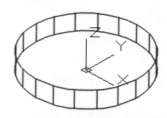

第2步 重复【圆柱体】命令，以原点为圆心，绘制一个底面半径为"14"、高为"4"的圆柱体，如下图所示。

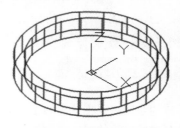

第3步 调用【差集】命令，将小圆柱体从大圆柱体中减去，然后将绘制的密封圈移动到合适的位置，消隐后结果如下图所示。

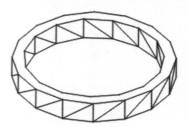

3. 绘制密封圈 3

第1步 单击【常用】选项卡→【绘图】面板→【三维多段线】按钮，如下图所示。

> **| 提示 |** ::::::::
>
> 除了通过面板调用【三维多段线】命令外，还可以通过以下方法调用【三维多段线】命令。
>
> （1）选择【绘图】→【三维多段线】命令。
>
> （2）在命令行中输入"3DPOLY/3P"命令并按【Space】键确认。

第2步 根据命令行提示输入三维多段线的各点坐标。

命令：3DPOLY
指定多段线的起点：14,0,0
指定直线的端点或 [放弃 (U)]: 16,0,0
指定直线的端点或 [放弃 (U)]: 16,0,8
指定直线的端点或 [闭合 (C)/ 放弃 (U)]: 12,0,8
指定直线的端点或 [闭合 (C)/ 放弃 (U)]: 12,0,4

指定直线的端点或 [闭合 (C)/ 放弃 (U)]: c

第3步 三维多段线绘制完成后如下图所示。

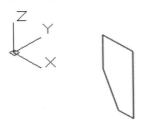

第4步 单击【常用】选项卡→【建模】面板中的【旋转】按钮，然后选择三维多段线为旋转对象，选择 Z 轴为旋转轴，旋转角度设置为"360°"，结果如下图所示。

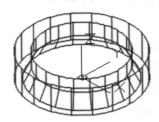

第5步 将创建的密封圈移动到合适的位置，消隐后结果如下图所示。

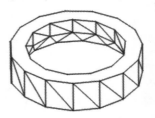

11.3.5 绘制球体

球体的绘制过程主要用到【球体】【圆柱体】【长方体】、坐标旋转和【差集】命令。绘制球体的具体操作步骤如下。

第1步 单击【常用】选项卡→【图层】面板→【图层】下拉按钮，在弹出的下拉列表中将【球体】图层置为当前层，如下图所示。

第2步 调用【球体】命令，以原点为球心，绘制一个底面半径为"20"的球体，如下图所示。

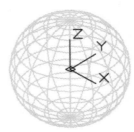

第 3 步 在命令行输入"UCS"，将坐标系绕 *X* 轴旋转 90°，命令行提示如下。

> 命令：UCS ✓
>
> 当前 UCS 名称：★世界★
>
> 指定 UCS 的原点或 [面 (F)/ 命名 (NA)/ 对象 (OB)/ 上一个 (P)/ 视图 (V)/ 世界 (W)/X/Y/Z/Z轴 (ZA)] < 世界 >: x ✓
>
> 指定绕 X 轴的旋转角度 <90>: ✓

第 4 步 调用【圆柱体】命令，绘制一个底面圆心在 (0,0,−20)，半径为"14"、高为"40"的圆柱体，如下图所示。

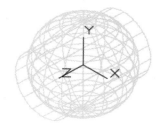

第 5 步 在命令行输入"UCS"，当命令行提示制定 UCS 的原点时，按【Enter】键，重新回到世界坐标系，命令行提示如下。

> 命令：UCS

11.3.6 绘制阀杆

阀杆的绘制过程主要用到【圆柱体】【长方体】【三维镜像】【差集】【三维多段线】及【三维旋转】命令。

绘制阀杆的具体操作步骤如下。

第 1 步 单击【常用】选项卡→【图层】面板→【图层】下拉按钮，在弹出的下拉列表中将【阀杆】图层置为当前层，如下图所示。

第 2 步 调用【圆柱体】命令，以原点为底面

> 当前 UCS 名称：★没有名称★
>
> 指定 UCS 的原点或 [面 (F)/ 命名 (NA)/ 对象 (OB)/ 上一个 (P)/ 视图 (V)/ 世界 (W)/X/Y/Z/Z轴 (ZA)] < 世界 >: ✓

第 6 步 调用【长方体】命令，分别以 (−15,−5,15) 和 (15,5,20) 为角点绘制一个长方体，如下图所示。

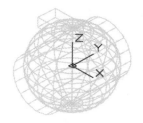

第 7 步 调用【差集】命令，将圆柱体和长方体从球体中减去，消隐后结果如下图所示。

中心，绘制一个底面半径为"12"、高为"50"的圆柱体，如下图所示。

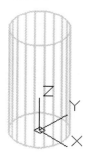

第 3 步 调用【长方体】命令，以 (−20,−5,0) 和 (20,−15,6) 为两个角点绘制长方体，如

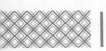
下图所示。

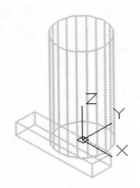

第4步 调用【三维镜像】命令，选择长方体为镜像对象，如下图所示。

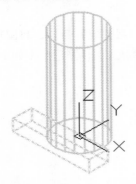

第5步 根据命令行提示进行如下操作。

> 指定镜像平面 (三点) 的第一个点或
> [对象 (O)/ 最近的 (L)/Z 轴 (Z)/ 视图 (V)/
> XY 平面 (XY)/YZ 平面 (YZ)/ZX 平面 (ZX)/ 三点
> (3)] < 三点 >: zx
> 指定 ZX 平面上的点 <0,0,0>: ✓
> 是否删除源对象? [是 (Y)/ 否 (N)] < 否 >: ✓

第6步 镜像完成后结果如下图所示。

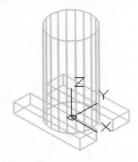

第7步 调用【差集】命令，将两个长方体从圆柱体中减去，消隐后结果如下图所示。

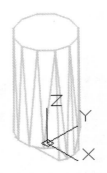

第8步 单击【常用】选项卡→【绘图】面板→【三维多段线】按钮，根据命令行提示输入三维多段线的各点坐标。

> 命令：3DPOLY
> 指定多段线的起点 : 12,0,12
> 指定直线的端点或 [放弃 (U)]: 14,0,12
> 指定直线的端点或 [放弃 (U)]: 14,0,16
> 指定直线的端点或 [闭合 (C)/ 放弃 (U)]: 12,0,20
> 指定直线的端点或 [闭合 (C)/ 放弃 (U)]: c

第9步 三维多段线完成后如下图所示。

三维多段线

第10步 单击【常用】选项卡→【建模】面板→【旋转】按钮，然后选择创建的三维多段线为旋转对象，以 Z 轴为旋转轴，旋转角度为360°，如下图所示。

第 11 步 单击【常用】选项卡→【实体编辑】面板→【并集】按钮，将三维多段体和圆柱体合并在一起，然后将合并后的对象移动到合适的位置，消隐后结果如下图所示。

11.3.7 绘制扳手

扳手的绘制过程既可以通过【球体】命令、【剖切】命令、【长方体】命令、【圆柱体】命令等绘制，也可以通过【多段线】命令、【旋转】命令、【长方体】命令、【圆柱体】命令等绘制。

绘制扳手的方法如下。

方法 1

第 1 步 单击【常用】选项卡→【图层】面板→【图层】下拉按钮，在弹出的下拉列表中将【扳手】图层置为当前层，如下图所示。

第 2 步 单击【常用】选项卡→【建模】面板→【球体】按钮，以（0,0,5）为球心，绘制一个半径为 14 的球体，如下图所示。

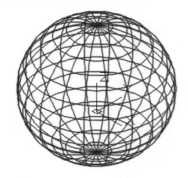

第 3 步 单击【常用】选项卡→【实体编辑】

面板→【剖切】按钮，如下图所示。

> **提示**
>
> 除了通过面板调用【剖切】命令外，还可以通过以下方法调用【剖切】命令。
> （1）选择【绘图】→【三维操作】→【剖切】命令。
> （2）在命令行中输入"SLICE/SL"命令并按【Space】键确认。

第 4 步 根据命令行提示进行如下操作。

> 命令：_slice
> 选择要剖切的对象：找到 1 个　//选择球体
> 选择要剖切的对象：　　↙
> 指定切面的起点或 [平面对象 (O)/ 曲面 (S)/
> z 轴 (Z)/ 视图 (V)/xy(XY)/yz(YZ)/zx(ZX)/ 三点 (3)]
> < 三点 >: xy
> 指定 XY 平面上的点 <0,0,0>:　　↙
> 在所需的侧面上指定点或 [保留两个侧面 (B)]
> < 保留两个侧面 >:　　　// 在上半球体处单击

第 5 步 剖切后结果如下图所示。

第6步 重复【剖切】命令，根据命令行提示进行如下操作。

> 命令：_slice
> 选择要剖切的对象：找到 1 个　　// 选择半球体
> 选择要剖切的对象：　✓
> 指定切面的起点或 [平面对象 (O)/ 曲面 (S)/ z 轴 (Z)/ 视图 (V)/xy(XY)/yz(YZ)/zx(ZX)/ 三点 (3)] < 三点 >：xy
> 指定 XY 平面上的点 <0,0,0>：0,0,10
> 在所需的侧面上指定点或 [保留两个侧面 (B)] < 保留两个侧面 >：　　// 在半球体的下方单击

第7步 剖切后结果如下图所示。

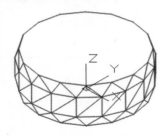

第8步 单击【常用】选项卡→【建模】面板→【长方体】按钮，以（-9,-9,0）和（9,9,10）为两个角点绘制长方体，如下图所示。

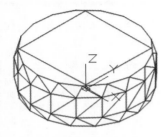

第9步 单击【常用】选项卡→【实体编辑】面板→【实体，差集】按钮，将长方体从图形中减去，消隐后如下图所示。

第10步 在命令行输入"UCS"并按【Space】键，将坐标系绕 Y 轴旋转 -90°。

> 命令：UCS　✓
> 当前 UCS 名称：★世界★
> 指定 UCS 的原点或 [面 (F)/ 命名 (NA)/ 对象 (OB)/ 上一个 (P)/ 视图 (V)/ 世界 (W)/X/Y/Z/Z 轴 (ZA)] < 世界 >:Y
> 指定绕 X 轴的旋转角度 <90>: -90

第11步 坐标系旋转后如下图所示。

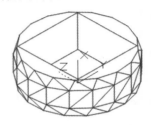

第12步 单击【常用】选项卡→【建模】面板→【圆柱体】按钮，以（5,0,10）为底面圆心，绘制一个底面半径为4、高度为150的圆柱体，如下图所示。

第13步 单击【实体】选项卡→【修改】面板→【三维旋转】按钮，根据命令行提示进行如下操作。

> 命令：_3DROTATE
> UCS 当前的正角方向：ANGDIR= 逆时针 ANGBASE=0
> 选择对象：找到 1 个　　// 选择圆柱体
> 选择对象：　✓
> 指定基点：5,0,10

拾取旋转轴：　　　　　　// 捕捉 Y 轴
指定角的起点或键入角度：−15

第14步 旋转后结果如下图所示。

第15步 单击【常用】选项卡→【实体编辑】面板→【实体，并集】按钮，将圆柱体和鼓形图形合并，然后将图形移动到合适位置，消隐后结果如下图所示。

方法 2

用方法 2 创建扳手时，只是创建圆鼓形对象的方法与方法 1 不同，圆鼓形之后的特征创建方法二者相同。用方法 2 绘制时，继续使用方法 1 中选中后的坐标系。

第1步 单击绘图窗口左上角的【视图】控件，在弹出的快捷菜单中选择【右视】选项，如下图所示。

第2步 切换到右视图后坐标系如下图所示。

第3步 单击【常用】选项卡→【绘图】面板→【圆心、半径】按钮，以（5,0）为圆心，绘制一个半径为"14"的圆，如下图所示。

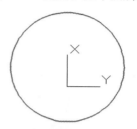

第4步 单击【常用】选项卡→【绘图】面板→【直线】按钮，根据命令行提示绘制 3 条直线。

命令：_line
指定第一个点：0,20
指定下一点或 [放弃 (U)]: 0,0
指定下一点或 [放弃 (U)]: 10,0
指定下一点或 [放弃 (U)]: @0,20
指定下一点或 [放弃 (U)]: ↙

第5步 直线绘制完成后如下图所示。

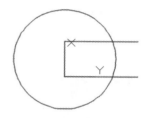

第6步 单击【常用】选项卡→【修改】面板→【修剪】按钮，将不需要的直线和圆弧修剪掉，如下图所示。

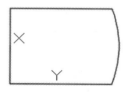

第7步 单击【常用】选项卡→【绘图】面板→【面域】按钮，将上步修剪后的图形创建成面域，如下图所示。

创建成面域后图形成为一体

第 8 步 单击绘图窗口左上角的【视图】控件，在弹出的快捷菜单中选择【东南等轴测】选项，如下图所示。

第 9 步 单击【常用】选项卡→【建模】面板→【旋转】按钮，旋转创建的面域为旋转对象，以 X 轴为旋转轴，旋转角度为 360°。消隐后结果如下图所示。

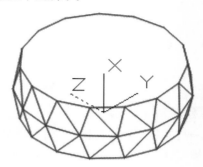

11.3.8 绘制阀体

阀体是阀体装配图的主要部件之一，它的绘制主要需用到【长方体】【多段线】【拉伸】【圆角边】【并集】【圆柱体】【阵列】【差集】【抽壳】等命令。

绘制阀体的具体操作步骤如下。

第 1 步 单击【常用】选项卡→【图层】面板→【图层】下拉按钮，在弹出的下拉列表中将【阀体】图层置为当前层，如下图所示。

第 2 步 在命令行输入"UCS"然后按【Enter】键，将坐标系重新设置为世界坐标系，命令行提示如下。

> 当前 UCS 名称：★没有名称★
>   指定 UCS 的原点或 [面 (F)/ 命名 (NA)/ 对象 (OB)/ 上一个 (P)/ 视图 (V)/ 世界 (W)/X/Y/Z/Z 轴 (ZA)] <世界>：✓

第 3 步 单击【常用】选项卡→【建模】面板→【长方体】按钮，以（−20,−40,−40）和（−10,40,40）为两个角点绘制长方体，如下

图所示。

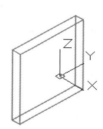

第 4 步 重复【长方体】命令，以（−20,−28,−28）和（30,28,28）为两个角点绘制长方体，如下图所示。

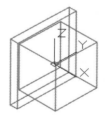

第 5 步 单击【常用】选项卡→【绘图】面板→【多段线】按钮，根据命令行提示进行如下操作。

> 命令：_pline
>   指定起点：fro 基点：   // 捕捉中点
>   <偏移>：@0,−20

当前线宽为 0.0000

指定下一个点或 [圆弧 (A)/ 半宽 (H)/ 长度 (L)/ 放弃 (U)/ 宽度 (W)]: @20,0

指定下一点或 [圆弧 (A)/ 闭合 (C)/ 半宽 (H)/ 长度 (L)/ 放弃 (U)/ 宽度 (W)]: a

指定圆弧的端点（按住 Ctrl 键以切换方向）或 [角度 (A)/ 圆心 (CE)/ 闭合 (CL)/ 方向 (D)/ 半宽 (H)/ 直线 (L)/ 半径 (R)/ 第二个点 (S)/ 放弃 (U)/ 宽度 (W)]: ce

指定圆弧的圆心：@0,20

指定圆弧的端点（按住 Ctrl 键以切换方向）或 [角度 (A)/ 长度 (L)]: a

指定夹角（按住 Ctrl 键以切换方向）: 180

指定圆弧的端点（按住 Ctrl 键以切换方向）或 [角度 (A)/ 圆心 (CE)/ 闭合 (CL)/ 方向 (D)/ 半宽 (H)/ 直线 (L)/ 半径 (R)/ 第二个点 (S)/ 放弃 (U)/ 宽度 (W)]: l

指定下一点或 [圆弧 (A)/ 闭合 (C)/ 半宽 (H)/ 长度 (L)/ 放弃 (U)/ 宽度 (W)]: @-20,0

定下一点或 [圆弧 (A)/ 闭合 (C)/ 半宽 (H)/ 长度 (L)/ 放弃 (U)/ 宽度 (W)]: c

第 6 步 多段线绘制完成后如下图所示。

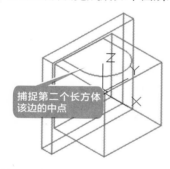

第 7 步 单击【常用】选项卡→【建模】面板→【拉伸】按钮，选择上一步绘制的多段线为拉伸对象，拉伸高度为"27"，如下图所示。

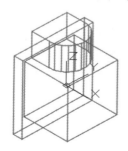

第 8 步 单击【实体】选项卡→【实体编辑】面板→【圆角边】按钮，选择长方体的四条棱边为圆角边对象，如下图所示。

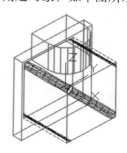

第 9 步 在命令行输入"R"，并指定新的圆角半径"5"，结果如下图所示。

第 10 步 重复第 8 步和第 9 步，对另一个长方体的四个棱边进行 R 为"5"的圆角，如下图所示。

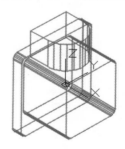

第 11 步 单击【常用】选项卡→【实体编辑】面板→【并集】按钮，长方体和多段体合并，消隐后结果如下图所示。

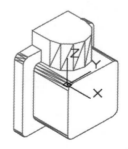

第12步 在命令行输入"UCS"并按【Space】键，将坐标系绕 Y 轴旋转 −90°。

命令：UCS ✓

当前 UCS 名称：★世界★

指定 UCS 的原点或 [面 (F)/ 命名 (NA)/ 对象 (OB)/ 上一个 (P)/ 视图 (V)/ 世界 (W)/X/Y/Z/Z 轴 (ZA)] < 世界 >:Y

指定绕 X 轴的旋转角度 <90>: −90

第13步 坐标系旋转后结果如下图所示。

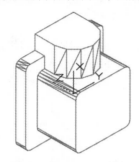

第14步 单击绘图窗口左上角的【视图】控件，在弹出的快捷菜单中选择【右视】选项，如下图所示。

第15步 切换到右视图后如下图所示。

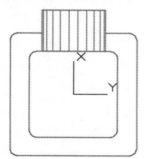

第16步 单击【实体】选项卡→【绘图】面板→【圆心、半径】按钮⊙，以坐标（32,32）为圆心，绘制一个半径为"4"的圆，如下图所示。

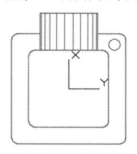

第17步 单击【实体】选项卡→【修改】面板→【矩形阵列】按钮，选择圆为阵列对象，将阵列行数和列数都设置为"2"，间距都设置为"−64"，并将【特性】选项板的"关联"关闭，如下图所示。

第18步 单击【关闭阵列】按钮，结果如下图所示。

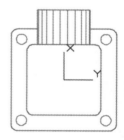

第19步 单击绘图窗口左上角的【视图】控件，在弹出的快捷菜单中选择【东南等轴测】选项，如下图所示。

第 20 步 单击【常用】选项卡→【建模】面板→【拉伸】按钮 ，选择 4 个圆为拉伸对象，将它们沿 Z 轴方向拉伸 "40"，如下图所示。

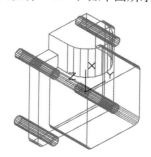

第 21 步 单击【常用】选项卡→【实体编辑】面板→【差集】按钮 ，将拉伸后的 4 个圆柱体从图形中减去，消隐后如下图所示。

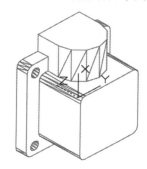

第 22 步 单击【常用】选项卡→【建模】面板→【圆柱体】按钮 ，以 (0,0,−30) 为底面圆心，绘制一个底面半径为 "20"、高度为 "20" 的圆柱体，如下图所示。

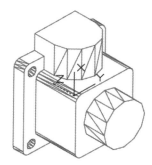

第 23 步 重复【圆柱体】命令，以 (0,0,−50) 为底面圆心，绘制一个底面半径为 "25"、高度为 "14" 的圆柱体，如下图所示。

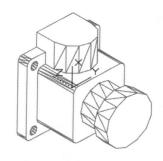

第 24 步 单击【常用】选项卡→【实体编辑】面板→【抽壳】按钮 ，如下图所示。

| 提示 |

除了通过面板调用【抽壳】命令外，还可以通过以下方法调用【抽壳】命令。

（1）选择【修改】→【实体编辑】→【抽壳】命令。

（2）单击【实体】选项卡→【实体编辑】面板→【抽壳】按钮 。

（3）在命令行中输入 "SOLIDEDIT" 命令，然后输入 "B"，根据命令行提示输入 "S"。

第 25 步 选择最后绘制的圆柱体为抽壳对象，并选择最前面的底面为删除对象，如下图所示。

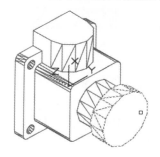

第26步 设置抽壳的偏移距离为"5"，结果如下图所示。

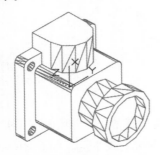

第27步 单击【常用】选项卡→【实体编辑】面板→【并集】按钮，将抽壳后的图形合并。然后调用【圆柱体】命令，以（0,0,-60）为底面圆心，绘制一个底面半径为"15"、高度为"100"的圆柱体，如下图所示。

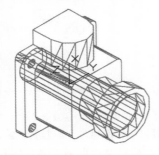

第28步 在命令行输入"UCS"然后按【Enter】键，将坐标系重新设置为世界坐标系，命令行提示如下。

当前 UCS 名称：★没有名称★

指定 UCS 的原点或 [面 (F)/ 命名 (NA)/ 对象 (OB)/ 上一个 (P)/ 视图 (V)/ 世界 (W)/X/Y/Z/Z 轴 (ZA)] <世界 >：✓

第29步 单击【常用】选项卡→【建模】面板→【圆柱体】按钮，捕捉下图所示的圆心作为底面圆心。

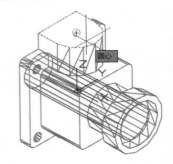

第30步 输入底面半径"12"和拉伸高度"27"，结果如下图所示。

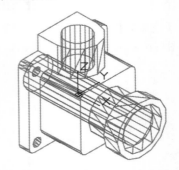

第31步 单击【常用】选项卡→【实体编辑】面板→【差集】按钮，将最后绘制的两个圆柱体从图形中减去，然后将图形移动到合适的位置，消隐后结果如下图所示。

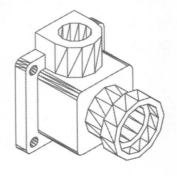

11.3.9 绘制螺栓螺母

螺栓螺母主要是将阀体各零件连接起来，螺栓的头部和螺母既可以用棱锥体绘制，也可以通过正六边形拉伸成型。这里绘制螺栓的头部时采用棱锥体绘制，螺母采用正六边形拉伸成型。

绘制螺栓螺母的具体操作步骤如下。

第1步 单击【常用】选项卡→【图层】面板→【图层】下拉按钮，在弹出的下拉列表中将【螺栓螺母】图层置为当前层，如下图所示。

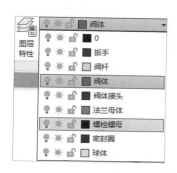

第2步 单击【常用】选项卡→【建模】面板→【棱锥体】按钮，如下图所示。

|提示|::::::::::::

除了通过面板调用【棱锥体】命令外，还可以通过以下方法调用【棱锥体】命令。

（1）选择【修改】→【建模】→【棱锥体】命令。

（2）单击【实体】选项卡→【图元】面板→【棱锥体】按钮。

（3）在命令行中输入"PYRAMID/PYR"命令并按【Space】键。

第3步 根据命令行提示进行如下操作。

命令：_PYRAMID

4 个侧面 外切

指定底面的中心点或 [边 (E)/ 侧面 (S)]: s

输入侧面数 <4>: 6

指定底面的中心点或 [边 (E)/ 侧面 (S)]: 0,0,0

指定底面半径或 [内接 (I) <12.0000>: 9

指定高度或 [两点 (2P)/ 轴端点 (A)/ 顶面半径 (T)] <-27.0000>: t

指定顶面半径 <0.0000>: 9

指定高度或 [两点 (2P)/ 轴端点 (A)] <-27.0000>: 7.5

第4步 棱锥体绘制结束后如下图所示。

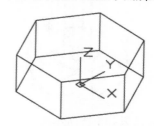

第5步 单击【常用】选项卡→【建模】面板→【圆柱体】按钮，以（0,0,7.5）为底面圆心，绘制一个半径为"6"、高为"25"的圆柱体，如下图所示。

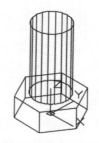

第6步 单击【实体】选项卡→【实体编辑】面板→【倒角边】按钮，如下图所示。

|提示|::::::::::::

除了通过面板调用【倒角边】命令外，还可以通过以下方法调用【倒角边】命令。

（1）选择【修改】→【三维实体编辑】→【倒角边】命令。

（2）在命令行中输入"CHAMFEREDGE"命令并按【Space】键。

第7步 将两个倒角距离都设置为"1"，然后选择下图所示的边为倒角对象。

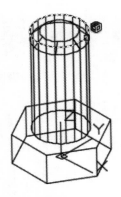

第8步 倒角结果如下图所示。

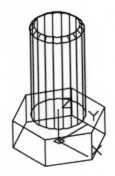

第9步 单击【常用】选项卡→【实体编辑】面板→【并集】按钮，将棱锥体和圆柱体合并在一起，然后将合并后的对象移动到合适的位置，消隐后结果如下图所示。

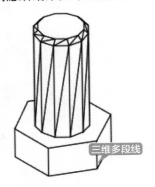

三维多段线

第10步 根据命令行提示进行如下操作。

命令：_polygon 输入侧面数 <4>: 6
指定正多边形的中心点或 [边 (E)]: 0,0
输入选项 [内接于圆 (I)/ 外切于圆 (C)] <I>: c
指定圆的半径：9

第11步 多边形绘制完成后如下图所示。

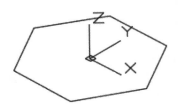

第12步 单击【常用】选项卡→【建模】面板→【拉伸】按钮，选择正六边形，将它们沿 Z 轴方向拉伸，高为"10"，如下图所示。

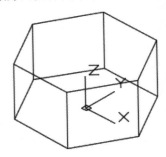

第13步 单击【常用】选项卡→【建模】面板→【圆柱体】按钮，以（0,0,0）为底面圆心，绘制一个半径为"6"、高为"10"的圆柱体，如下图所示。

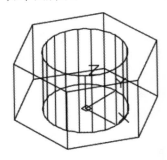

第14步 单击【常用】选项卡→【实体编辑】面板→【差集】按钮，将圆柱体从棱柱体中减去，消隐后结果如下图所示。

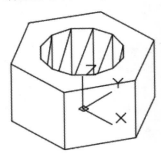

11.3.10 装配

所有零件绘制完毕后，通过【移动】【旋转】【三维对齐】命令将图形装配起来。装配的具体操作步骤如下。

第1步 单击【常用】选项卡→【修改】面板→【三维旋转】按钮，选择法兰母体为旋转对象，将它绕 Y 轴旋转 90°，如下图所示。

第2步 重复【三维旋转】命令，将阀体接头、密封圈3，以及螺栓螺母也绕 Y 轴旋转90°，如下图所示。

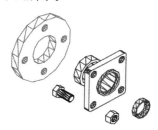

第3步 单击【常用】选项卡→【修改】面板→【移动】按钮，将各对象移动到安装位置，如下图所示。

> **| 提示 |**
>
> 该步操作主要是为了让读者观察各零件之间的安装关系，图中各零件的位置不一定在同一平面上，要将各零件真正装配在一起，还需要用【三维对齐】命令来实现。

第4步 单击【常用】选项卡→【修改】面板→【三维对齐】按钮，如下图所示。

> **| 提示 |**
>
> 除了通过面板调用【三维对齐】命令外，还可以通过以下方法调用【三维对齐】命令。
>
> （1）选择【修改】→【三维操作】→【三维对齐】命令。
>
> （2）在命令行中输入"3DALIGN/3AL"命令并按【Space】键。

第5步 选择阀杆为对齐对象，如下图所示。

第6步 捕捉下图所示的端点为基点。

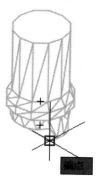

第7步 捕捉下图所示的端点为第二点。

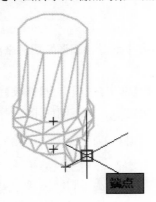

| 提示 |∷∷∷∷∷∷∷

　　捕捉第二点后，当命令行提示指定第三点时，按【Enter】键结束源对象点的捕捉，开始捕捉第一目标点。

第8步 捕捉下图所示的端点为第一目标点。

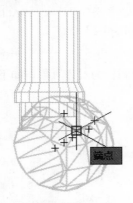

第9步 捕捉下图所示的端点为第二目标点。

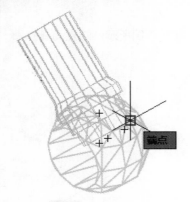

第10步 对齐后结果如下图所示。

第11步 重复【对齐】【移动】【旋转】命令，将所有零件组合在一起，如下图所示。

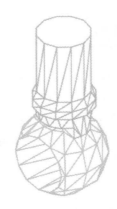

第12步 单击【实体】选项卡→【修改】面板→【矩形阵列】按钮，选择螺栓和螺母为阵列对象，将阵列的列数设置为"1"，行数和层数都设置为"2"，行和层的间距都设置为"64"，并将【特性】选项板的"关联"关闭，如下图所示。

行数	2	级别	2
介于	64	介于	64
总计	64	总计	64
行 ▼		层级	

第13步 单击【关闭阵列】按钮，结果如下图所示。

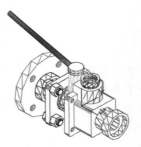

第 14 步 单击绘图窗口左上角的【视图】控件，在弹出的快捷菜单中选择【右视】选项，如下图所示。

第 15 步 切换到右视图后如下图所示。

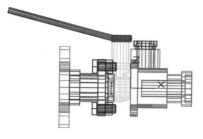

第 16 步 单击【实体】选项卡→【修改】面板→【复制】按钮，选择法兰母体为复制对象，并捕捉下图所示的圆心为复制的基点。

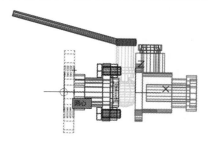

第 17 步 捕捉下图所示的圆心为复制的第二点。

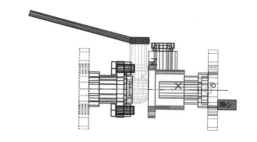

第 18 步 单击绘图窗口左上角的【视图】控件，在弹出的快捷菜单中选择【东南等轴测】选项，如下图所示。

第 19 步 单击绘图窗口左上角的【视觉样式】控件，在弹出的快捷菜单中选择【真实】选项，如下图所示。

第 20 步 切换视觉样式后如下图所示。

绘制离心泵三维图

离心泵是一个复杂的整体，绘图时可以将其拆分成两部分来绘制，各自绘制完成后，再通过【移动】【并集】【差集】等命令将其合并成为一体。

绘制离心泵三维图的具体操作步骤如表 11-4 所示。

表 11-4　绘制离心泵三维图

步骤	创建方法	绘制步骤及结果
1	绘制离心泵的连接法兰	（1）绘制3个圆柱体：圆柱体的底面半径分别为19、14和19，高度分别为1(2)、22 和 5 （2）绘制法兰体：先创建一个圆角半径为 10 的，50×50 的矩形，然后通过拉伸将矩形拉伸高为 9，生成长方体 （3）通过【圆柱体】命令、【阵列】命令及【差集】命令创建连接孔 （4）通过【圆柱体】命令、【差集】命令、【并集】命令完善连接法兰

步骤	创建方法	绘制步骤及结果
2	绘制离心泵的主体部分	（1）绘制离心泵主体圆柱体：3 个圆柱体的底面半径分别为 40、50 和 43，高度分别为 40、40 和 30 （2）绘制泵体进出油口 （3）合并法兰体和泵体
3	绘制泵体的其他结构完善泵体	（1）绘制泵体的细节：先绘制一个底面半径为 8、高度为 118 的圆柱体，然后将其绕 X 轴旋转 90° （2）将圆柱体移到泵主体的中心，然后通过差集将它们合并在一起

◇ 给三维图添加尺寸标注

在 AutoCAD 中没有直接对三维实体添加标注的命令，所以将通过改变坐标系的方法来对三维实体进行尺寸标注。

第 1 步　打开"素材 \CH11\ 标注三维图形 .dwg"文件，如下图所示。

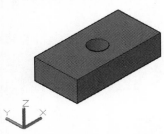

第 2 步　单击【注释】选项卡→【标注】面板→【线性】按钮，捕捉如下图所示的端点作为标注的第一个尺寸界线原点。

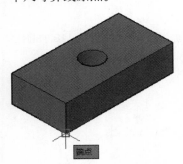

第 3 步　捕捉如下图所示的端点作为标注的第二个尺寸界线的原点。

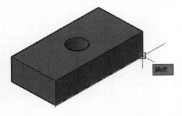

第 4 步　拖曳鼠标指针在合适的位置单击放置尺寸线，结果如下图所示。

第 5 步　单击【常用】选项卡→【坐标】面板→【Z】按钮，然后在命令行输入旋转的角度"180°"，如下图所示。

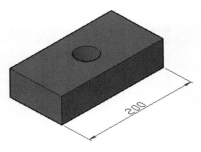

坐标系绕 Z 轴旋转了 180°

第 6 步　重复第 2～4 步，对图形进行线性标注，结果如下图所示。

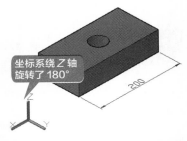

第 7 步　单击【常用】选项卡→【坐标】面板→【三点】按钮，然后捕捉如下图所示的端点为坐标系的原点。

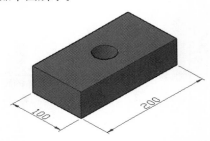

第 8 步　拖曳鼠标指针指引 X 轴的方向，如下图所示。

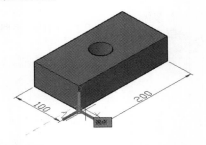

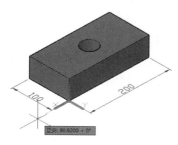

第 9 步 单击后确定 X 轴的方向，然后拖曳鼠标指针指引 Y 轴的方向，结果如下图所示。

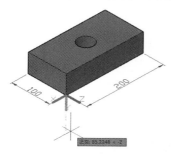

第 10 步 单击后确定 Y 轴的方向后如下图所示。

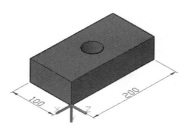

第 11 步 重复第 2 ~ 4 步，对图形进行线性标注，结果如下图所示。

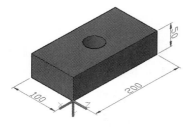

第 12 步 重复第 7 ~ 10 步，将坐标系的 XY 平面放置于与图形顶部平面平齐，并将 X 轴和 Y 轴的方向放置到如下图所示的位置。

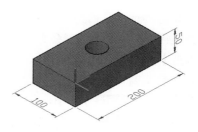

第 13 步 重复第 2 ~ 4 步，对圆心位置进行线性标注，结果如下图所示。

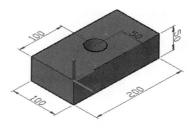

第 14 步 单击【注释】选项卡→【标注】面板→【直径】按钮◯，然后捕捉图中的圆进行标注，结果如下图所示。

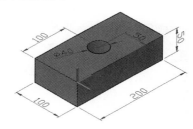

◇ **为什么坐标系会自动变掉**

在三维绘图中各种视图之间切换时，经常会出现坐标系变动的情况，如左下图是在"西南等轴测"下的视图，当把视图切换到"前视"视图，再切换回"西南等轴测"时，发现坐标系发生了变化，如右下图所示。

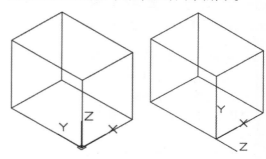

出现这种情况是因为【恢复正交】设置的问题，当设置为【是】时，就会出现坐标变动，当设置为【否】时，则可避免。

单击绘图窗口左上角的【视图】控件，然后选择【视图管理器】选项，在弹出的【视图管理器】对话框中将【预设视图】下的任何一个视图的【恢复正交】更改为【否】即可，如下图所示。

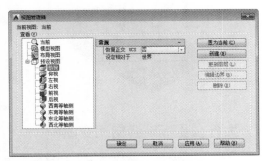

◇ 如何通过【圆锥体】命令绘制圆台

AutoCAD 中【圆锥体】命令默认圆锥体的顶端半径为 0，如果在绘图时设置圆锥体的顶端半径不为 0，则绘制的结果是圆台。

> **|提示|** ::::::::
>
> 通过【棱锥体】命令绘制棱台的道理和通过【圆锥体】绘制圆台是相同的，关于通过【棱锥体】命令创建棱台的方法参见本书 11.3.9 小节。

用【圆锥体】命令绘制圆台的具体操作步骤如下。

第1步 新建一个 AutoCAD 文件，单击【常用】选项卡→【建模】面板→【圆锥体】按钮△，并在绘图区域中单击，以指定圆锥体底面的中心点，在命令行输入"100"并按【Space】键确认，以指定圆锥体的底面半径，如下图所示。

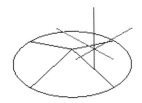

第2步 当命令行提示输入圆锥体的高度时输入"T"，然后输入顶面半径为"50"，AutoCAD 命令行提示如下。

> 指定高度或 [两点 (2P)/ 轴端点 (A)/ 顶面半径 (T)] <10.0000>: t
>
> 指定顶面半径 <5.0000>: 50

第3步 输入高度"150"，结果如下图所示。

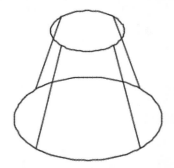

第4步 选择【视图】→【视觉样式】→【概念】命令，结果如下图所示。

第 12 章
渲染

📀 本章导读

    AutoCAD 提供了强大的三维图形的效果显示功能，可以帮助用户将三维图形消隐、着色和渲染，从而生成具有真实感的物体。使用 AutoCAD 提供的【渲染】命令可以渲染场景中的三维模型，并且在渲染前可以为其赋予材质、设置灯光、添加场景和背景，从而生成具有真实感的物体。另外，还可以将渲染结果保存成位图格式，以便在 Photoshop 或者 ACDSee 等软件中编辑或查看。

📍 思维导图

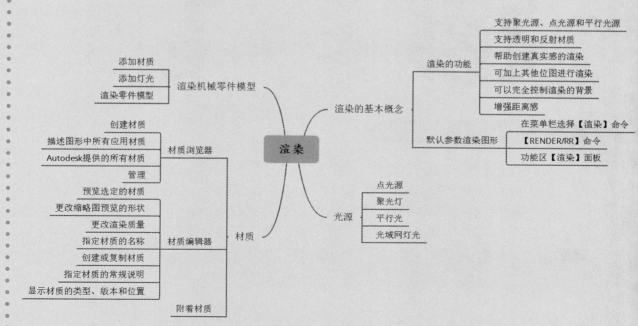

12.1 渲染的基本概念

在 AutoCAD 中，三维模型对象可以对事物进行整体上的有效表达，使其更加直观，结构更加明朗，但是在视觉效果上却与真实物体存在着很大差距。AutoCAD 中的渲染功能有效地弥补了这一缺陷，使三维模型对象表现得更加完美，更加真实。

12.1.1 渲染的功能

AutoCAD 的渲染模块基于一个名为 "Acrender.arx" 的文件，该文件在使用【渲染】命令时自动加载。AutoCAD 的渲染模块具有如下功能。

（1）支持 3 种类型的光源：聚光源、点光源和平行光源，另外还可以支持色彩并能产生阴影效果。

（2）支持透明和反射材质。

（3）可以在曲面上加上位图图像来帮助创建真实感的渲染。

（4）可以加上人物、树木和其他类型的位图图像进行渲染。

（5）可以完全控制渲染的背景。

（6）可以对远距离对象进行明暗处理来增强距离感。

渲染相对于其他视觉样式有更直观的表达，下面的 3 张图分别是某模型的线框图、消隐处理的图像及渲染处理后的图像。

12.1.2 默认参数渲染图形

调用【渲染】命令通常有以下两种方法。

（1）命令行输入 "RENDER/RR" 命令并按【Space】键。

（2）单击【可视化】选项卡→【渲染】面板→【渲染】按钮。

下面将使用系统默认参数对书桌模型进行渲染，具体操作步骤如下。

第1步 打开 "素材 \CH12\ 书桌 .dwg" 文件，如下图所示。

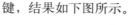
键，结果如下图所示。

第2步 在命令行输入"Rr"命令并按【Space】

12.2 重点：光源

AutoCAD 提供了 3 种光源单位：标准（常规）、国际（国际标准）和美制。

12.2.1 点光源

法线点光源不以某个对象为目标，而是照亮它周围的所有对象。使用类似点光源来获得基本照明效果。

目标点光源具有其他目标特性，因此它可以定向到对象。也可以通过将点光源的目标特性从【否】更改为【是】，从点光源创建目标点光源。

在标准光源工作流中可以手动设定点光源,使其强度随距离线性衰减(根据距离的平方反比)或者不衰减。默认情况下，衰减设定为【无】。

用户可以根据需要新建适合自己使用的"点光源"。

调用【新建点光源】命令通常有以下 3 种方法。

（1）单击【可视化】选项卡→【光源】面板→【创建光源】下拉列表→【点】按钮。

（2）选择【视图】→【渲染】→【光源】→【新建点光源】命令。

（3）在命令行中输入"POINTLIGHT"命令并按【Space】键确认。

创建点光源的方法如下。

第1步 打开"素材＼CH12＼书桌.dwg"文件。单击【可视化】选项卡→【光源】面板→【创建光源】下拉列表→【点】按钮，如下图所示。

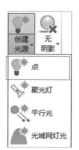

第2步 系统弹出【光源－视口光源模式】对话框，如下图所示。

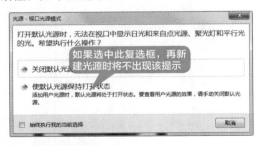

第3步 选择【关闭默认光源（建议）】选项，然后在命令行提示下指定新建点光源的位置及阴影设置，命令行提示如下。

命令：_POINTLIGHT
　指定源位置 <0,0,0>:　　// 捕捉直线的端点
　输入要更改的选项 [名称 (N)/ 强度因子 (I)/
状态 (S)/ 光度 (P)/ 阴影 (W)/ 衰减 (A)/ 过滤颜色 (C)/
退出 (X)] < 退出 >: w

　输入 [关 (O)/ 锐化 (S)/ 已映射柔和 (F)/ 已采样柔和 (A)] < 锐化 >: f
　输入贴图尺寸 [64/128/256/512/1024/2048/4096] <256>: ✓
　输入柔和度 (1–10) <1>: 5
　输入要更改的选项 [名称 (N)/ 强度因子 (I)/ 状态 (S)/ 光度 (P)/ 阴影 (W)/ 衰减 (A)/ 过滤颜色 (C)/ 退出 (X)] < 退出 >: ✓

第4步 结果如下图所示。

捕捉直线的端点
为点光源的位置

12.2.2 聚光灯

　　聚光灯（如闪光灯、剧场中的跟踪聚光灯或前灯）分布投射一个聚焦光束。聚光灯发射定向锥形光，可以控制光源的方向和圆锥体的尺寸。像点光源一样，聚光灯也可以手动设定为强度随距离衰减，但是聚光灯的强度始终还是根据相对于聚光灯的目标矢量的角度衰减，此衰减由聚光灯的聚光角度和照射角度控制。可以用聚光灯亮显模型中的特定特征和区域。

　　调用【新建聚光灯】命令通常有以下 3 种方法。

　　（1）单击【可视化】选项卡→【光源】面板→【创建光源】下拉列表→【聚光灯】按钮。

　　（2）选择【视图】→【渲染】→【光源】→【新建聚光灯】命令。

　　（3）在命令行中输入 "SPOTLIGHT" 命令并按【Space】键确认。

　　创建聚光灯的具体操作步骤如下。

第1步 打开 "素材 \CH12\ 书桌 .dwg" 文件。单击【可视化】选项卡→【光源】面板→【创建光源】下拉列表→【聚光灯】按钮，如下图所示。

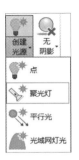

第2步 当提示指定源位置时，捕捉直线的端点，如下图所示。

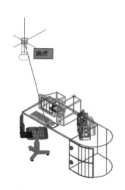

第 3 步 当提示指定目标位置时，捕捉直线的中点，如下图所示。

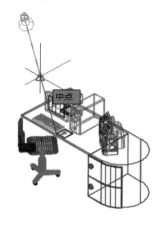

第 4 步 输入"i"，并设置强度因子为 0.15命令行显示如下。

输入要更改的选项 [名称 (N)/ 强度因子 (I)/状态 (S)/ 光度 (P)/ 聚光角 (H)/ 照射角 (F)/ 阴影(W)/ 衰减 (A)/ 过滤颜色 (C)/ 退出 (X)] < 退出 >：i ✓

输入强度 (0.00 − 最大浮点数) <1>：0.15 ✓

输入要更改的选项 [名称 (N)/ 强度因子 (I)/状态 (S)/ 光度 (P)/ 聚光角 (H)/ 照射角 (F)/ 阴影 (W)/衰减 (A)/ 过滤颜色 (C)/ 退出 (X)] < 退出 >：✓

第 5 步 聚光灯的设置完成后，结果如下图所示。

12.2.3 平行光

调用【新建平行光】命令通常有以下 3 种方法。

（1）单击【可视化】选项卡→【光源】面板→【创建光源】下拉列表→【平行光】按钮。

（2）选择【视图】→【渲染】→【光源】→【新建平行光】命令。

（3）在命令行中输入"DISTANTLIGHT"命令并按【Space】键确认。

创建平行光的具体操作步骤如下。

第 1 步 打开"素材 \CH12\ 书桌 .dwg"文件。选择【视图】→【渲染】→【光源】→【新建平行光】命令，如下图所示。

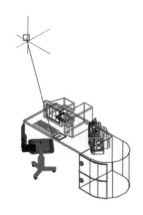

第 2 步 在绘图区域中捕捉下图所示的端点以指定光源来向。

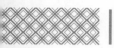

第3步 在绘图区域中拖曳鼠标指针并捕捉下图所示的端点以指定光源去向。

12.2.4 光域网灯光

光域网灯光（光域）是光源的光强度分布的三维表示。光域网灯光可用于表示各向异性（非统一）光分布，此分布来源于现实中的光源制造商提供的数据。与聚光灯和点光源相比，这样提供了更加精确的渲染光源表示。

使用光度控制数据的 IES LM-63-1991 标准文件格式将定向光分布信息以 IES 格式存储在光度控制数据文件中。

要描述光源发出的光的方向分布，则通过置于光源的光度控制中心的点光源近似光源。使用此近似，将仅分布描述为发出方向的功能。提供用于水平角度和垂直角度预定组的光源的照度，并且系统可以通过插值计算沿任意方向的照度。

调用【光域网灯光】命令通常有以下两种方法。

（1）单击【可视化】选项卡→【光源】面板→【创建光源】下拉列表→【光域网灯光】按钮 。

（2）在命令行中输入"WEBLIGHT"命令并按【Space】键确认。

下面将详细介绍新建光域网灯光的具体操作步骤。

第1步 打开"素材\CH12\书桌.dwg"文件。单击【可视化】选项卡→【光源】面板→【创建光源】下拉列表→【光域网灯光】按钮 ，如下图所示。

第2步 当提示指定源位置时，捕捉直线的端点，如下图所示。

第3步 当提示指定目标位置时，捕捉直线的中点，如下图所示。

第4步 输入"i",并设置强度因子为 0.3。

所示。

> 输入要更改的选项 [名称 (N)/ 强度因子 (I)/
> 状态 (S)/ 光度 (P)/ 光域网 (B)/ 阴影 (W)/ 过滤颜色
> (C)/ 退出 (X)] < 退出 >: i
>
> 输入强度 (0.00 − 最大浮点数) <1>: 0.3
>
> 输入要更改的选项 [名称 (N)/ 强度因子 (I)/
> 状态 (S)/ 光度 (P)/ 光域网 (B)/ 阴影 (W)/ 过滤颜色
> (C)/ 退出 (X)] < 退出 >: ✓

第5步 光域网灯光的设置完成后结果如下图

12.3 重点：材质

材质能够详细描述对象如何反射或透射灯光，可使场景更加具有真实感。

12.3.1 材质浏览器

用户可以使用材质浏览器导航和管理材质。

调用【材质浏览器】面板通常有以下 3 种方法。

（1）单击【可视化】选项卡→【材质】面板→【材质浏览器】按钮 。

（2）在命令行中输入"MATBROWSEROPEN/MAT"命令并按【Space】键确认。

（3）选择【视图】→【渲染】→【材质浏览器】命令。

下面将对【材质浏览器】面板的相关功能进行详细介绍。

选择【视图】→【渲染】→【材质浏览器】命令，系统弹出【材质浏览器】面板，如下图所示。

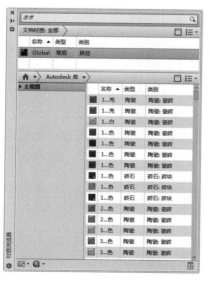

【创建材质】 ：在图形中创建新材质，单击该下拉按钮，弹出下图所示的材质列表。

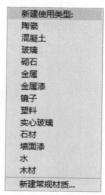

【文档材质：全部】：描述图形中所有应用材质。单击下拉按钮后如下图所示。

【Autodesk 库】：包含了 Autodesk 提供的所有材质，如下图所示。

【管理】：单击下拉按钮如下图所示。

12.3.2 材质编辑器

编辑在【材质浏览器】中选定的材质。

调用【材质编辑器】面板通常有以下 3 种方法。

（1）单击【可视化】选项卡→【材质】面板右下角的 按钮。

（2）选择【视图】→【渲染】→【材质编辑器】命令。

（3）在命令行中输入"MATEDITOROPEN"命令并按【Space】键确认。

下面将对【材质编辑器】面板的相关功能进行详细介绍。

选择【视图】→【渲染】→【材质编辑器】命令，系统弹出【材质编辑器】面板，选择【外观】选项卡，如左下图所示。选择【信息】选项卡，如右下图所示。

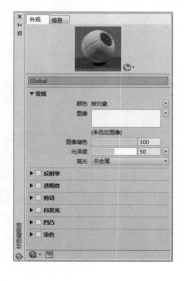

【材质预览】：预览选定的材质。

【选项】下拉菜单：提供用于更改缩略图预览的形状和渲染质量的选项。

【名称】：指定材质的名称。

【打开 / 关闭材质浏览器】按钮▤：打开或关闭材质浏览器。

【创建材质】按钮◉ ▼：创建或复制材质。

【信息】：指定材质的常规说明。

【关于】：显示材质的类型、版本和位置。

12.3.3 附着材质

下面将利用【材质浏览器】面板为三维模型附着材质，具体操作步骤如下。

第1步 打开"素材 \CH12\ 书桌模型 .dwg"文件。然后单击【可视化】选项卡→【材质】面板→【材质浏览器】按钮◉，系统将弹出【材质浏览器】面板，如下图所示。

第2步 在【Autodesk库】中【漆木】材质上右击，在弹出的快捷菜单中选择【添加到】→【文档材质】选项，如下图所示。

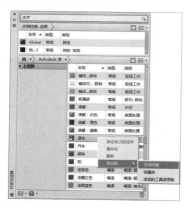

第3步 在【文档材质：全部】选项区域中单击【漆木】材质的编辑按钮✎，如下图所示。

第4步 系统弹出【材质编辑器】面板，如下图所示。

第5步 在【材质编辑器】面板中取消选中【凹凸】复选框，并在【常规】卷展栏下对【图像褪色】及【光泽度】的参数进行调整，如下图所示。

第6步 在【文档材质：全部】选项区域中右击【漆木】按钮，在弹出的快捷菜单中选择【选择要应用到的对象】选项，如下图所示。

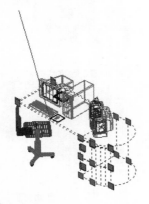

第7步 在绘图窗口中选择书桌模型，如下图所示。

第8步 将【材质浏览器】面板关闭，单击【可视化】选项卡→【渲染】面板→【渲染预设】下拉按钮，在弹出的下拉列表中选择【高】选项，如下图所示。

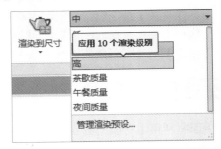

第9步 单击【可视化】选项卡→【渲染】面板→【渲染位置】下拉按钮，在弹出的下拉列表中选择【视口】选项，如下图所示。

第10步 单击【可视化】选项卡→【渲染】面板→【渲染】按钮，结果如下图所示。

12.4 渲染机械零件模型

本节将为机械零件三维模型附着材质及添加灯光后进行渲染，具体操作步骤如下。

1. 添加材质

第1步 打开"原始图形\CH12\机械零件模型.dwg"文件，如下图所示。

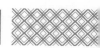

第2步 选择【视图】→【渲染】→【材质浏览器】命令，系统弹出【材质浏览器】面板，如下图所示。

第5步 在【材质编辑器】面板中选中【珍珠白】复选框，并将其值设置为"5"，如下图所示。

第3步 在【Autodesk 库】中选择【缎光 - 褐色金属漆】选项，如下图所示。

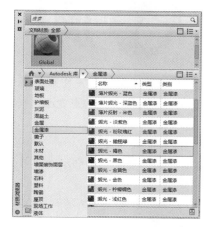

第6步 将【材质编辑器】面板关闭后，【材质浏览器】面板显示如下图所示。

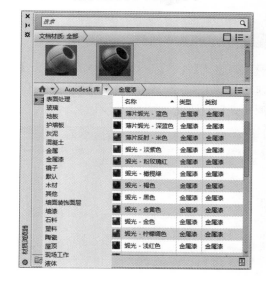

第4步 在【文档材质：全部】选项区域中双击【缎光-褐色金属漆】选项，系统自动打开【材质编辑器】面板，如下图所示。

第7步 在【材质浏览器】面板→【文档材质：全部】中选择刚创建的材质，如下图所示。

第8步 对上一步选择的材质进行拖曳，将其移至绘图窗口中的模型物体上面，如下图所示。

第9步 重复第7步和第8步，将绘图窗口中的模型全部进行材质的附着，然后将【材质浏览器】面板关闭，结果如下图所示。

2. 为机械零件模型添加灯光

第1步 选择【视图】→【渲染】→【光源】→【新建点光源】命令，系统弹出【光源 - 视口光源模式】对话框，如下图所示。

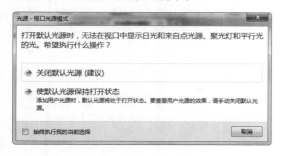

第2步 选择【关闭默认光源（建议）】选项，系统自动进入创建点光源状态，在绘图窗口中单击如下图所示的位置作为点光源位置。

第3步 在命令行中自动弹出相应点光源选项，对其进行如下设置。

> 输入要更改的选项 [名称 (N)/ 强度因子 (I)/状态 (S)/ 光度 (P)/ 阴影 (W)/ 衰减 (A)/ 过滤颜色 (C)/退出 (X)] < 退出 >: i
> 输入强度 (0.00 − 最大浮点数) <1>: 0.2
> 输入要更改的选项 [名称 (N)/ 强度因子 (I)/状态 (S)/ 光度 (P)/ 阴影 (W)/ 衰减 (A)/ 过滤颜色 (C)/退出 (X)] < 退出 >:

第4步 绘图窗口显示结果如下图所示。

第5步 选择【修改】→【三维操作】→【三维移动】命令，对刚创建的点光源进行移动，命令行提示如下。

> 命令：_3dmove
> 选择对象：选择刚才创建的点光源
> 选择对象：
> 指定基点或 [位移 (D)] < 位移 >：在绘图窗口中任意单击一点
> 指定第二个点或 < 使用第一个点作为位移 >：@−70,360

第6步 绘图窗口显示结果如下图所示。

第7步 参考第 1 ~ 4 步的操作创建另外一个点光源，参数不变，绘图窗口显示结果如下图所示。

第8步 选择【修改】→【三维操作】→【三维移动】命令，对创建的第二个点光源进行移动，命令行提示如下。

命令：_3dmove

选择对象：选择创建的第二个点光源

选择对象：

指定基点或 [位移 (D)] < 位移 >：在绘图窗口中任意单击一点

指定第二个点或 < 使用第一个点作为位移 >：

@72,-280,200

第9步 绘图窗口显示结果如下图所示。

3. 为机械零件模型进行渲染

第1步 单击【可视化】选项卡→【渲染】面板→【渲染】按钮，如下图所示。

第2步 系统自动对模型进行渲染，结果如下图所示。

举一
反三

渲染雨伞

渲染雨伞的具体操作步骤如表 12-1 所示。

表 12-1　渲染雨伞的具体操作步骤

步骤	创建方法	结　　果	备　注
1	设置材质	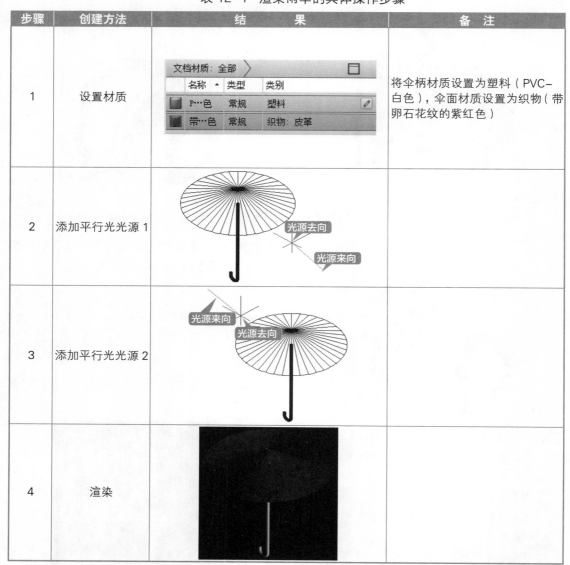	将伞柄材质设置为塑料（PVC-白色），伞面材质设置为织物（带卵石花纹的紫红色）
2	添加平行光光源 1		
3	添加平行光光源 2		
4	渲染		

◇　**设置渲染的背景色**

在 AutoCAD 中默认以黑色作为背景对模型进行渲染，用户可以根据实际需求对其进行更改，具体操作步骤如下。

第1步 打开"素材 \CH12\ 设置渲染的背景颜色 .dwg"文件，如下图所示。

第 2 步 选择【视图】→【渲染】→【渲染】命令，系统自动对当前绘图窗口中的模型进行渲染，结果如下图所示。

第 3 步 将渲染窗口关闭，在命令行输入 "BACKGROUND" 命令并按【Space】键确认，弹出【背景】对话框，如下图所示。

第 4 步 单击【纯色选项】选项区域中的【颜色】按钮，弹出【选择颜色】对话框，如下图所示。

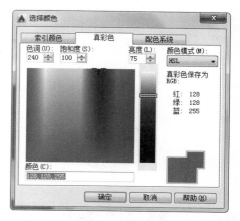

第 5 步 将颜色设置为白色，如下图所示。

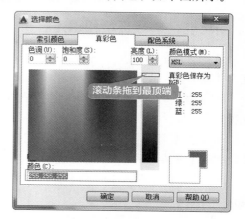

第 6 步 在【选择颜色】对话框中单击【确定】按钮，返回【背景】对话框。

第 7 步 在【背景】对话框中单击【确定】按钮，然后在命令行输入【RR】并按【Space】键，结果如下图所示。

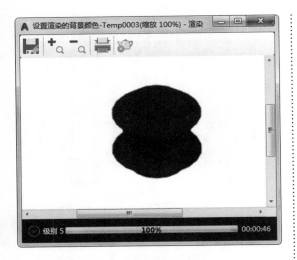

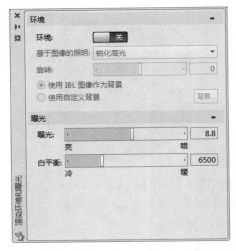

◇ 新功能：渲染环境和曝光

渲染环境和曝光用于基于图像的照明的使用并控制要在渲染时应用的曝光设置。

调用渲染环境和曝光命令，通常有以下几种方法：

● 单击【可视化】选项卡【渲染】面板下拉列表【渲染环境和曝光】按钮。

● 在命令行输入【FOG】并按空格键确认。

调用渲染环境和曝光命令后，系统弹出【渲染环境和曝光】面板，如下图所示。

【环境】：控制渲染时基于图像的照明的使用及设置。

● 基于图像的照明：指定要应用的图像照明贴图。

● 旋转：指定图像照明贴图的旋转角度。

● 使用 IBL 图像作为背景：指定的图像照明贴图将影响场景的亮度和背景。

● 使用自定义背景：指定的图像照明贴图仅影响场景的亮度。可选的自定义背景可以应用到场景中。

第**5**篇

行业应用篇

　　本篇主要介绍铸造箱体三视图的设计和绘制方法及城市广场总平面图的设计和绘制方法。通过对本篇内容的学习，读者可以综合掌握CAD 的绘图技巧。

第 13 章

机械设计案例——绘制铸造箱体三视图

⊜ 本章导读

在机械制图中，箱体结构所采用的视图较多，除基本视图外，还常使用辅助视图、剖面图和局部视图等。在绘制箱体类零件图时，应考虑合理的作图步骤，使整个绘制工作有序进行，从而提高作图效率。

⊘ 思维导图

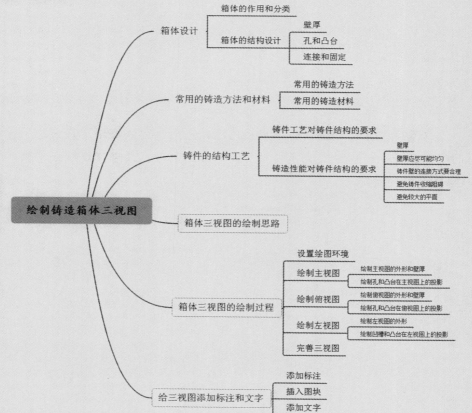

13.1 常用的铸造方法和材料

在设计铸造件之前首先要考虑铸造的方法和选用的材料特性。

13.1.1 常用的铸造方法

铸造方法可分为砂型铸造和特种铸造两大类，其中砂型铸造占的比例最大。特种铸造少用砂或不用砂，能获得比砂型铸造更细的表面、更高的尺寸精度和力学性能的铸件，但铸造成本较高。

砂型造型是传统的铸造方法，适用于各种形状、大小及各种常用合金铸件的生产。砂型造型又分为手工造型、一般机器造型和高压造型，而各种造型又有详细的分类，如下图所示。

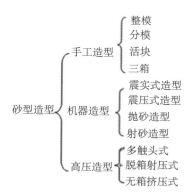

砂型造型的基本流程如下图所示。

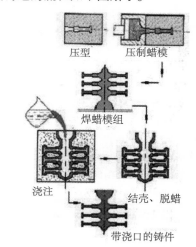

特种造型又分为压力铸造、熔模铸造、金属型铸造、低压铸造、离心铸造等。其中熔模铸造的流程如下图所示。

13.1.2 常用的铸造材料

常用的铸造材料可分为铸铁、铸钢和合金，其中铸铁和铸钢应用最为广泛。各种铸造材料的性能及结构特点如表 13-1 所示。

表 13-1　常用铸造材料的性能和结构特点

类别		性能特点	结构特点
铸铁	灰铸铁	流动性好，收缩小，综合力学性能低，吸震性好，弹性模量低，抗压强度比抗拉强度高 3~4 倍	形状可以复杂，结构允许不对称。常用于发动机的汽缸体、套筒、机床的床身、底座、平板、平台等
	球墨铸铁	流动性好，体收缩比灰铸铁大，而线收缩小，易形成缩孔、疏松。综合力学性能高，吸震能力比灰铸铁低，弹性模量比灰铸铁高，抗磨性、冲击韧性、疲劳强度较好	一般设计成均匀壁厚，对于厚大的断面件可采用空心结构，如球墨铸铁曲轴轴颈部分
	可锻铸铁	流动性比灰铸铁差，体收缩很大，退火后，线收缩很小。退火前，很脆，毛坯易损坏。综合力学性能稍次于球墨铸铁，冲击韧性比灰铸铁高 3~4 倍	常用于薄壁均匀件，常用厚度 5~16mm。为增加其刚性，截面形状多为工字形、丁字形或箱形，避免十字形截面，零件突出部分应用加强筋
铸钢		流动性差，体收缩、线收缩和裂纹敏感性较高。综合力学性能高，抗压强度和抗拉强度几乎相等，吸震能力差	铸件截面应采用封闭状结构；一些水平壁应改成倾斜壁或波浪形，整体壁改成带窗口壁，窗口形状最好为椭圆形或圆形，窗口边缘须做出凸台，以减少产生裂纹
合金	锡青铜和磷青铜合金	铸造性能类似于灰铸铁，但结晶范围大，易产生疏松。流动性差，高温性能差。强度随截面增大而显著下降，耐磨性好	壁厚不应过大，零件突出部分应用较薄的加强筋加固，形状不宜太复杂
	无锡青铜和黄铜合金	流动性好，收缩较大，结晶范围小，易产生集中缩孔，耐磨性和耐腐蚀性好	类似铸钢件
	铝合金	铸造性能类似于铸钢，但强度随壁厚增大而下降显著	壁厚不能过大，其余类似铸钢

13.2 铸件的结构工艺

铸件结构的工艺性好坏与否，对铸件的质量、生产率及其成本有很大影响，所以在设计铸件时应考虑铸造工艺和所选用合金的铸造性能对铸件结构的要求。

13.2.1 铸件工艺对铸件结构的要求

铸件工艺对铸件结构的要求主要是考虑铸件外形和铸件内腔的影响。

铸件外形对铸件的影响如表 13-2 所示。

表 13-2　铸件外形对铸件的影响

目的和措施		不合理结构	合理结构	备注
为便于起模，外形力求简化	避免外形有侧凹			不合理结构的侧凹处在造型时另需两个外型芯来形成。合理结构是将凹坑一直扩展到底部省去了外型芯，降低了铸件成本

续表

目的和措施		不合理结构	合理结构	备注
为便于起模，外形力求简化	尽可能使分型面为平面			不合理结构的分型面是不直的，而合理的结构，分型面变成平面，方便了制模和造型
	去掉不必要的外圆角			不合理的结构设计了不必要的外圆角，使造型工序复杂。而合理的结构是去掉外圆角，便于整模造型
	铸件上凸台和筋，应考虑便于造型			不合理的设计有凸台，需要采用活块造型，工艺复杂，且凸台的位置尺寸难以保证；否则采用外型芯来成型会增加铸件成本
铸件的外形应尽可能使铸件的分型面数目最少				不合理的结构有两个分型面，需采用三箱造型，使造型工序复杂。而合理的结构只有一个分型面，使造型工序简化
铸件垂直于分型面的不加工表面，应设计出结构斜度				合理的结构在造型时容易起模，不易损坏型腔，有结构斜度是合理的

提示

　　铸件的结构斜度与拔模斜度不同，结构斜度由设计零件的人确定，且斜度值较大；拔模斜度由铸造工艺人员设计，且只对没有结构斜度的立壁给予较小的角度（0.5°～3.0°）。

　　铸件内腔对铸件的影响如表 13-3 所示。

表 13-3　铸件内腔对铸件的影响

目的和措施	不合理结构	合理结构	备注
铸件内腔尽量不用或少用型芯，以简化铸造工艺	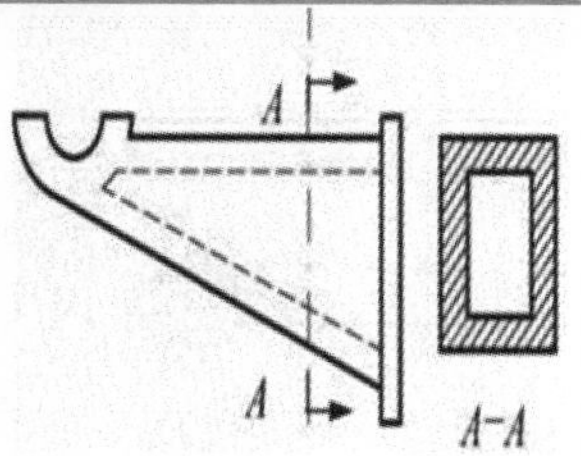	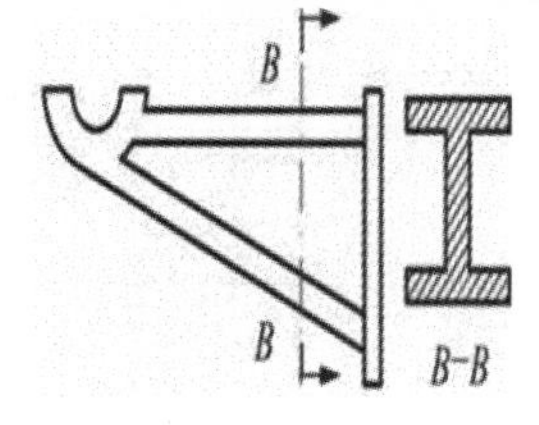	采用合理结构可以省去型芯
考虑型芯的稳固、排气顺畅和清理方便	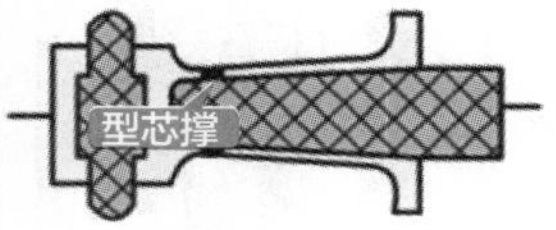 型芯撑	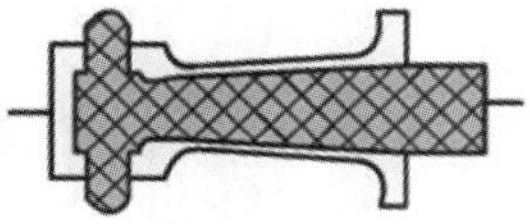	不合理结构需要两个型芯，其中较大的型芯呈悬臂状态，需用型芯撑支承其无芯头的一端；若将内腔改成合理结构，则型芯的稳定性大大提高，且型芯的排气顺畅，也易于清理
应避免封闭内腔	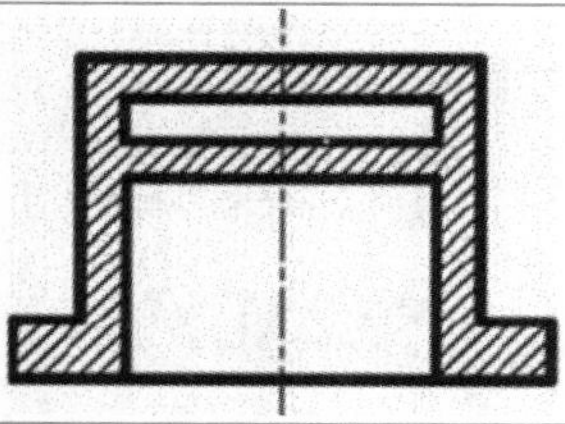	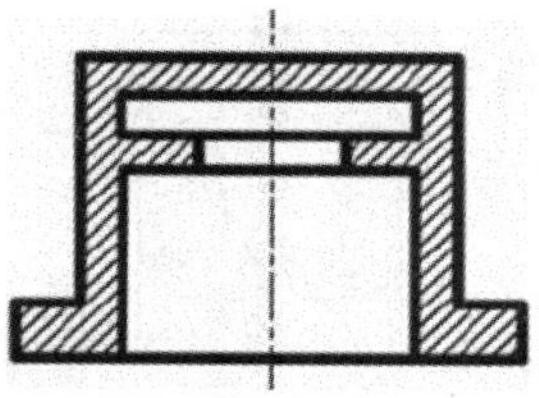	不合理结构的内腔是封闭的，其型芯安放困难，排气不畅，无法清砂，结构工艺性差。若改为合理结构，上述问题迎刃而解

13.2.2 铸造性能对铸件结构的要求

除了铸件工艺对铸件结构有要求外,还应该考虑到材料本身的铸造性能对铸件结构的要求。铸造性能对铸件结构的要求主要有以下几点。

1. 壁厚

不同的材料和铸造条件，对合金的流动性影响很大。为了获得完整、光滑的合格铸件，铸件壁厚设计应大于该合金在一定铸造条件下所能得到的"最小壁厚"。表 13-4 列出了在砂型铸造条件下不同材料的铸件的最小壁厚。

表 13-4　各种材料铸件的壁厚

（单位：cm）

铸件尺寸	灰铸铁	球墨铸铁	可锻铸铁	铸钢	铜合金	铝合金
< 200×200	3~5	4~6	3~5	5~8	3~5	3~3.5
200×200~500×500	4~10	8~12	6~8	10~12	6~8	4~6
> 500×500	10~15	12~20	—	15~20	—	—

2. 避厚应尽可能均匀

铸件壁厚均匀是为了铸件各部分冷却速度相接近，形成同时凝固，避免因壁厚差别而形成热节，产生缩孔、缩松，也避免薄弱环节产生变形和裂纹。

如下图 a 所示两侧小孔处因小孔不铸出，壁厚过大而产生裂纹和缩孔；改成下图 b 所示结构则可避免产生缩孔等缺陷。

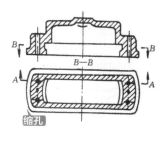

a

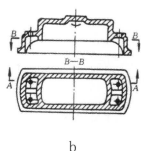

b

3. 铸件壁的连接方式要合理

铸件壁之间要用圆角过渡，避免交叉或锐角连接。

（1）铸造圆角。铸件壁之间的连接应有铸造圆角。如无圆角，直角处热节大，易产生缩孔、缩松，如下图所示；并在内角处产生应力集中，裂纹倾向增大；直角内角部分的砂型为尖角，容易损坏而形成砂眼和黏砂。

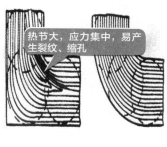

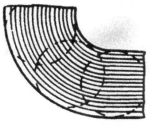

| 提示 |

铸造圆角半径一般为相交两壁平均厚度的 1/3 ～ 1/2。

（2）铸件壁要避免交叉和锐角连接。铸件壁连接时应采用下图的形式。当铸件两壁交叉时，中、小铸件采用交错接头，大型铸件采用环形接头，如下图 a 所示。当两壁必须锐角连接时，要采用下图 b、c 所示正确的过渡方式。其主要目的都是尽可能减少铸件的热节。

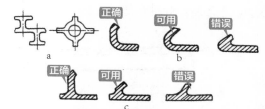

（3）厚壁与薄壁连接。铸件壁厚度不同的部分进行连接时，应力求平缓过渡，避免截面突变，减少应力集中，防止产生裂纹。当壁厚差别较小时，可用上述的圆角过渡。当壁厚之比差别在两倍以上时，应采用楔形过渡，如下图所示。

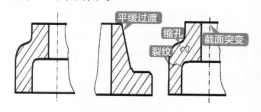

4. 避免铸件收缩阻碍

当铸件的收缩受到阻碍，产生的铸造内应力超过合金的强度极限时，铸件会产生裂纹。因此，在设计铸件时，应尽量使其能自由收缩。特别是在产生内应力增加时，应采取措施避免局部收缩阻力过大。

下图 a 所示的结构对铸件收缩大的合金易造成应力对称量增加，产生裂纹；应设计成下图 b 所示的弯曲轮辐或下图 c 所示的奇数轮辐，利用铸件微量变形来减小内应力。

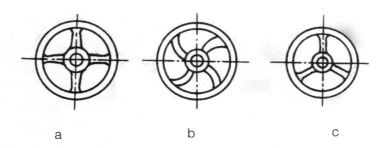

a   b   c

5. 避免较大的平面

大的平面受高温金属液烘烤时间长，易产生夹砂，金属液中气孔、夹渣上浮滞留在上表面，产生气孔、渣孔。而且大平面不利于金属液充填，易产生浇不足和冷隔。如将左下图所示结构改为右下图所示倾斜式，则可以减少或消除上述缺陷。

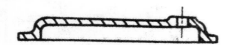 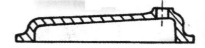

13.3 箱体设计

箱体是机械设计中常见的结构之一，本节主要介绍箱体设计的一些基本情况。

13.3.1 箱体的作用和分类

箱体的主要作用是保护和密封，此外箱体也起支撑各种传动零件的作用，如齿轮、轴、轴承等。

箱体按功能可分为 3 类：传动箱体、支架箱体和泵阀箱体。传动箱体常见的有减速器、汽车变速箱等；支架箱体常见的有机床的支座、立柱等；泵阀箱体常见的有齿轮泵的泵体、液压阀的阀体等。

箱体最常用的制造方法是铸造，常用的铸造材料有铸铁、铸钢、铸铝等，本小节用的材料就是铸铁（HT150）。

13.3.2 箱体的结构设计

首先由箱体内部零件及内部零件之间的相互关系确定箱体的形状和尺寸，然后根据设计经验或设计手册等资料确定箱体的壁厚、孔、凸台和筋板等。

箱体的壁厚、孔、凸台和筋板等具体设置如下。

1. 壁厚

壁厚可根据尺寸当量（N）选取，尺寸当量（N）的计算公式如下。

$$N=(2L+B+H)/3000$$

:

公式中的字母代表铸件的长、宽、高。其中，最大的那个值定为长度，即 L。

常用铸造材料的壁厚如表 13-5 所示。

表 13-5　铸造材料的壁厚

（单位：cm）

当量尺寸 N	箱体材料			
	灰铸铁	铸钢	铸铝合金	铸铜
0.3	6	10	4	6
0.75	8	10~15	5	8
1	10	15~20	6	—
1.5	12	20~25	8	—
2	16	25~30	10	—
3	20	30~35	≥ 12	—
4	24	35~40	—	—

提示

　　壁厚列表说明：（1）此表为砂型铸造数据；（2）球墨铸铁、可锻铸铁壁厚按灰铸铁壁厚减小 20%。

2. 孔和凸台

箱体壁上的开孔会降低箱体的刚度，刚度的降低程度与孔的面积大小成正比。在箱壁上与孔中心线垂直的端面处附加凸台，可以增加箱体局部的刚度，同时可以减少加工面。

提示

　　孔和凸台的设计经验：

　　从机加工角度考虑，当单件小批量生产时，箱体内壁和外壁上位于同一轴线上的孔的大小应相等；当成批大量生产时，外壁上的孔应大于内壁上的孔径，这有利于刀具的进入和退出。

　　当凸台直径 D 与孔径 d 的比值 $D/d \leqslant 2$ 和壁厚 t 与凸台高度 h 的比值 $t/h \leqslant 2$ 时，刚度增加较大；比值大于 2 以后，效果不明显。如因设计需要，凸台高度加大时，为了改善凸台的局部刚度，可在适当位置增设局部加强筋。

为改善箱体的刚度，尤其是箱体壁厚的刚度，常在箱壁上增设加强筋，若箱体中有中间短轴或中间支承时，常设置横向筋板。筋板的高度 H 不应超过壁厚 t 的 4 倍，超过此值对提高刚度无明显效果。

铸造箱体的筋板尺寸如表 13-6 所示，表中的 t 为筋所在的壁厚。

表 13-6　铸造箱体的筋板尺寸

外表面筋厚	内腔筋厚	筋的高度
0.8t	0.6~0.7t	≤ 5t

3. 连接和固定

箱体连接处的刚度主要是结合面的变形和位移，它包括结合面的接触变形，连接螺钉的变形和连接部位的局部变形。为了保证连接刚度，应注意以下几个方面的问题：

（1）合理设计连接部位的结构，连接部位的结构特点及应用如表 13-7 所示。

（2）合理选择连接螺钉的直径和数量，保证结合面的预紧力。为了保证结合面之间的压强，又不使螺钉直径太大，结合面的实际接触面积在允许范围内尽可能减小。

（3）重要结合面粗糙度值 Ra 应小于 3.2μm，接触表面粗糙度值越小，则接触刚度越好。

表 13-7　连接部位的结构设计及应用

形式	基本结构	特点及应用
翻边式		局部强度和刚度均较高，还可在箱壁内侧或外表面增设加强筋以增大连接部位的刚度。铸造容易，结构简单，占地面积稍大。适用于各种大、中、小型箱体的连接
爪座式		爪座与箱体连接的局部强度、刚度均较差，但铸造简单，节约材料。适用于侧向力小的箱体连接
壁龛式		局部刚度好，若螺钉设在箱体壁上的中性面上，连接凸缘将不会有弯矩作用。外形美观，占地面积小，但制造难度大，适用于大型箱体的连接

13.4 箱体三视图的绘制思路

绘制箱体三视图的思路是先绘制主视图、俯视图，最后绘制左视图。在绘制俯视图、左视图时需要结合主视图来完成绘制，箱体三视图绘制完成后需要给主视图、俯视图添加剖面线，最后通过插入图块、标注和文字说明来完成整个图形的绘制。具体绘制思路如表 13-8 所示。

表 13-8　箱体三视图的绘制思路

序号	绘图方法	结　果	备　注
1	通过【直线】【偏移】【修剪】【夹点编辑】和【更换对象图层】等命令绘制箱体主视图的主要结构		绘制水平直线时注意"fro"的应用，偏移和修剪时注意对象的选取
2	利用【圆】【射线】【偏移】【修剪】等命令绘制俯视图的主要轮廓		注意视图之间的对应关系

续表

序号	绘图方法	结　　果	备　注
3	利用【射线】【偏移】和【修剪】等命令绘制左视图的轮廓		注意视图之间的对应关系
4	利用【射线】【样条曲线】【修剪】【打断】和【填充】等命令完善视图		注意视图之间的对应关系
5	给图形添加标注、插入图块和书写技术要求		

13.5 箱体三视图的绘制过程

上一节介绍了箱体三视图的绘制思路，本节介绍三视图的具体绘制过程。

13.5.1 设置绘图环境

在绘图前首先要对绘图环境进行设置，本节需要的绘图设置主要有图层设置、文字设置和标注设置。

第1步 新建一个".dwg"文件，在命令行输入"la"（图层特性管理器）并按【Space】键，创建如下图所示的图层。

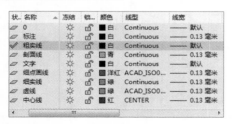

第2步 在命令行输入"st"（文字样式）并按【Space】键，创建【机械样板文字】，将【字体】设置为仿宋_GB2312,【宽度因子】设置为0.8，然后选择将新创建的字体【置为当前】选项，如下图所示。

第3步 输入"d"并按【Space】键，弹出【标注样式管理器】对话框，如下图所示。

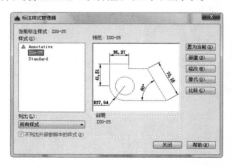

第4步 单击【修改】按钮，在弹出的对话框中选择【调整】选项卡，将【标注特征比例】选项区域中的【使用全局比例】的值改为2.5，如下图所示。然后单击【确定】按钮关闭【修改】对话框，单击【置为当前】按钮，最后单击【关闭】。

13.5.2 绘制主视图

一般情况下，主视图是反映图形最多内容的视图。因此，先要绘制主视图，然后根据视图之间的相互关系绘制其他视图。

1. 绘制主视图的外形和壁厚

第1步 将【粗实线】图层置为当前层，在命令行输入"l"（直线）并按【Space】键，绘制一条长度为108的竖直直线，如下图所示。

第2步 重复第1步，绘制一条长120的水平直线，命令行提示如下。

命令：LINE

```
指定第一个点：fro 基点：      // 捕捉竖直直
线的上侧端点
  <偏移>: @45,-48
指定下一点或 [放弃(U)]: @-120,0
指定下一点或 [放弃(U)]:      // 按【Space】键结束
命令
```

┌─ 提示 ┈┈┈┈┈┈

　【fro】命令可以任意假定一个基点为坐标的零点，使用这个命令时必须在输入的坐标前加上一个"@"，例如"@45，-48"，相当于该点距离假设零点（基点即上侧直线的端点）和距离 X 轴方向 45，距离 Y 轴方向 -48。

第3步 绘制完成后结果如下图所示。

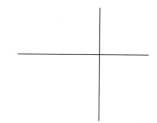

第4步 输入"o"调用【偏移】命令，将水平直线分别向上偏移20、38，向下偏移20、50，结果如下图所示。

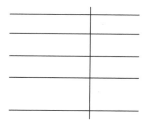

第5步 继续使用【偏移】命令，以竖直线为偏移对象，向右偏移24.5，35，向左偏移24.5,35,65，结果如下图所示。

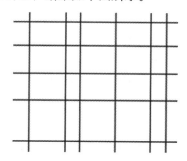

第6步 输入"tr"并按【Space】键调用【修剪】命令，然后再次按【Space】键选择所有直线为剪切边，修剪完成后如下图所示。

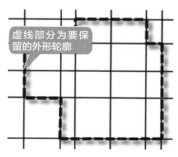

虚线部分为要保留的外形轮廓

第7步 输入"o"调用【偏移】命令，将水平中心线向两侧各偏移14，结果如下图所示。

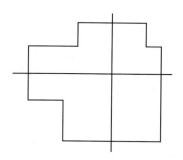

第8步 继续使用【偏移】命令，将竖直线向左偏移19.5，向右偏移19.5和29，结果如下图所示。

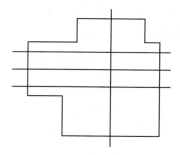

第9步 输入"tr"调用【修剪】命令，然后在绘图窗口中修剪掉不需要的线段，完成的修剪效果如下图所示。

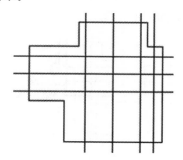

虚线部分为要保留的内部结构

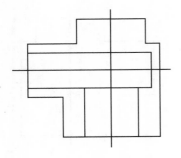

2. 绘制孔和凸台在主视图上的投影

第1步 输入"o"调用【偏移】命令，将竖直直线向两侧各偏移8和15，结果如下图所示。

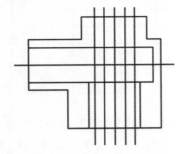

第2步 输入"tr"命令调用【修剪】命令，修剪完成后如下图所示。

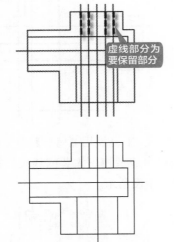

第3步 选择第1步偏移15的直线（此时已修剪）作为偏移对象，每条边分别向左右各偏移2，结果如下图所示。

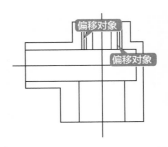

第4步 利用夹点编辑对中间直线进行拉伸，将它们分别向两侧拉伸得到孔的中心线，结果如下图所示。

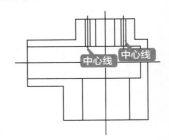

第5步 输入"l"调用【直线】命令，当提示输入第一点时输入"fro"，然后捕捉中点作为基点，如下图所示。

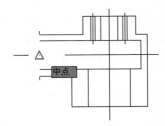

第6步 接着输入偏移量"@35，16"，再输入"@0，-32"为第二点，绘制凸台的中心线，如下图所示。

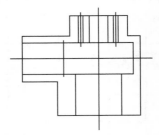

第7步 输入"c"调用【圆】命令，在绘图窗口捕捉步骤6绘制的直线与水平直线的交点为圆心，绘制两个半径分别为5和10的同心

圆，结果如下图所示。

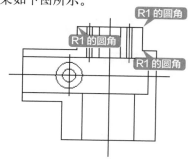

第8步 在命令行输入"f"调用【圆角】命令，当提示选择第一对象时输入"r"，然后输入圆角半径"1"，按【Enter】键确定，然后选择需要圆角的边进行圆角，多次圆角后结果如下图所示。

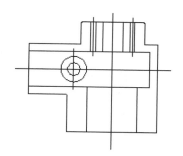

第9步 继续使用【圆角】命令，将圆角半径设置为"3"，然后进行圆角，完成后如下图所示。

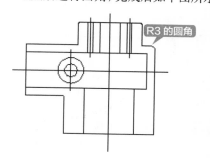

第10步 选中竖直直线和拉伸的线段，然后单击【默认】选项卡→【图层】面板→【图层】下拉按钮，在下拉列表中选中【中心线】图层，将所选的直线放置到中心线图层上，结果如下图所示。

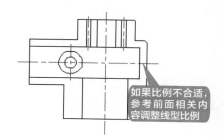

如果比例不合适，参考前面相关内容调整线型比例

13.5.3 绘制俯视图

主视图绘制结束后，通过主视图和俯视图之间的关系来绘制俯视图。绘制俯视图时，主要需用到【直线】【圆】【偏移】【修剪】等命令。

1. 绘制俯视图的外形和壁厚

第1步 选择【默认】选项卡→【图层】面板，单击图层后面的下拉按钮，在下拉列表中选择【粗实线】图层，如下图所示。

第2步 在绘图窗口中绘制两条垂直的直线（其中竖直线与主视图竖直中心线对齐，长度为

"90"，水平线与主视图水平中心线等长），如下图所示。

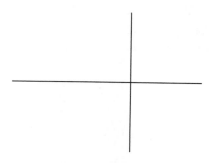

第3步 输入"c"调用【圆】命令，以两条直线的交点为圆心，绘制一个半径为"35"的圆，如下图所示。

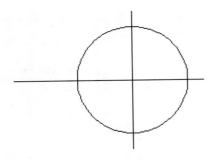

第4步 继续绘制圆，分别绘制半径为"29""24.5""19.5""8"的同心圆，完成后如下图所示。

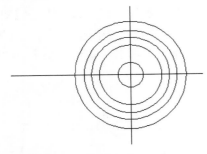

第5步 输入"o"调用【偏移】命令，将水平直线向两侧各偏移"26.5"，结果如下图所示。

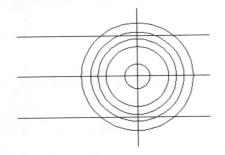

第6步 继续使用【偏移】命令，将水平直线向两侧各偏移"32.5"，然后将竖直直线向左偏移"65"，结果如下图所示。

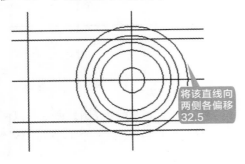

将该直线向两侧各偏移32.5

第7步 输入"tr"调用【修剪】命令，将图中不需要的直线修剪掉，结果如下图所示。

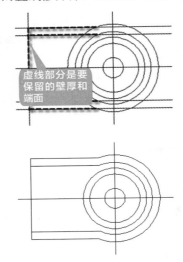

虚线部分是要保留的壁厚和端面

2. 绘制孔和凸台在俯视图上的投影

第1步 在命令行输入"ray"调用【射线】命令，在绘图窗口中以主视图中的圆与水平中心线的交点为起点，绘制一条射线，如下图所示。

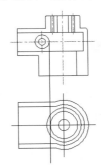

第2步 继续使用【射线】命令，完成其他射线的绘制，完成的效果如下图所示。

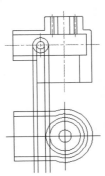

第3步 输入"o"调用【偏移】命令，将水平直线向两侧各偏移"19.5"，结果如下图所示。

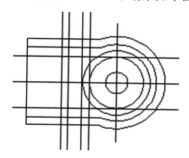

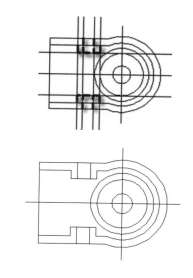

第4步 输入"tr"调用【修剪】命令，把多余的线段修剪掉，完成后结果如下图所示。

13.5.4 绘制左视图

主视图和俯视图绘制结束后，通过视图关系来绘制左视图。绘制左视图时，主要需用到【射线】【直线】【修剪】【偏移】等命令。

1. 绘制左视图的外形

第1步 输入"ray"调用【射线】命令，分别以主视图的两个端点为起点绘制两条射线，结果如下图所示。

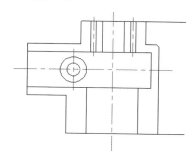

第2步 输入"l"调用【直线】命令，绘制左视图的竖直中心线，结果如下图所示。

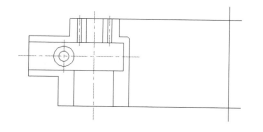

第3步 输入"o"调用【偏移】命令，将上侧的射线向下偏移"18"，将竖直直线向两侧各偏移"24.5"和"35"，结果如下图所示。

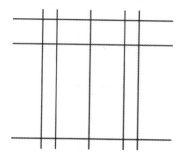

第4步 输入"tr"调用【修剪】命令，对图形中多余的线进行修剪，结果如下图所示。

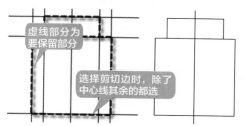

第5步 输入"o"调用【偏移】命令，将竖直直线向两侧各偏移"26.5"和"32.5"，结果如下图所示。

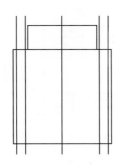

第6步 继续使用【偏移】命令，将底边水平直线分别向上偏移"30""36""64"，结果如下图所示。

偏移对象

第7步 输入"tr"调用【修剪】命令，把多余的线段修剪掉，结果如下图所示。

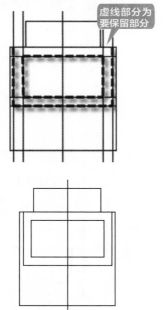

虚线部分为要保留部分

2. 绘制凹槽和凸台在左视图上的投影

第1步 输入"o"调用【偏移】命令，将竖直

直线向两侧各偏移"10"和"19.5"，将水平直线向上偏移"13"，结果如下图所示。

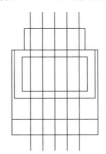

第2步 调用【射线】命令，以主视图箱体内凸圆的边为起点，绘制两条射线，结果如下图所示。

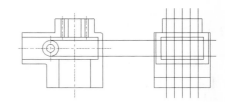

第3步 输入"tr"调用【修剪】命令，把多余的线段修剪掉，结果如下图所示。

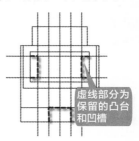

虚线部分为保留的凸台和凹槽

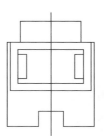

第4步 在命令行输入"f"并按【Space】键调用【圆角】命令，根据命令行提示进行如下设置。

命令：FILLET　当前设置：模式＝修剪，半径 ＝ 0.0000

```
        选择第一个对象或 [ 放弃 (U)/ 多段线 (P)/ 半
径 (R)/ 修剪 (T)/ 多个 (M)]: t
        输入修剪模式选项 [ 修剪 (T)/ 不修剪 (N)]
< 修剪 >:n
        选择第一个对象或 [ 放弃 (U)/ 多段线 (P)/ 半
径 (R)/ 修剪 (T)/ 多个 (M)]: r 指定圆角半径
<0.0000>: 1
        选择第一个对象或 [ 放弃 (U)/ 多段线 (P)/ 半
径 (R)/ 修剪 (T)/ 多个 (M)]:
```

第5步 设置完成后选择要倒圆角的对象进行修剪，结果如下图所示。

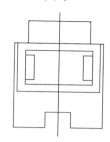

第6步 输入"tr"调用【修剪】命令，把倒圆角处多余的线段修剪掉，完成后如下图所示。

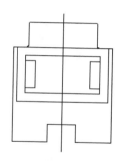

第7步 调用【圆角】命令，当提示选择第一个对象时输入"t"（修剪选项），当再次提示输入第一对象时输入"r"，并输入圆角半径"3"，然后选择需要圆角的两条边，圆角后如下图所示。

矩形 4 个角全部圆角

13.5.5 完善三视图

三视图的主要轮廓绘制结束后，通过三视图之间的相互结合来完成视图的细节部分，其具体操作步骤如下。

1. 完善主视图

第1步 输入"o"调用【偏移】命令，将俯视图中的水平直线向两侧各偏移 10，如下图所示。

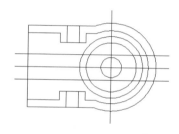

第2步 继续使用【偏移】命令，将主视图中

的水平直线向上偏移"13"，结果如下图所示。

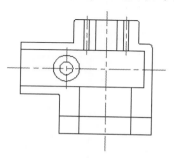

第3步 在命令行输入"ray"调用【射线】命令，以俯视图中的直线与圆的交点为起点绘制射线，结果如下图所示。

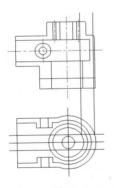

第4步 输入"mi"调用【镜像】命令，在绘图窗口中选择两条射线为镜像的对象，然后捕捉中心线的任意两点作为镜像线上的两点，结果如下图所示。

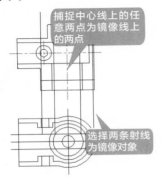

捕捉中心线上的任意两点为镜像线上的两点

选择两条射线为镜像对象

第5步 输入"tr"调用【修剪】命令，把多余的线段修剪掉，结果如下图所示。

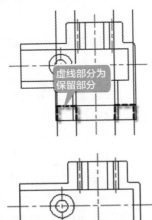

虚线部分为保留部分

第6步 输入"ray"调用【射线】命令，在俯视图中捕捉交点为射线的起点，绘制一条竖直射线，完成后的效果如下图所示。

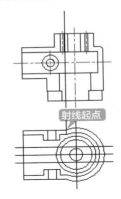

射线起点

第7步 输入"tr"调用【修剪】命令，把刚才绘制的射线的多余部分修剪掉，如下图所示。

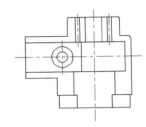

第8步 将【剖面线】图层切换为当前层，然后输入"h"调用【图案填充】命令，在【图案填充创建】选项区域选择【图案】→【ANSI31】，然后单击【拾取点】按钮，如下图所示。

第9步 在绘图窗口中拾取内部点，完成后结果如下图所示。

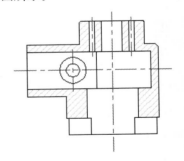

2. 完善俯视图

第1步 将图层切换到【细点画线】图层，输入"c"调用【圆】命令，以俯视图的圆心为圆心，绘制一个半径为"15"的圆，并将前述第1步偏移的两条直线删除，结果如下图所示。

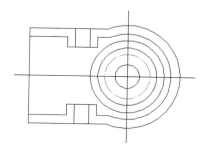

第2步 将【粗实线】图层切换为当前层，在命令行输入"c"调用【圆】命令，分别绘制两个半径为"2"的圆，结果如下图所示。

第3步 将【细实线】图层切换到当前层，输入"spl"调用【样条曲线】命令，在图形的合适位置绘制一条样条曲线，如下图所示。

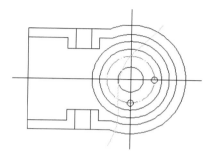

第4步 输入"tr"调用【修剪】命令，在图形中修剪掉剖开时不可见的部分，如下图所示。

第5步 选择【默认】选项卡→【修改】面板→【打断于点】命令，在绘图窗口中选择要打断的对象并捕捉交点为打断点，如下图所示。

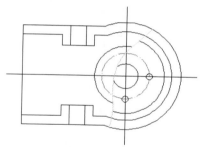

第6步 重复【打断于点】操作，在另一处选择打断点，如下图所示。

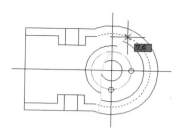

第7步 选择不可见的部分，然后单击【默认】选项卡→【图层】面板→【图层】下拉按钮，在下拉列表中选择【虚线】图层，结果如下图所示。

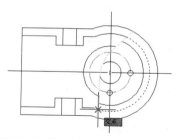

第8步 输入"f"调用【圆角】命令，输入"r"，将圆角半径设置为"3"，然后输入"M"进行多处圆角，给俯视图进行圆角，结果如下图所示。

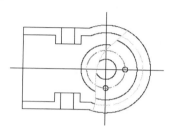

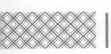
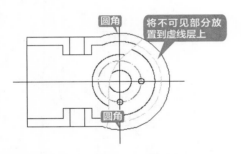

第9步 将【中心线】图层切换到当前层，然后在图形上绘制中心线，并把俯视图和左视图的中心线都放置到【中心线】图层上，结果如下图所示。

第10步 将【剖面线】图层切换到当前层，给俯视图进行填充，结果如下图所示。

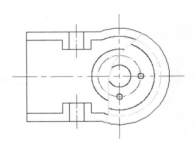

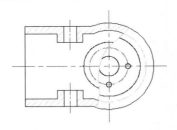

13.6 给三视图添加标注和文字

绘制完箱体三视图后，需要给三视图添加标注与文字来完善图形。

13.6.1 添加标注

在箱体三视图绘制完成后，接下来给所绘制的图形添加尺寸标注和形位公差。

1. 给主视图添加标注

第1步 将【标注】图层切换为当前层，然后输入"dim"命令并按【Space】键调用【智能标注】命令，在主视图中进行线性标注，结果如下图所示。

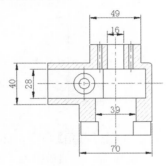

第2步 标注完成后按【Esc】键退出智能标注，然后在标注"70"上双击，在【文字编辑器】选项区域选择【符号】→【直径】选项，如下图所示。

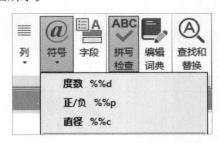

第3步 然后在绘图窗口的空白处单击，结果如下图所示。

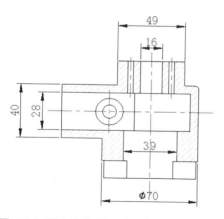

第 4 步 重复第 2 步和第 3 步,完成其他的标注,结果如下图所示。

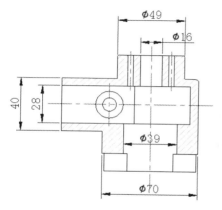

2. 给主视图添加尺寸公差和形位公差

第 1 步 选中 ∅16 的标注,然后单击【默认】选项卡→【特性】面板→圆按钮,如下图所示。

第 2 步 在弹出的【特性】面板中选择【公差】选项,然后单击【显示公差】后面的下拉按钮,在下拉列表中选择【极限偏差】选项,并在【公

差下偏差】【公差上偏差】后面分别输入"0"和"0.025",并将精度值设置为 0.000,如下图所示。

公差	
换算公差消...	是
公差对齐	运算符
显示公差	极限偏差
公差下偏差	0
公差上偏差	0.025
水平放置公差	下
公差精度	0.000

第 3 步 选择【公差文字高度】选项,并输入文字高度"0.5",如下图所示。

公差	
换算公差消...	是
公差对齐	运算符
显示公差	极限偏差
公差下偏差	0
公差上偏差	0.025
水平放置公差	下
公差精度	0.000
公差消去前	否
公差消去后	是
公差消去零...	是
公差消去零...	是
公差文字高度	0.5

第 4 步 按【Esc】键退出,完成后的结果如下图所示。

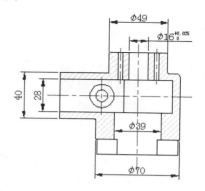

第 5 步 重复上述步骤,选择其他尺寸添加公差,完成后的结果如下图所示。

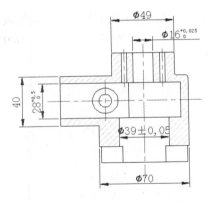

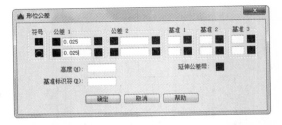

第6步 输入"dra"调用【半径标注】命令，给图形中的圆角添加半径标注，如下图所示。

第9步 单击【确定】按钮后，在绘图窗口将形位公差放到合适的位置，结果如下图所示。

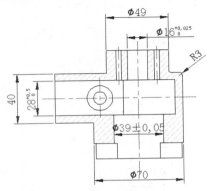

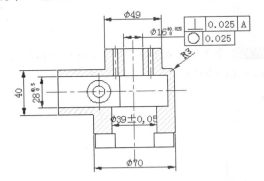

3. 给左视图和俯视图添加标注

第1步 给左视图添加标注，完成后结果如下图所示。

第7步 输入"tol"并按【Space】键，在弹出的【形位公差】对话框中单击【符号】下面的█按钮，弹出【特征符号】对话框，如下图所示。

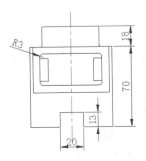

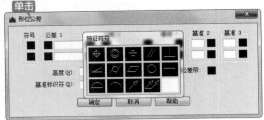

第2步 给俯视图添加标注，完成后结果如下图所示。

第8步 在【特征符号】对话框中选择█，并输入相应的公差值和参考基准。然后重复选择特征符号█并输入公差值，如下图所示。

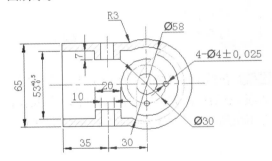

13.6.2 插入图块

在绘制机械图的过程中，有很多内容是重复出现的，对于这些大量出现或经常用到的零件或结构经常做成图块，在用到的时候直接插入即可，如粗糙度、图框等。插入图块的具体操作步骤如下。

第1步 输入"i"并按【Space】键，弹出【插入】对话框，单击【浏览】按钮，在弹出的【选择图形文件】对话框中选择素材文件中的"粗糙度 .dwg"文件，如下图所示。

第2步 设置插入比例为"0.5"，然后单击【确定】按钮，把图块插入到合适的位置，根据命令行提示输入粗糙度的值"6.3"，如下图所示。

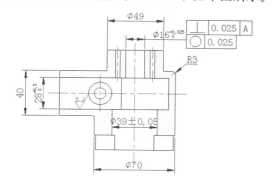

第3步 重复第 1 步和第 2 步，插入其他的粗糙度、基准符号和图框，结果如下图所示。

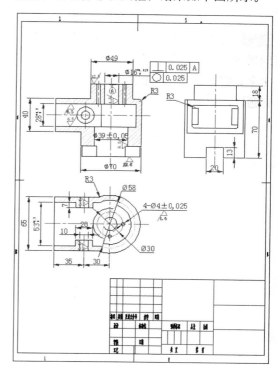

13.6.3 添加文字

图形和标注完成后，最后添加技术要求和填写标题栏，具体的操作步骤如下。

第1步 在命令行输入"t"调用【多行文字】命令，在绘图窗口的合适位置插入文字的输入框，然后在【文字编辑器】→【样式】选项区域，设置文字的高度为"4"，如下图所示。

第2步 输入相应的内容，如下图所示。

第3步 在命令行输入"dt"并按【Space】键调用【单行文字】命令，根据命令行提示将文字高度设置为8，倾斜角度设置为0，填写标题栏，结果如下图所示。

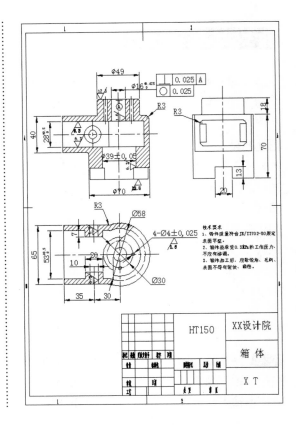

第14章
城市广场总平面图设计

📖 本章导读

　　城市广场正在成为城市居民生活的一部分，它的出现被越来越多的人接受，为人们的生活空间提供了更多的物质支持。城市广场作为一种城市艺术建设类型，它既承袭了传统和历史，也传递着美的韵律和节奏；它既是一种公共艺术形态，也是一种城市构成的重要元素。在日益走向开放、多元、现代的今天，城市广场这一载体所蕴含的诸多信息，成为一个规划设计深入研究的课题。

🔘 思维导图

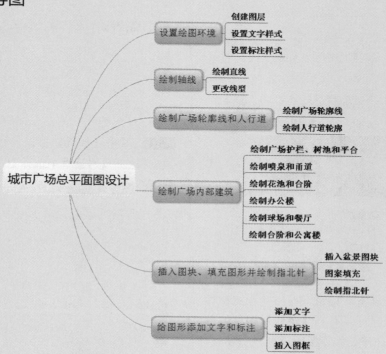

14.1 设置绘图环境

在绘制广场总平面图前先要建立相应的图层、设置文字样式和标注样式。

14.1.1 创建图层

本节主要建立几个绘图需要的图形，具体创建方法如下。

第1步 启动 AutoCAD 2019，新建一个图形文件，单击【默认】→【图层】→【图层特性】按钮 ≦。在弹出的【图层特性管理器】面板中单击【新建图层】按钮 ≥，将新建的【图层1】重新命名为【轴线】，如下图所示。

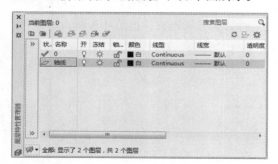

第2步 选择标注【颜色】的颜色色块来修改该图层的颜色，在弹出的【选择颜色】对话框中选择颜色为红色，如下图所示。

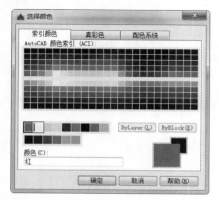

第3步 单击【确定】按钮，返回【图层特性管理器】面板，可以看到【轴线】图层的颜色已经改为红色了，如下图所示。

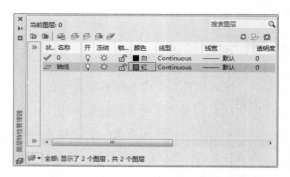

第4步 单击【线型】按钮 Continu...，弹出【选择线型】对话框，如下图所示。

第5步 单击【加载】按钮，在弹出的【加载或重载线型】对话框中选择【CENTER】选项，如下图所示。

第6步 单击【确定】按钮，返回【选择线型】对话框，选择【CENTER】线型，然后单击【确定】按钮，即可将【轴线】的线型改为CENTER 线型，如下图所示。

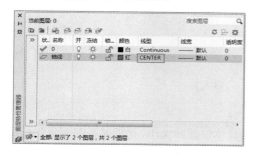

第7步 单击【线宽】按钮 —— 默认，在弹出的【线宽】对话框中选择【0.15mm】选项，如下图所示

第8步 单击【确定】按钮，返回【图层特性管理器】面板，可以看到【轴线】图层的线宽已发生了变化，如下图所示。

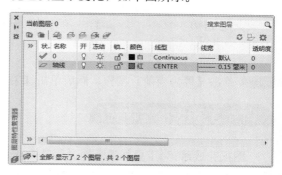

第9步 重复上述步骤，分别创建【标注】【轮廓线】【填充】【文字】和【其他】图层，然后修改相应的颜色、线型、线宽等特性，结果如下图所示。

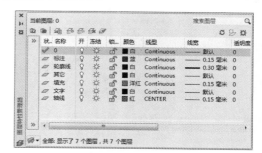

14.1.2 设置文字样式

图纸完成后，为了更加清晰地说明某一部分图形的具体用途和绘图情况，就需要给图形添加文字说明，添加文字说明前，首先需要创建合适的文字。创建文字样式的具体操作步骤如下。

第1步 选择【格式】→【文字样式】命令，弹出【文字样式】对话框，如下图所示。

第2步 单击【新建】按钮，在弹出的【新建文字样式】对话框的【样式名】文本框中输入"广场平面文字"，如下图所示。

第3步 单击【确定】按钮，然后将【字体名】改为【楷体】，将文字高度设置为"100"，如下图所示。

第4步 单击【置为当前】按钮，然后单击【关闭】按钮。

14.1.3 设置标注样式

图纸完成后，为了更加清晰地说明某一部分图形的具体位置和大小，就需要给图形添加标注，添加标注前，首先要创建符合该图形标注的标注样式。创建标注样式的具体操作步骤如下。

第1步 选择【格式】→【标注样式】命令，弹出【标注样式管理器】对话框，如下图所示。

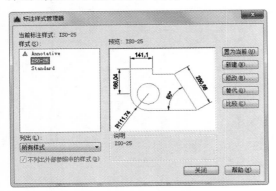

第2步 单击【新建】按钮，在弹出的【创建新标注样式】对话框的【新样式名】文本框中输入"广场平面标注"，如下图所示。

第3步 单击【继续】按钮，然后在【符号和箭头】选项区域中，将箭头改为【建筑标记】，其他设置不变，如下图所示。

第4步 选择【调整】选项区域，将【标注特征比例】改为"50"，其他设置不变，如下图所示。

第5步 选择【主单位】选项区域，将【测量单位比例】改为"100"，其他设置不变，如下图所示。

提示

"测量单位比例"可以改变测量出来的值的大小，例如，绘制的是 10 的长度，如果"测量单位比例"为 100，那么标注显示的将为 1000。"测量单位比例"不能改变箭头、文字高度、起点偏移量、超出尺寸线的大小。

第6步 单击【确定】按钮，返回【标注样式管理器】对话框后单击【置为当前】按钮，然后单击【关闭】按钮。

14.2 绘制轴线

图层创建完毕后，接下来介绍绘制轴线。轴线是外轮廓的定位线，因为建筑图形一般都比较大，所以在绘制时经常采用较小的绘图比例，本节采取的绘图比例为 1：100，轴线的具体绘制步骤如下。

第1步 选中【轴线】图层，单击 （置为当前）按钮将该图层置为当前层，如下图所示。

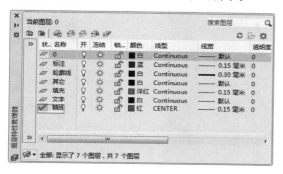

第2步 关闭【图层特性管理器】后，单击【默认】→【绘图】→【直线】按钮 ，绘制两条直线 AutoCAD 命令行提示如下。

命令：LINE 指定第一点：−400,0
指定下一点或 [放弃 (U)]：@4660,0
指定下一点或 [放弃 (U)]： // 按 [Enter] 键
命令：LINE 指定第一点：0,−400
指定下一点或 [放弃 (U)]：@0,4160
指定下一点或 [放弃 (U)]： // 按【Enter】键

结果如下图所示。

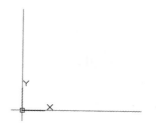

第3步 单击【默认】→【特性】→【线型】下拉按钮，选择【其他】选项，如下图所示。

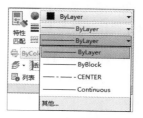

第4步 在弹出的【线型管理器】对话框中将【全局比例因子】改为"15"，如下图所示。

| 提示 |

如果【线型管理器】对话框中没有显示【详细信息】选项区域,单击【显示/隐藏细节】按钮,将【详细信息】选项区域显示出来。

第5步 单击【确定】按钮,修改了线型比例后,绘制的轴线显示结果如下图所示。

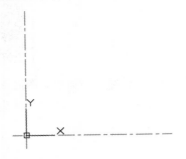

第6步 单击【默认】→【修改】→【偏移】按钮 ⊆,将水平直线向上偏移"480""2880"和"3360",将竖直直线向右侧偏移"1048"、"2217""2817"和"3860",如下图所示。

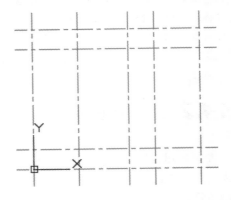

14.3 绘制广场轮廓线和人行道

轴线绘制完成后,接下来介绍绘制广场的外轮廓线和人行道。

14.3.1 绘制广场轮廓线

广场的轮廓线主要通过矩形来绘制,绘制广场轮廓线时通过捕捉轴线的交点即可完成矩形的绘制,具体操作步骤如下。

第1步 单击【默认】→【图层】→【图层】下拉按钮,将【轮廓线】图层置为当前层,如下图所示。

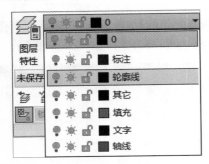

第2步 单击【默认】→【绘图】→【矩形】按钮 ▭,根据命令行提示捕捉轴线的交点,

结果如下图所示。

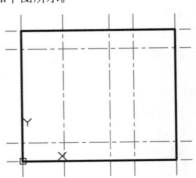

第3步 重复第2步,绘制广场的内轮廓线,输入矩形的两个角点分别为"(888,320)"和"(2977,3040)",结果如下图所示。

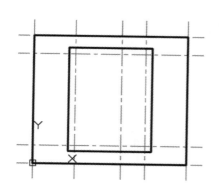

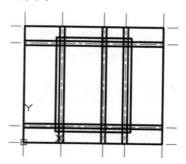

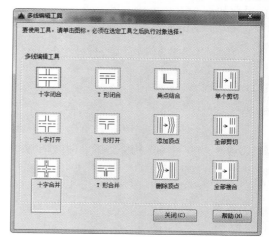

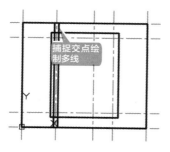

> **｜提示｜**
>
> 只有在状态栏上将【线宽】设置为显示状态时，设置的线宽才能在 CAD 窗口上显示出来。状态栏图标如下。

14.3.2 绘制人行道轮廓

广场轮廓线绘制完毕后，本小节介绍绘制人行道，绘制人行道主要需用到【多线】和【多线编辑】命令，具体绘制步骤如下。

第1步 选择【绘图】→【多线】命令，AutoCAD 命令行提示如下。

> 命令：MLINE
> 当前设置：对正 = 上，比例 = 20.00，样式 =STANDARD
> 指定起点或 [对正 (J)/ 比例 (S)/ 样式 (ST)]: S
> 输入多线比例 <20.00>: 120
> 当前设置：对正 = 上，比例 = 120.00，样式 = STANDARD
> 指定起点或 [对正 (J)/ 比例 (S)/ 样式 (ST)]: j
> 输入对正类型 [上 (T)/ 无 (Z)/ 下 (B)] < 上 >: z
> 当前设置：对正 = 无，比例 = 120.00，样式 = STANDARD
> 指定起点或 [对正 (J)/ 比例 (S)/ 样式 (ST)]:
> // 捕捉轴线的交点
> 指定下一点：// 捕捉另一端的交点
> 指定下一点或 [放弃 (U)]: // 按【Enter】键结束命令

结果如下图所示。

捕捉交点绘制多线

第2步 重复第1步，继续绘制其他多线，结果如下图所示。

第3步 选择【修改】→【对象】→【多线】命令，弹出如下图所示的【多线编辑工具】对话框。

第4步 选择【十字合并】选项，然后选择相交的多线进行修剪，结果如下图所示。

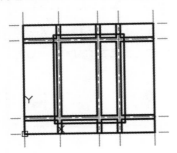

第5步 单击【默认】→【修改】→【分解】按钮，然后选择【十字合并】后的多线，将其进行分解。

第6步 单击【默认】→【修改】→【圆角】按钮，输入"R"将圆角半径设置为100，然后输入"M"进行多处圆角，最后选择需要圆角的两条边，圆角后结果如下图所示。

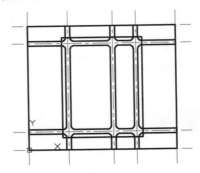

14.4 绘制广场内部建筑

本节介绍绘制广场内部的建筑，广场内部建筑主要有护栏、树池、平台、喷泉等。广场内部建筑也是广场平面图的重点。

14.4.1 绘制广场护栏、树池和平台

首先介绍绘制广场的护栏、树池和平台，在绘制这些图形时主要需用到【直线】和【多段线】命令，其具体操作步骤如下。

第1步 单击【默认】→【绘图】→【直线】按钮，绘制广场的护栏，AutoCAD命令行提示如下。

```
命令：LINE 指定第一点：1168,590
指定下一点或 [放弃 (U)]: @0, 1390
指定下一点或 [放弃 (U)]: @-40,0
指定下一点或 [闭合 (C)/ 放弃 (U)]: @0,
-1390
指定下一点或 [闭合 (C)/ 放弃 (U)]: @1009,0
指定下一点或 [闭合 (C)/ 放弃 (U)]: @0, 1390
指定下一点或 [放弃 (U)]: @-40,0
指定下一点或 [放弃 (U)]: @0,-1390
指定下一点或 [闭合 (C)/ 放弃 (U)]: // 按
[Enter ] 键
```

结果如下图所示。

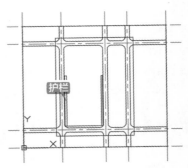

> |提示|
>
> 为了便于观察绘制的图形，单击 ▇ 按钮，将线宽隐藏起来。

第2步 单击【默认】→【修改】→【圆角】按钮，对绘制的护栏进行圆角，圆角半径为30，结果如下图所示。

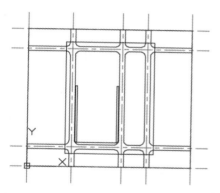

第 3 步 单击【默认】→【绘图】→【多段线】
按钮 ，绘制树池，AutoCAD 命令行提示
如下。

> 命令：PLINE
> 指定起点：1390,590 当前线宽为 0.0000
> 指定下一点或 [圆弧 (A)/……/ 宽度 (W)]：
> @0,80
> 指定下一点或 [圆弧 (A)/……/ 宽度 (W)]：
> @−80,0
> 指定下一点或 [圆弧 (A)/……/ 宽度 (W)]：
> @0,350
> 指定下一点或 [圆弧 (A)/……/ 宽度 (W)]：a
> 指定圆弧的端点或 [角度 (A)/……/ 宽度
> (W)]：r
> 指定圆弧的半径：160
> 指定圆弧的端点或 [角度 (A)]：a
> 指定包含角：−120
> 指定圆弧的弦方向 <90>：90
> 指定圆弧的端点或 [角度 (A)/……/ 宽度 (W)]：l
> 指定下一点或 [圆弧 (A)/……/ 宽度 (W)]：
> @0,213
> 指定下一点或 [圆弧 (A)/……/ 宽度 (W)]：//
> 按【Enter】键

结果如下图所示。

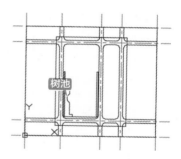

第 4 步 单击【默认】→【修改】→【镜像】
按钮 ，通过镜像绘制另一侧的树池，结果
如下图所示。

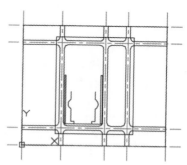

第 5 步 单击【默认】→【绘图】→【直线】
按钮 ，绘制平台，AutoCAD 命令行提示
如下。

> 命令：LINE 指定第一点：1200,1510
> 指定下一点或 [放弃 (U)]：@0,90
> 指定下一点或 [放弃 (U)]：@870, 0
> 指定下一点或 [闭合 (C)/ 放弃 (U)]：@0,−90
> 指定下一点或 [闭合 (C)/ 放弃 (U)]：c

结果如下图所示。

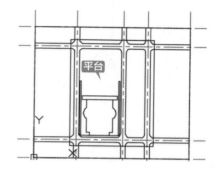

14.4.2 绘制喷泉和甬道

本小节将介绍喷泉、甬道和旗台的绘制，具体操作步骤如下。

第1步 单击【默认】→【绘图】→【圆】→【圆心、半径】按钮 ⊘，绘制一个圆心在（1632.5，1160），半径为"25"的圆，如下图所示。

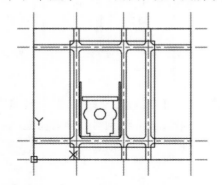

第2步 单击【默认】→【修改】→【偏移】按钮 ⊆，将上一步绘制的圆向内侧偏移"5""50""70"和"110"，结果如下图所示。

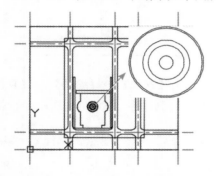

第3步 调用【直线】命令，绘制一条端点过喷泉圆心、长为"650"的直线，如下图所示。

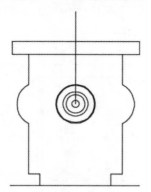

第4步 调用【圆】命令，分别以（1632.5，1410）和（1632.5,1810）为圆心，绘制两个半径为"50"的圆，如下图所示。

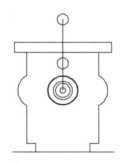

第5步 调用【偏移】命令，将第3步绘制的直线分别向两侧各偏移"25"和"30"，将第4步绘制的圆向外侧偏移"5"，如下图所示。

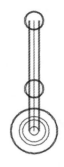

第6步 调用【修剪】命令，对平台和甬道进行修剪，结果如下图所示。

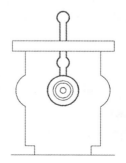

┃提示┃ ┈┈┈┈┈

　　修剪过程中，在不退出【修剪】命令的情况下，输入"R"，然后选择对象，再按【Enter】键可以将选择的对象删除掉，删除后可以继续进行修剪。在修剪过程中，如果某处修剪错误，输入"U"，然后按【Enter】键，可以将刚修剪的地方撤销。如果当整个修剪命令结束后再输入"U"，按【Enter】键后则撤销这个修剪。

14.4.3 绘制花池和台阶

本小节介绍绘制花池和台阶。绘制花池和台阶时，主要需用到【多段线】【直线】【偏移】和【阵列】命令，绘制花池和台阶的具体操作步骤如下。

第1步 调用【多线】命令，绘制花池平面图，AutoCAD 命令行提示如下。

> 命令：PLINE
>
> 指定起点：1452.5,1600
>
> 当前线宽为 0.0000
>
> 指定下一点或 [圆弧 (A)/ 半宽 (H)/ 长度 (L)/ 放弃 (U)/ 宽度 (W)]: @0,70
>
> 指定下一点或 [圆弧 (A)/ 闭合 (C)/ 半宽 (H)/ 长度 (L)/ 放弃 (U)/ 宽度 (W)]: @65,0
>
> 指定下一点或 [圆弧 (A)/ 闭合 (C)/ 半宽 (H)/ 长度 (L)/ 放弃 (U)/ 宽度 (W)]: @0,−30
>
> 指定下一点或 [圆弧 (A)/ 闭合 (C)/ 半宽 (H)/ 长度 (L)/ 放弃 (U)/ 宽度 (W)]: a
>
> 指定圆弧的端点或
>
> [角度 (A)/ 圆心 (CE)/ 闭合 (CL)/ 方向 (D)/ 半宽 (H)/ 直线 (L)/ 半径 (R)/ 第二个点 (S)/ 放弃 (U)/ 宽度 (W)]: ce
>
> 指定圆弧的圆心：1517.5,1600
>
> 指定圆弧的端点或 [角度 (A)/ 长度 (L)]: a
>
> 指定包含角：90
>
> 指定圆弧的端点或 [角度 (A)/ 圆心 (CE)/ 闭合 (CL)/ 方向 (D)/ 半宽 (H)/ 直线 (L)/ 半径 (R)/ 第二个点 (S)/ 放弃 (U)/ 宽度 (W)]: // 按【Enter】键结束命令

结果如下图所示。

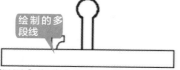

第2步 调用 [偏移] 命令，将上一步绘制的花池外轮廓线向内偏移"5"，如下图所示。

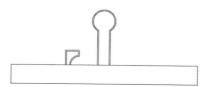

第3步 调用【镜像】命令，将第 1 步和第 2 步绘制好的花池沿平台的水平中线进行镜像，结果如下图所示。

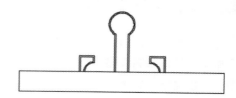

第4步 单击【默认】→【修改】→【阵列】→【矩形阵列】按钮，选择平台左侧竖直线为阵列对象，然后设置列数为"9"，介于为"5"，行数为"1"，如下图所示。

列数：	9	行数：	1
介于：	5	介于：	135
总计：	40	总计：	135
列		行 ▾	

第5步 阵列完成后结果如下图所示。

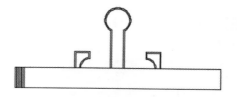

第6步 重复第 4 步对平台的其他 3 条边也进行阵列，阵列个数也为"9"，阵列间距为"5"，结果如下图所示。

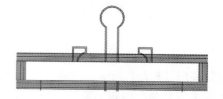

第7步 调用【偏移】命令，将甬道的两条边分别向两侧偏移"85"，如下图所示。

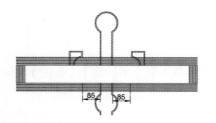

结果如下图所示。

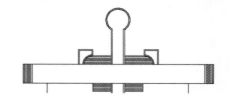

第8步 调用【修剪】命令，对台阶进行修剪，

14.4.4 绘制办公楼

本小节介绍绘制办公楼，其中包含花圃的绘制，主要需应用到【矩形】【直线】【分解】和【圆角】命令，具体绘制步骤如下。

第1步 调用【矩形】命令，分别以（1450，2350）和（1810，2550）为角点绘制一个矩形，如下图所示。

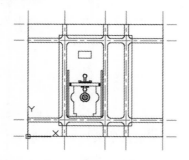

第2步 重复第1步，继续绘制矩形，结果如下图所示。

两个角点分别为（1435，2635）和（1825，2295）

两个角点分别为（1883，2635）和（2113，2295）

两个角点分别为（1883，2635）和（2113，2295）

第3步 调用【圆角】命令，对第2步绘制的3个矩形进行圆角，圆角半径为"100"，如下图所示。

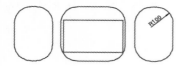

> **提示**
>
> 输入圆角半径后，当提示选择第一个对象时，输入"P"，然后选择【矩形】选项，可以同时对矩形的4个角进行圆角。

第4步 调用【多段线】命令，AutoCAD 命令行提示如下。

```
命令：PLINE
指定起点：1560,2350   当前线宽为 0.0000
指定下一点或 [ 圆弧 (A)/ 半宽 (H)/ 长度
(L)/ 放弃 (U)/ 宽度 (W)]：@0，−26
  指定下一点或 [ 圆弧 (A)/ 闭合 (C)/ 半宽 (H)/
长度 (L)/ 放弃 (U)/ 宽度 (W)]：@−315,0
  指定下一点或 [ 圆弧 (A)/ 闭合 (C)/ 半宽 (H)/
长度 (L)/ 放弃 (U)/ 宽度 (W)]：@0，−185
  指定下一点或 [ 圆弧 (A)/ 闭合 (C)/ 半宽 (H)/
长度 (L)/ 放弃 (U)/ 宽度 (W)]：@145,0
  指定下一点或 [ 圆弧 (A)/ 闭合 (C)/ 半宽 (H)/
长度 (L)/ 放弃 (U)/ 宽度 (W)]：@0，−90
  指定下一点或 [ 圆弧 (A)/ 闭合 (C)/ 半宽 (H)/
长度 (L)/ 放弃 (U)/ 宽度 (W)]：@488,0
  指定下一点或 [ 圆弧 (A)/ 闭合 (C)/ 半宽 (H)/
长度 (L)/ 放弃 (U)/ 宽度 (W)]：@0,90
  指定下一点或 [ 圆弧 (A)/ 闭合 (C)/ 半宽 (H)/
长度 (L)/ 放弃 (U)/ 宽度 (W)]：@137,0
  指定下一点或 [ 圆弧 (A)/ 闭合 (C)/ 半宽 (H)/
长度 (L)/ 放弃 (U)/ 宽度 (W)]：@0, 185
  指定下一点或 [ 圆弧 (A)/ 闭合 (C)/ 半宽 (H)/
长度 (L)/ 放弃 (U)/ 宽度 (W)]：@−307,0
```

指定下一点或 [圆弧 (A)/ 闭合 (C)/ 半宽 (H)/
长度 (L)/ 放弃 (U)/ 宽度 (W)]: @0,26

指定下一点或 [圆弧 (A)/ 闭合 (C)/ 半宽 (H)/
长度 (L)/ 放弃 (U)/ 宽度 (W)]: // 按【Enter】键
结束命令

结果如下图所示。

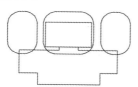

第 5 步 调用【修剪】命令，将多余的线段修剪掉，结果如下图所示。

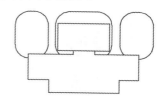

14.4.5 绘制球场和餐厅

本小节介绍绘制球场和餐厅，其中主要需应用到【矩形】【直线】【偏移】和【修剪】命令，具体绘制步骤如下。

第 1 步 选择【绘图】→【矩形】命令，AutoCAD 命令行提示如下。

命令：RECTANG

指定第一个角点或 [倒角 (C)/ 标高 (E)/ 圆角
(F)/ 厚度 (T)/ 宽度 (W)]: f

指定矩形的圆角半径 <0.0000>: 45

指定第一个角点或 [倒角 (C)/ 标高 (E)/ 圆角
(F)/ 厚度 (T)/ 宽度 (W)]: 2327,1640

指定另一个角点或 [面积 (A)/ 尺寸 (D)/ 旋转
(R)]: 2702,1100

结果如下图所示。

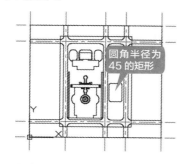

圆角半径为
45 的矩形

第 2 步 重复第 1 步，继续绘制矩形，当提示指定第一个角点时输入"F"，然后设置圆角半径为"0"，结果如下图所示。

| 提示 |

对于重复使用的命令可以在命令行先输入"multiple"，然后再输入相应的命令即可重复使用该命令。例如，本例可以在命令行输入"multiple"，然后再输入"rectang"（或 rec）即可重复绘制矩形，直到按【Esc】键退出【矩形】命令为止。

各矩形的角点分别为：（2327,2820）/（2702,2534）、（2365,2764）/（2664,2594）、（2437,2544）/（2592,2494）、（2327,2434）/（2592,2384）、（2437,2334）/（2592,2284）、（2327,2284）/（2702,1774）、（2450,2239）/（2580,1839）。

第3步 调用【偏移】命令，将该区域最左边的竖直线向右偏移"110""212""262"和"365"，结果如下图所示。

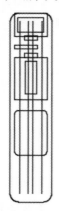

第4步 调用【修剪】命令，将多余的线段修剪掉，结果如下图所示。

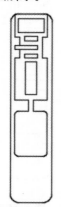

第5步 调用【直线】命令，绘制两条水平直线，如下图所示。

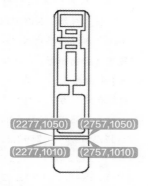

(2277,1050)   (2757,1050)
(2277,1010)   (2757,1010)

第6步 调用【偏移】命令，将上步绘制的上侧直线向上分别偏移"830""980""1284"和

"1434"，将下侧直线向下偏移"354"和"370"，如下图所示。

把该直线向上偏移830,980,1284和1434

把该直线向下偏移354和370

第7步 重复第6步，将两侧的直线向内侧分别偏移32和57，如下图所示。

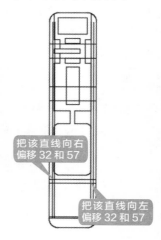

把该直线向右偏移32和57

把该直线向左偏移32和57

第8步 调用【延伸】命令，将偏移后的竖直直线延伸到与圆弧相交，结果如下图所示。

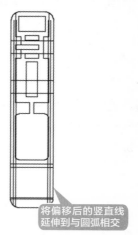

将偏移后的竖直直线延伸到与圆弧相交

第9步 选择【修改】→【修剪】命令，对图形进行修剪，结果如下图所示。

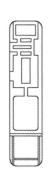

14.4.6 绘制台阶和公寓楼

本节介绍绘制台阶和公寓楼，其中主要需应用到【矩形阵列】【修剪】和【矩形】命令，具体绘制步骤如下。

第1步 调用【矩形阵列】命令，选择最左侧的直线为阵列对象，设置阵列列数为"6"，介于为"5"，行数为"1"，如下图所示。

	列数:	6		行数:	1
	介于:	5		介于:	3120
	总计:	25		总计:	3120
列			行 ▾		

第2步 单击【关闭阵列】按钮，结果如下图所示。

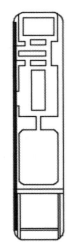

第3步 调用【修剪】命令，对阵列后的直线进行修剪得到台阶，结果如下图所示。

第4步 调用【矩形】命令，绘制两个矩形，如下图所示。

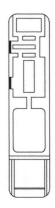

矩形的两个角点为（2372,1555）和（2657,1460）

矩形的两个角点为（2404,965）和（2444,845）

第5步 调用【矩形阵列】命令，选择上一步绘制的矩形为阵列对象，设置阵列行数为"3"，介于为"−145"，列数为"1"，如下图所示。

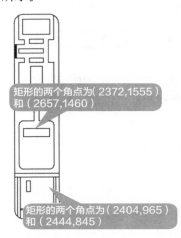

第6步 单击【关闭阵列】按钮，结果如下图所示。

形进行阵列，设置阵列行数为"2"，介于为"−144"，列数为"2"，介于为"181"，如下图所示。

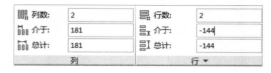

第8步 结果如下图所示。

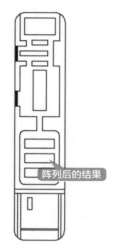

阵列后的结果

第7步 重复【矩形阵列】命令，对另一个矩

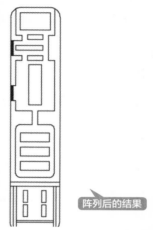

阵列后的结果

14.5 插入图块、填充图形并绘制指北针

广场内部结构绘制完毕后，接下来需要进一步完善广场内部建筑，本节主要介绍如何插入图块、填充图形及绘制建筑指北针。

14.5.1 插入盆景图块

建筑绘图中，因为相似的构件使用非常多，所以一般都创建有专门的图块库。将所需要的图形按照规定比例创建，然后转换为块，在使用时直接插入即可。本小节主要是把盆景图块插入到图形中。

第1步 把【0】图层设置为当前层，然后选择【插入】→【块】命令，弹出【插入】对话框，单击【浏览】按钮选择"素材 \CH14\ 盆景"文件，如下图所示。

第2步 单击【确定】按钮，当命令行提示输入插入点时输入"（1440,610）"，结果如下图所示。

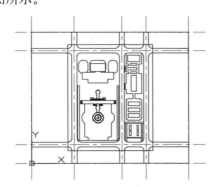

第3步 调用【路径阵列】命令，选择上一步插入的【盆景】为阵列对象，选择树池的左轮廓线为阵列的路径，在弹出的【阵列创建】选项区域对阵列的特性进行设置，取消【对齐项目】的选中，其他设置不变，如下图所示。

第4步 单击【关闭阵列】按钮，结果如下图所示。

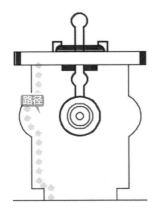

第5步 调用【镜像】命令，选择上一步阵列后的盆景，然后将它沿两边树池的竖直中心线进行镜像，结果如下图所示。

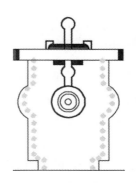

第6步 重复第1步和第2步，给办公楼的花池中插入【盆景】，插入盆景时随意放置，结果如下图所示。

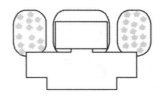

第7步 重复第1步和第2步，给台阶处的花池插入【盆景】，插入时设置插入比例为"0.5"，插入盆景时随意放置，结果如下图所示。

第8步 重复第1步和第2步，给球场四周插入【盆景】，插入时设置插入比例为"0.5"，插入后进行矩形阵列。为了便于插入后调节，插入时取消【关联】，结果如下图所示。

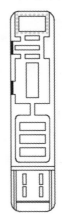

14.5.2 图案填充

图形绘制完成后，即可对相应的图形进行填充，以方便施工时识别。

第1步 把【填充】图层设置为当前层，然后单击【默认】→【绘图】→【图案填充】按钮，弹出【图案填充创建】选项区域，单击【图案】面板中的 按钮，选择【AR-PARQ1】图案，如下图所示。

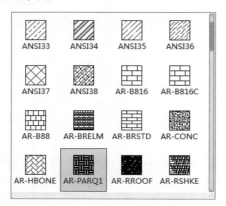

| 提示 |

【图案填充创建】选项区域，只有在选择图案填充命令后才会出现。

第2步 在【特性】面板中将角度改为"45°"，比例改为"0.2"，如下图所示。

图案填充透明度	0
角	45
0.2	

第3步 单击办公楼区域，结果如下图所示。

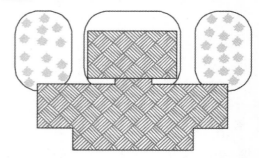

第4步 重复第1步和第2步，对篮球场和公寓楼进行填充，结果如下图所示。

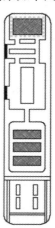

14.5.3 绘制指北针

本小节介绍绘制指北针，绘制指北针时主要需用到【圆环】和【多段线】命令，其具体操作步骤如下。

第1步 把【其他】图层设置为当前层，然后选择【绘图】→【圆环】命令，绘制一个内径为180、外径为200的圆环，如下图所示。

第2步 调用【多段线】命令，AutoCAD 命令行提示如下。

> 命令：PLINE
> 指定起点： // 捕捉下图所示的 A 点
> 当前线宽为 0.0000
> 指定下一个点或 [圆弧 (A)/ 半宽 (H)/ 长度 (L)/ 放弃 (U)/ 宽度 (W)]: w
> 指定起点宽度 <0.0000>: 0
> 指定端点宽度 <0.0000>: 50
> 指定下一个点或 [圆弧 (A)/ 半宽 (H)/ 长度 (L)/ 放弃 (U)/ 宽度 (W)]: // 捕捉下图所示的 B 点
> 指定下一点或 [圆弧 (A)/ 闭合 (C)/ 半宽 (H)/ 长度 (L)/ 放弃 (U)/ 宽度 (W)]: // 按【Enter】键

第 3 步 结果如下图所示。

第 4 步 将【文字】图层设置为当前层，然后单击【默认】→【注释】→【单行文字】按

钮 A，指定文字的起点位置后，将文字的高度设置为"50"，旋转角度设置为"0"，输入"北"，退出【文字输入】命令后，结果如下图所示。

第 5 步 调用【移动】命令，将绘制好的指北针移动到图形合适的位置，结果如下图所示。

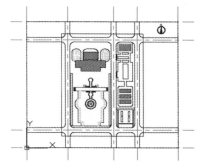

14.6 给图形添加文字和标注

图形的主体部分绘制完毕后，一般还要给图形添加文字说明、尺寸标注及插入图框等。

第 1 步 把【文字】图层设置为当前层，然后单击【默认】→【注释】→【多行文字】按钮 A，输入"广场总平面图"各部分的名称及图纸的名称和比例，结果如下图所示。

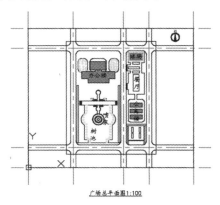

第 2 步 把【标注】图层设置为当前层，然后单击【默认】→【注释】→【标注】按钮，通过智能标注对"广场总平面图"进行标注，结果如下图所示。

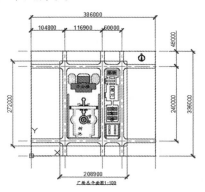

第3步 将图层切换到【0】图层，然后选择【插入】→【图块】命令，在弹出的【插入】对话框中单击【浏览】按钮，然后选择素材文件中的图框图形，如下图所示。

第4步 单击【确定】按钮，将【图框】插入图中合适的位置，结果如下图所示。

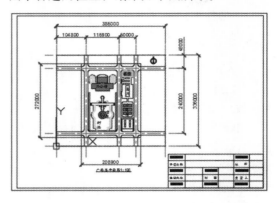